高等学校研究生教材

兰州大学教材建设基金资助

现代分析方法

兰州大学分析化学教研室　主编

化学工业出版社

·北京·

内容简介

本书共六章，包括样品前处理、分离方法、光谱分析方法、电化学基本原理及应用、微流控芯片、光学显微技术。本书体现前沿知识和学校特点，可以帮助学生了解自己的学术环境，把握分析化学的科研方向和已有基础，为他们总结相关知识，帮助他们找到科研方向。

本书可供分析化学专业高年级本科生和研究生用作教材，也可供相关科研人员作为参考之用。

图书在版编目（CIP）数据

现代分析方法/兰州大学分析化学教研室主编. —北京：化学工业出版社，2023.5

ISBN 978-7-122-43688-7

Ⅰ.①现⋯ Ⅱ.①兰⋯ Ⅲ.①分析化学-高等学校-教材 Ⅳ.①O65

中国国家版本馆 CIP 数据核字（2023）第 111400 号

责任编辑：李 琰 宋林青 装帧设计：关 飞
责任校对：王 静

出版发行：化学工业出版社（北京市东城区青年湖南街 13 号 邮政编码 100011）
印　　装：三河市延风印装有限公司
787mm×1092mm 1/16 印张 12¼ 字数 307 千字 2023 年 11 月北京第 1 版第 1 次印刷

购书咨询：010-64518888 售后服务：010-64518899
网　　址：http://www.cip.com.cn
凡购买本书，如有缺损质量问题，本社销售中心负责调换。

定　　价：45.00 元

前言 ▶▶▶

随着招生规模的扩大，研究生在校人数急剧上升，传统的以导师传授为主的小、散、灵活的教学模式不能满足现状，课堂成为教师传授基本知识的主要途径。此外，由于科技创新，学科交叉以及合作性科研更为频繁，这要求研究生需要具有更广的知识面才能做出出色的科研工作。撰写研究生教材就是上述情况下保证研究生培养质量的途径之一。

研究生教材与本科教材存在本质的区别。本科教材的主要内容是已经形成的共识和成熟的基本理论，而研究生教材更能体现前沿知识和学校特点。本书撰写的目的是帮助刚入学的研究生了解自己的学术环境，了解分析化学的科研方向和已有基础，为他们总结相关知识，帮助他们找到科研方向。

本书包括样品前处理、分离方法、光谱分析方法、电化学基本原理及应用以及具有分析仪器小型化的微流控芯片，还包含了生物分析中的光学显微技术。这些内容也是分析化学领域主要的科研方向。

本书的编者均为兰州大学分析化学教研室师生。其中张海霞教授编写了第一章第一节到第四节，第二章第一节，第三章第一、二节（核酸探针部分由张会鸽副教授编写）；陈小芬工程师撰写了第一章第五节。陈宏丽教授编写了第二章第二节；叶为春副教授编写了第三章第三节；赵永青副教授编写了第四章；王威老师编写了第五章；兰州大学分析化学硕士毕业生刘玮编写了第六章；很多研究生参加了校核工作。所涉及的分析案例均来自公开发表的文献，在此一并表示感谢。

鉴于编者水平有限，书中疏漏及不足之处在所难免，敬请批评指正。

编者
2022 年 12 月

目录 ▶▶▶

第一章
样品前处理

导学

- 根据样品正确选择处理方法
- 样品处理方法的操作要点
- 方法组合以保证有效的样品处理

样品前处理在分析任务中占据 80％的工作量。各种各样的分析样品，或组成相当复杂，或待测组分含量低，或存在形态各异，或样品不均匀。在分析测定之前，需要进行适当的预处理，得到适于测定的组分形态和浓度，消除共存组分的干扰。样品前处理是决定分析数据正确与否的关键步骤。样品处理不恰当会导致样品组分丢失并带进干扰，从而导致结果错误。对于形貌分析，要尽量减少样品处理步骤，以免破坏表面；对于定性、定量分析，要根据样品分析任务确定处理步骤。减小样品处理过程中有机溶剂、强酸、强碱的使用量，是绿色分析化学的主要任务。

第一节　固相萃取

一、基本知识

固相萃取（solid phase extraction，SPE）是一种基于液-固分离萃取的样品预处理技术，由液固萃取柱和液相色谱技术发展而来。SPE 技术自 20 世纪 70 年代后期问世以来，因其高效、可靠及耗用溶剂量少等优点，在许多领域得到了快速发展。

SPE 技术可近似看作一个简单的色谱过程。吸附剂作为固定相，而流动相是萃取过程中的溶液。第一种形式：当流动相与固定相接触时，样品中某些痕量物质（目标物）保留在固定相中，用少量的选择性溶剂洗脱，即可得到富集和纯化的目标物。第二种形式：当流动相与固定相接触时，样品中的杂质保留在填料中，而目标物流出，采用这种方式也可以进行分离纯化，但富集效果不如第一种形式。固相萃取可分为离线固相萃取（图 1-1）和在线固相萃取（图 1-2）。离线固相萃取中，萃取过程与分析过程分步完成；而在线固相萃取中，萃取过程与分析过程同步完成，两者的萃取原理相同。

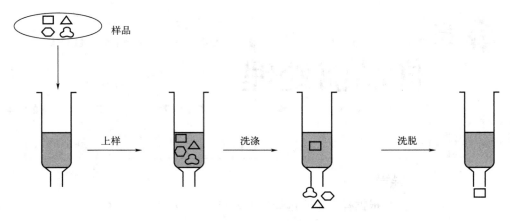

图 1-1　离线固相萃取（固相萃取管模式）

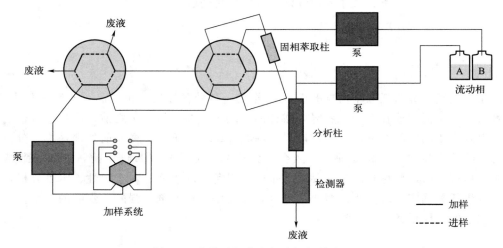

图 1-2　在线固相萃取与液相色谱联用

加样：将样品通过泵输送到固相萃取柱，进行 SPE 过程的上样过程和洗涤过程。

进样：将流动相通过泵输入到固相萃取柱，进行 SPE 的洗脱过程，进而直接完成液相色谱的分析过程。

二、吸附剂

固相萃取的一般操作步骤包括吸附剂的选择和预处理、上样、洗涤、洗脱。吸附剂可以填充到柱子里、固定到薄层上（内），可以固定在磁性材料上，也可单独使用。

(1) 传统吸附剂

① 反相吸附剂　适用于水样中的非极性到中等极性的有机物的富集和纯化。反相吸附剂的极性小于洗脱剂的极性，代表性的反相吸附剂有键合硅胶 C18 和 C8 等。该类吸附剂主要通过表面的官能团与目标物的碳氢键产生非极性的范德瓦耳斯力如色散力而保留目标物。

② 正相吸附剂　包括硅酸镁、氨基键合硅胶、氰基键合硅胶、双醇基键合硅胶及氧化铝等，主要通过其表面的极性官能团与目标物之间的极性相互作用（氢键作用等）保留溶于

非极性介质的极性化合物。如果后续分析中涉及水溶液，一定要确保处理过程中溶剂的兼容性。如果溶剂不能互溶，可以通过吹干步骤进行溶剂变换。

③ 离子交换吸附剂　主要包括强阳离子交换树脂和强阴离子交换树脂，这些树脂的骨架通常为苯乙烯-二乙烯基苯共聚物，通过其带电荷基团与目标物之间的静电相互作用实现吸附。

（2）新型吸附剂

随着纳米技术的蓬勃发展，石墨烯、碳纳米管、金属有机框架材料（MOFs）、共价有机框架材料（COFs）等层出不穷，这些材料为分离材料带来了勃勃生机。这些材料既可以单独作为吸附剂使用，也可以修饰到硅胶、石墨、硅藻土等材料上，以解决这些材料的局限性，如吸附位点少、吸附机制单一等。这些材料可以用于 SPE 管（柱）萃取模式或基质固相分散萃取（图 1-3），也可以与磁性纳米颗粒相结合，用于磁性固相萃取模式（图 1-4）。纳米材料颗粒小，相分离困难，制备成整体材料作为吸附剂更容易操作（图 1-5）。将纳米材料修饰到薄板（纸）上，可以用于薄层萃取（图 1-6）。

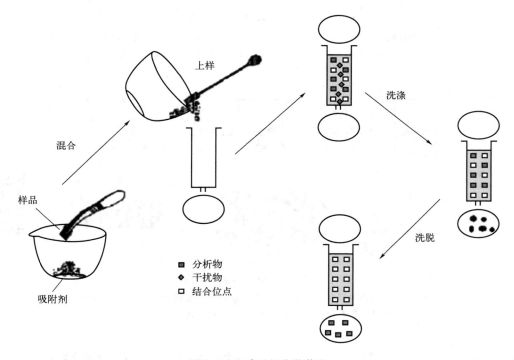

图 1-3　基质固相分散萃取
固体（半流体）样品与吸附剂充分研磨后，装入 SPE 柱，进行洗涤和洗脱步骤。

常见新型吸附材料如下。

① 碳纳米管　碳纳米管是由石墨片按一定的螺旋度卷曲而成的无缝纳米级圆筒大分子，两端由"碳帽"封闭。根据组成石墨片层数的不同，可以分为单壁碳纳米管和多壁碳纳米管。多壁碳纳米管经常作为固相萃取吸附剂。为增加其表面的吸附位点，常用氧化性酸处理得到氧化碳纳米管，其制备方法如下：在超声水浴中，先用质量分数为 36.5% 的 HCl 处理 200mg 碳纳米管材料 24h，过滤，加入到 400mL H_2SO_4（98%）：HNO_3（70%）（3∶1，体积比）混合酸中，在 50℃水浴中超声处理 20h，过滤洗涤至中性。经过上述处理得到的氧

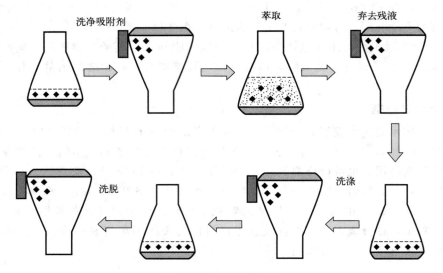

图 1-4　磁性固相萃取

　　在使用磁性吸附剂前，清洗吸附剂，按照箭头方向指示，将磁性吸附剂加进样品溶液进行萃取，磁性分离后，目标物吸附于吸附剂上，再洗涤和洗脱，完成 SPE 过程。

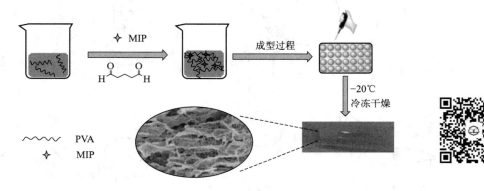

图 1-5　整体材料制备示意图

　　由于凝胶材料的易成型性，可以利用任何模具完成整体材料的制备。在凝胶中可以加入任何需要的吸附剂，图中 MIP 指的是分子印迹材料，PVA 是聚乙烯醇。

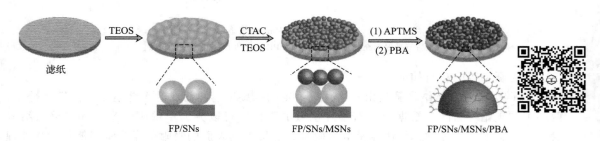

图 1-6　固相萃取膜的制备

　　在滤纸（filter paper，FP）上，四乙氧基硅烷（TEOS）水解得到硅纳米球（SNs），以十六烷基三甲基氯化铵（CTAC）为形貌调节剂进行介孔硅胶纳米颗粒（MSNs）沉积，以 3-氨丙基三甲氧基硅烷（APTMS）进行氨基化，苯硼酸（PBA）进行官能化，制备用于富集顺式邻羟基物质的 SPE 的膜材料。

化碳纳米管材料富含—COOH基团。

氧化多壁碳纳米管材料除了具有一维空心管结构外，还具有多层的层间孔壁和丰富的介孔，这有利于反应物在其表面的传质，碳纳米管的内部空腔足够大，允许小分子通过，在由范德瓦耳斯力连接的纳米管内外均有大的吸附表面。碳纳米管的特殊结构使其能够通过氢键、π-π堆积、静电力、范德瓦耳斯力和疏水作用等非共价键力与有机分子发生强烈的相互作用，进而可以从水中富集有机污染物。除了单独使用氧化多壁碳纳米管作为吸附剂，也可以将其与其他材料（如COFs、MOFs、金纳米颗粒、金属氧化物、双亲分子等）进行改性、包覆、复合，提高其特异吸附能力。

② 碳气凝胶（CA） 碳气凝胶是一种碳基三维多孔纳米材料，具有大的比表面、优越的孔隙结构及大的吸附容量，是一种新型吸附材料。其制备过程如下：准确称取4.0 g间苯二酚溶于15 mL去离子水中，依次加入5.0 mL甲醛和7.5 g无水碳酸钠，搅拌混匀密封，在微波功率500 W和温度80 ℃条件下，反应25 min。待反应结束后，将得到的湿凝胶倾入棕色玻璃瓶中密封，置于80 ℃水浴中老化4天，得到有机气凝胶。将制得的凝胶置于培养皿中，以丙酮作为置换剂进行溶剂置换（3~4次，每次6 h），置换结束后将其在110 ℃干燥5 h。最后，将得到的干燥有机气凝胶研磨成粉末，在N_2保护下缓慢升温到800 ℃并保持3 h，冷却至室温得到CA材料。

③ 多孔碳材料 多孔碳材料是具有不同孔径尺寸结构的碳材料。玉米秸秆、稻壳、麦秆、茶叶、地衣、豆荚、废弃植物叶子等均可以作为多孔碳原料。采用不同的制孔剂，可获得不同形貌、孔径、孔型的多孔碳原料。下面是一个典型的合成过程。将2.0 g蔗糖加入装有3 mL硫酸（pH 2.0）的小烧杯中，搅拌10 min，加入4 mL四乙氧基硅烷，搅拌均匀后将其密封，在40 ℃下放置2天，随后在100 ℃下继续放置12 h。最后，将其在氮气保护下900 ℃碳化3 h，得到的物质用40%的氢氟酸（HF）洗涤，并在100℃下干燥10 h，得到蠕虫型多孔碳。这里，四乙氧基硅烷是硅源，HF刻蚀硅组分在碳材料上形成孔洞。

此外，将MOFs或COFs加热炭化可以得到一定形貌的碳材料。以各类碳源也可以制备碳量子点。

④ 金属有机框架材料（MOFs） 如图1-7所示，MOFs是一类新型微孔/介孔配位聚合物，主要以金属离子为节点或者几种金属组成的金属团簇为连接点，通过配位键与有机配体连接，具有孔隙率高、比表面积大及孔径可调等优点，因此在样品前处理中具有广泛的应用。MOFs材料中的键不仅仅指配位作用，还包括其他作用，比如氢键、范德瓦耳斯力、π-π堆积作用等，这些多样的作用力使得MOFs的结构和功能更加丰富。二价和三价金属离子是最常用连接点，有机配体以芳香类羧酸盐、含氮杂环和有机磷化合物为主。MOFs材料从形貌上可分为二维和三维MOFs材料。

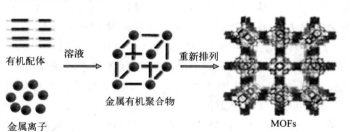

图1-7　MOFs结构示意图

a. MOFs 材料的分类。按照 MOFs 材料的不同结构和发展初级阶段的性状，将其大致分为以下几类：IRMOFs 系列、ZIF 系列、MIL 系列、PCN 系列、UiO 系列。随着 MOFs 材料使用配体的多样化发展，很多新 MOFs 材料命名为金属-MOFs，比如 Cu-MOFs 等。

IRMOFs 系列 MOFs 材料的概念最早是由 Omar. M. Yaghi 课题组提出的，其是由分离的次级结构单元 [Zn, O] 无机基团与一系列芳香羧酸配体，以八面体形式桥连自组装而成的微孔晶体材料。如 MOFs-5，是由 $Zn_4O(CO_2)_6$ 簇和对苯二甲酸配体配位形成的具有三维正方形孔道的孔洞材料，比表面积达到 2900 m^2/g。在 MOFs-5 的基础上，Yaghi 课题组通过改变羧酸配体的官能团及其长度，成功构筑了一系列与 MOFs-5 具有类似拓扑结构的 MOFs，调控了孔道尺寸，并命名为 IRMOFs（isoreticular MOFs，IRMOFs-n，$n=1\sim16$）。

ZIF（zeolitic imidazolate framework）系列 MOFs 材料是锌离子或钴离子与咪唑基团配位形成的一类沸石咪唑酯骨架材料。

MIL（materials of institute Lavoisier framework）系列 MOFs 材料是指过渡金属元素与二（或三）羧酸配体得到的 MOFs 材料。

PCN（porous coordination network）系列 MOFs 材料拥有多个立方八面体纳米孔笼，并在空间上形成孔笼-孔道状拓扑结构。

UiO（university of Oslo）系列 MOFs 材料由 Lillerud 等于 2008 年首次报道，包括 UiO-66、UiO-67 和 UiO-68 等。它们均是由正八面体的 $Zr_6O_4(OH)_4$ 金属簇与 12 个线性羧酸配体连接而成的三维结构晶体。由于锆原子与氧原子的强配位作用，UiO 系列 MOFs 具有优异的水、热和酸稳定性。

b. MOFs 材料合成示例如下。

IRMOFs-3：称取 1.2 g $Zn(NO_3)_2 \cdot 6H_2O$ 和 0.33 g 2-氨基对苯二甲酸溶解于 40 mL DMF（二甲基甲酰胺）中，将 1.6 g 三乙胺缓慢滴加到上述溶液中，于室温条件下持续搅拌 20 min，随后将淡黄色晶体离心分离，并用 DMF 清洗 3 次，最终置于 60 ℃烘箱中干燥。

ZIF-90：称量 480 mg 咪唑-2-甲醛（ICA，5 mmol）与 500 mg 聚乙烯吡咯烷酮（PVP）溶于 25 mL 去离子水中，加热至 90 ℃使之溶解形成澄清溶液，冷却至 50 ℃。另外称 371 mg 六水合硝酸锌（1.25 mmol），溶于 3 mL 去离子水中，加入冷却的咪唑-2-甲醛溶液中，控制电磁搅拌转速 1000 r/min，10 min 后停止搅拌，12000 r/min 离心 10 min 得到 ZIF-90 材料。

磁性 Fe_3O_4@ZIF-8：在研钵中加入 50 mg Fe_3O_4、120 mg ZnO 以及 242 mg 2-甲基咪唑，在研钵中研磨 10 min，收集固体，用超纯水洗涤材料 5~6 次，磁性回收，在 60 ℃真空干燥 12 h。

MIL-101(Cr)：800 mg $Cr(NO_3)_3 \cdot 9H_2O$（2.0 mmol）、332 mg 对苯二甲酸（2.0 mmol）、9.6 mL 水和 0.1 mL 氢氟酸（40%，质量比）依次加入 30 mL 特氟龙衬里的反应釜中。超声，将其密封并在 220 ℃下反应 8 h。将合成后的 MIL-101(Cr) 用二甲基甲酰胺（DMF）和乙醇反复洗涤 3 次以除去孔中的对苯二甲酸，收集固体并在真空烘箱中干燥过夜。

PCN-224：10 mL 玻璃烧瓶中，加入 30 mg $ZrCl_4$、20 mg 5,10,15,20-四（4-羧基苯基）卟啉（TCPP）及 800 mg 苯甲酸、4 mL DMF 超声溶解。缓慢升温至 100 ℃后氮气保护，并伴有低速搅拌（200 r/min）。持续加热 24 h，冷却至室温后，离心收集固体，并用 DMF 及乙醇洗涤，真空干燥后收集紫红色固体。

UiO-66-NH₂：在 10 mL 玻璃螺口瓶中加入 4 mL DMF，加入准确称取的 20 mg $ZrCl_4$、20 mg 2-氨基对苯二甲酸及 50 mg 苯甲酸，超声至完全溶解，密封。放至程序控温箱中，程序升温至 120 ℃保持 24 h。后缓慢降温，离心后依次用 DMF、乙醇多次洗涤，真空干燥得到浅黄色粉末。

Zn-Cd-MOFs：称取 14.87 mg 六水合硝酸锌、15.42 mg 四水合硝酸镉和 34.81 mg 配体加入 20 mL 的玻璃瓶中，分别加入 3.5 mL DMF、0.5 mL 水，超声溶解，待溶液澄清后，密封放入程序控温箱中，75 ℃恒温培养 24 h，得到紫色块状晶体。

MOFs 材料发展至今，已经与多类材料进行复合或改性，改变配体的官能团可以原位直接合成新的 MOFs，也可以在合成的 MOFs 材料上进行后修饰。目前已经制备多种 MOFs-COFs 复合材料。

⑤ 共价有机框架材料（covalent organic frameworks，COFs） COFs 是由轻元素（C、H、O、N、B、Si、S 等）组成的有机小分子构筑单元，通过动态共价键组装成一维、二维或三维的骨架结构，形成具有预先设计拓扑结构的结晶有机多孔骨架材料。

Omar. M. Yaghi 于 2005 在《Science》上首次报道了 COFs 材料的合成。晶态的 COFs 具有较高的比表面积、孔隙率、密度和高度有序的周期性结构，易于功能化，广泛用于气体存储、分离、吸附等领域。图 1-8 列举了常见的 COFs 单体链接方式。兰州大学王为教授课题组在 COFs 领域作出了重大贡献。

a. 常见链接方式如下。

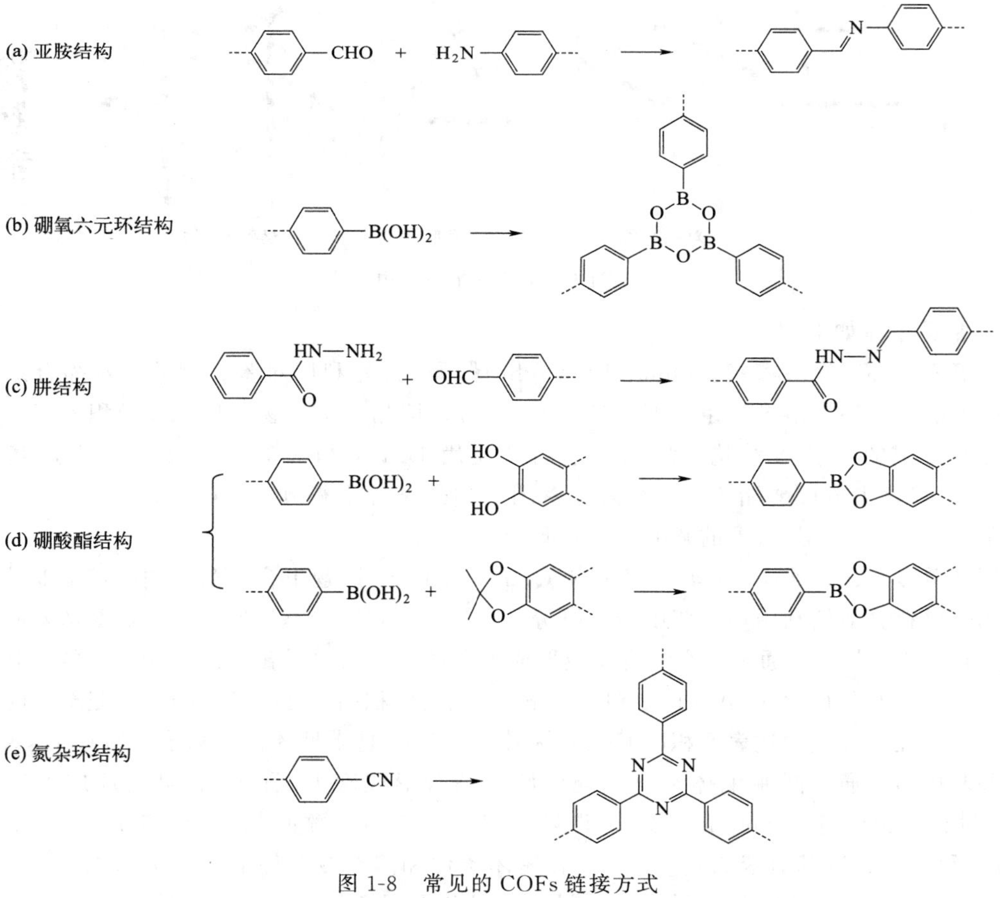

图 1-8　常见的 COFs 链接方式

b. 设计原则：拓扑设计图可以指导聚合物主链的生长。为了确保每个共价键的方向明确，单体需要具有相对刚性骨架，具有特定的几何结构，活性位点的相对位置应以不同的几何形状分布。共价键引导空间方向并确定下一个单元的相对位置；在每个链接中重复这一规则，以严格遵循预先设计拓扑关系图的方式并限制链的增长方向。常见的拓扑设计结构如图1-9所示。

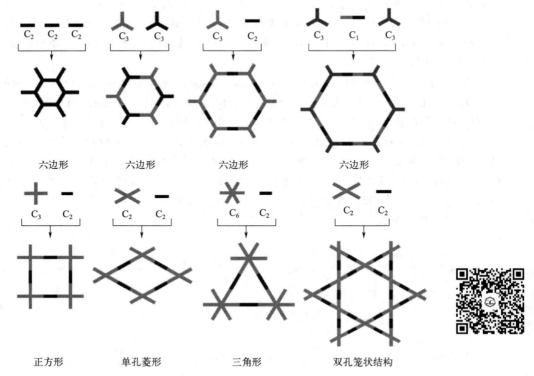

图1-9 常见的拓扑结构

c. 常见单体如下。

硼氧六元环和硼酸酯键。Omar. M. Yaghi课题组首先利用对苯二硼酸脱水缩合形成硼氧环的方法，在高压溶剂热条件下得到了COFs-1，该晶态聚合物采用AB堆积模式，即层与层之间错位的片二维结构。然后，他们又使用DBPA和2,3,6,7,10,11-六羟基三苯（HHTP）脱水形成硼酸酯的方法在高温密闭溶剂热条件下得到了COFs-5，比表面积高达1590 m^2/g。图1-10是常见的硼酸（酯）基团。

氨基单体。2014年，Yushan Yan和Qianrong Fang课题组合作第一次报道酰亚胺连接的COFs材料。他们利用均苯四甲酸二酐分别与三（4-氨基苯基）胺、三（4-氨基苯基）苯及三（4-氨基联苯基）通过脱水缩合反应形成了三种具有六边形孔道的COFs材料。其中一个COFs材料的孔径为53 Å（1 Å＝10^{-10} m）、比表面积高达2346 m^2/g，是截至当时报道的具有最大孔径和最大比表面积的COFs材料。图1-11是常见的含氨基结构的COFs单体。

醛基单体。通过醛基配体和氨基配体脱水缩合形成席夫碱的动态可逆反应可以获得COFs材料。2012年，Thomas Heine课题组以1,3,5-三甲酰间苯三酚（Tp）与对苯二胺（Pa-1）和2,5-二甲基对苯二胺（Pa-2）在密闭条件和溶剂热条件下合成了COFs材料。反应中烯醇亚胺经历了不可逆的质子互变异构，得到了酮烯胺连接COFs材料。图1-12是常见的醛基单体。

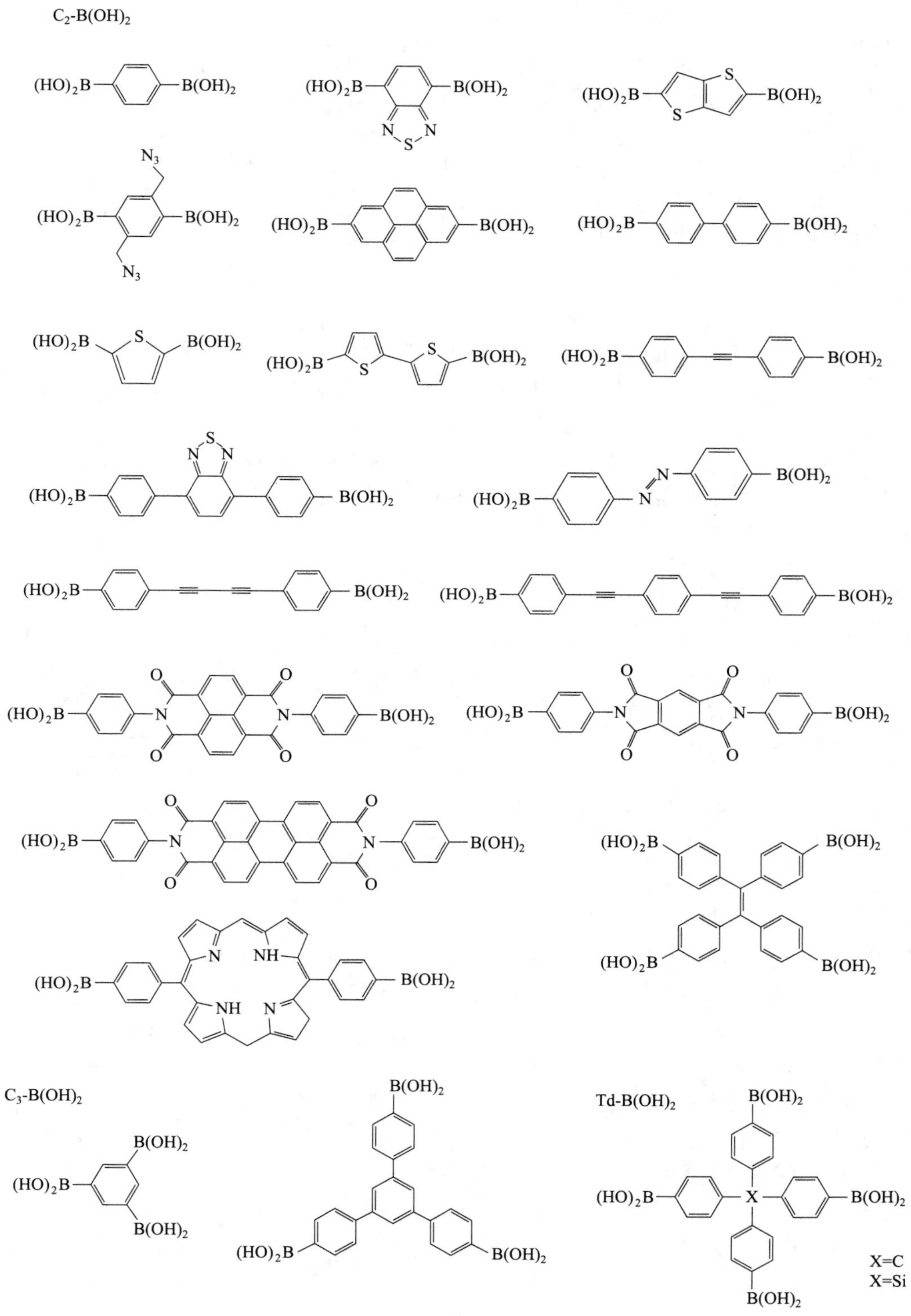

C₂-B(OH)₂

图 1-10 含硼酸结构的 COFs 单体

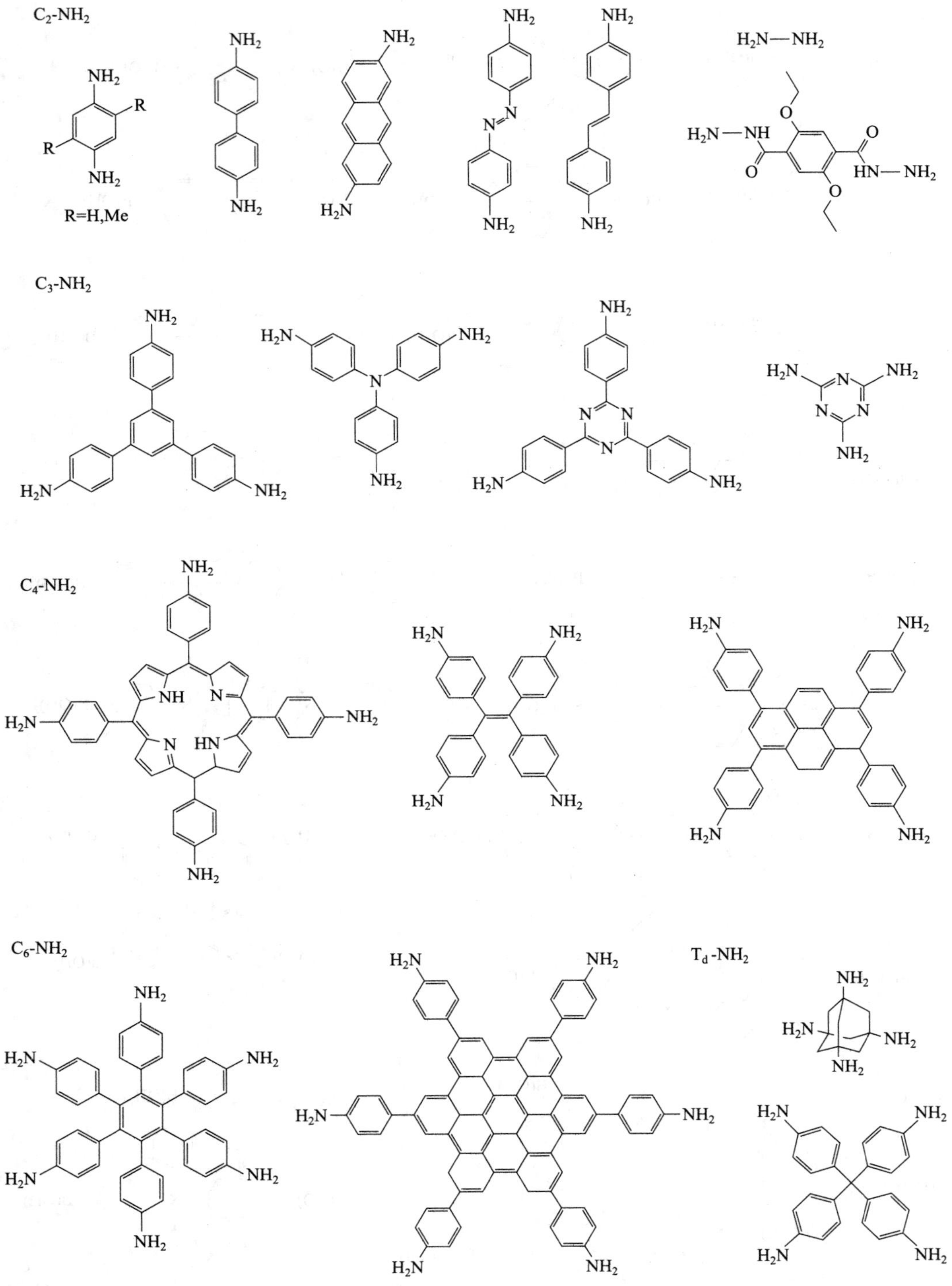

图 1-11　含氨基的单体

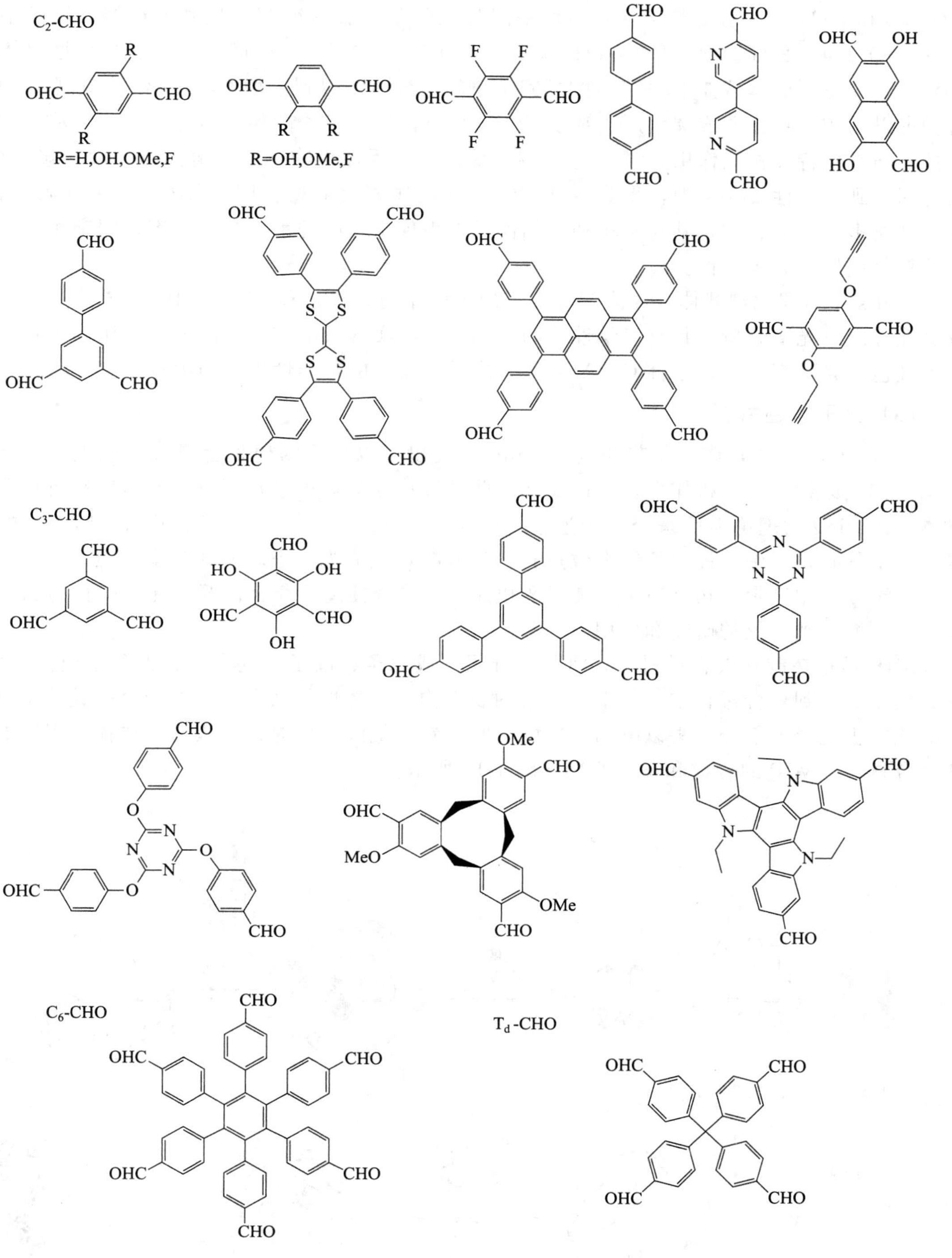

C₂-CHO

R=H,OH,OMe,F

R=OH,OMe,F

C₃-CHO

C₆-CHO

T_d-CHO

图 1-12　常用醛基单体

d. 应用实例如下。

2016 年，王为课题组首次报道了利用直接合成法构建的两例手性二维 COFs 材料：LZU-72 和 LZU-76。首先将手性吡咯烷基团与三联苯二胺修饰的咪唑基相连接，制备手性单体（S）-4,4'-[2-(吡咯烷-2-基)-1H-苯并[d]咪唑-4,7-二基]二苯胺三联苯。当手性单体分别与 1,3,5-三甲酰苯或 1,3,5-三甲酰基间苯三酚聚合时，得到手性 COFs 材料。这些 COFs 材料可以用作不对称合成催化剂。基于 COFs 材料良好的渗透性和化学稳定性，以及生物分子具有强手性特异相互作用，2018 年马胜前课题组将手性生物分子（溶菌酶、肽和赖氨酸）共价固定到非手性 COFs 中，得到手性 COFs 并用作高效液相色谱（HPLC）手性固定相，可以分离多种外消旋体，其在正相和反相模式下表现出较高的手性分离效率，固定相具有良好的重复使用性和重现性。

COFs 作为催化剂载体、吸附剂等广泛用于样品前处理过程，与不同分析方法结合，完成手性分离或光谱分析。具有光学性质的 COFs 可以实现吸附与分析一体化，比如吸附前后发生颜色、光谱变化等；手性 COFs 可以完成手性物质的特异性识别与拆分。

（3）分子印迹材料

20 世纪 40 年代，诺贝尔奖获得者 Pauling 提出了以抗原为模板合成抗体的理论。该理论认为：抗原物质进入机体后，蛋白质和多肽链以抗原为模板进行了分子自组装和折叠形成抗体。Pauling 的理论为后来分子印迹技术（molecular imprinting technology，MIT）的发展奠定了基础，其中所提出的结合位点和空间匹配观点成为分子印迹的基本思想。

由于分子印迹聚合物（MIP）具有亲和性好、选择性高、稳定性好等优点，目前已在固相萃取领域得到广泛的研究和应用。

MIP 是指在制备聚合材料时，将某一分子（或原子、离子、复合物、大分子或微生物）作为模板引入到聚合过程中，在聚合材料的表面构建选择性的结合位点，聚合完成后将材料中的该模板完全或部分除去以腾出相应的空间位置，最终形成对该模板具有选择性识别能力的聚合材料。MIP 的合成和识别原理如图 1-13 所示。

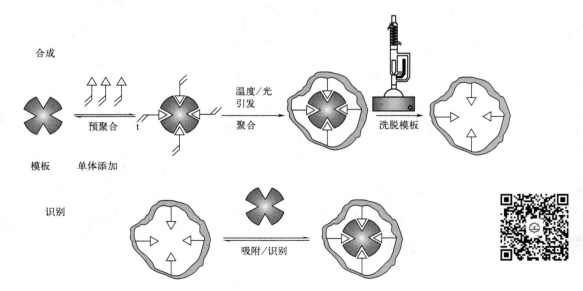

图 1-13　分子印迹原理示意图

MIP 有三种制备方式：共价法、非共价法及半共价法，又分别称为预组装法、自组装法以及牺牲空间法。半共价法是一种介于共价法和非共价法间的混合方法。在这些制备方式中，模板分子以一定的作用力与适当的功能单体之间建立稳定的相互作用。

共价法：模板分子首先通过可逆共价键与单体结合生成如硼酸酯和缩酮等可再分解的复合物，然后交联聚合，聚合后再通过化学途径将共价键断裂以除去模板分子。共价键作用的优点是聚合中能获得在空间精确固定排列的结合基团。由于共价键作用一般较强，在印迹分子自组装或识别过程中结合和解离速度慢，难以达到热力学平衡，不适于快速识别，与生物识别差别甚远。

非共价法：模板分子和功能单体之间的作用力为较弱的非共价作用力。常用的非共价作用力有：氢键、静电作用、金属螯合作用、疏水作用以及范德瓦耳斯力等。在合成 MIP 及其识别过程中，使用一种作用力制得的 MIP 选择性较低，而使用多种作用力相互结合制得的 MIP 则具有较高的选择性和分离能力。

由于非共价法具有更简易的制备途径及适用于更多的模板分子，得到较大的发展和较广泛的应用。另外，非共价 MIP 更易除去模板分子并能得到更多的结合位点。常用单体有带碱性官能团的乙烯基嘧啶、带酸性官能团的甲基丙烯酸（MAA）、带疏水基团的苯乙烯或带有氢键的丙烯酰胺等。常用的交联剂为二甲基丙烯酸乙二醇酯（EGDMA）和 N,N-亚甲基双丙烯酰胺（MBAA）。图 1-14 是制备氧氟沙星分子表面印迹材料的示意图。图 1-14 中在 SiO_2 微球上嫁接 3-(异丁烯酰氯)丙基三甲氧基硅烷（MATMA），与 MAA 单体和模板分子氧氟沙星（OFL）混合，以偶氮二异丁腈（AIBN）为引发剂，以 EGDMA 为交联剂，以邻苯二甲酸二正丁酯（DBP）为溶剂聚合形成 MIP；以氢氟酸（HF）刻蚀硅胶微球，得到中空的 MIP；洗脱模板后即可作为特异性吸附 OFL 的吸附材料。

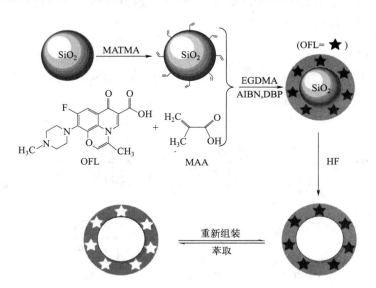

图 1-14 非共价法制备分子印迹材料

分子印迹材料制备完成之后，因部分模板分子深埋于聚合材料内部进而导致印迹材料中的模板分子无法完全洗去，这些残留的模板分子会对之后的分析实验结果带来干扰和误差。为了解决这一问题，可以使用"傀儡模板"制备 MIP，即在制备 MIP 时，不使用目标分析物本身为模板分子，而使用与分析目标结构很相似的化合物作为替代模板制备 MIP。使用此类方法制备的印迹材料对目标分析物仍然具有吸附和选择能力，而残留在材料中的模板分子对之后的识别不造成干扰。

除了直接使用分子印迹材料以外，还可以将分子印迹材料与其他材料复合以满足分析的要求。比如在 MOFs 材料表面合成分子印迹材料（图 1-15）。

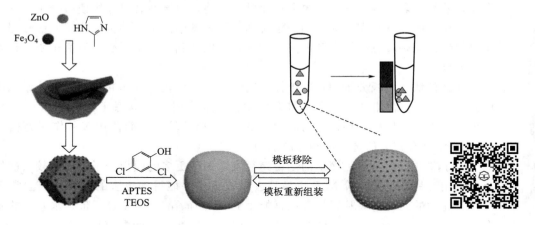

图 1-15　金属有机框架材料（MOFs）结合分子印迹用于磁性 SPE 过程
机械研磨制备氧化锌和咪唑为原料的磁性 MOFs，以其为基质，修饰溶胶凝胶［四乙氧基硅烷水解聚合，以氨丙基硅烷为功能单体制备的 2,4-氯苯酚（模板）分子印迹材料］，用于 SPE 方法中的吸附剂。

小分子为模板的 MIP 容易制备，蛋白质为模板的 MIP 制备中要注意稳定蛋白质的构型，一般不宜采用剧烈的合成条件，应避免使用大量有机溶剂，以低温合成为宜，图 1-16 是转铁蛋白 TrF 的 MIP 制备示意图。

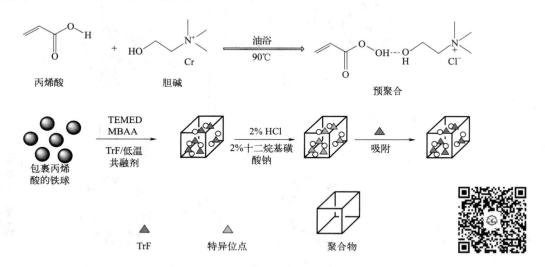

图 1-16　TrF 的 MIP 制备示意图
首先合成了一个低温共融剂为溶剂，然后在磁性纳米小球上合成了转铁蛋白（TrF）分子印迹材料。

① 分子印迹材料的制备方式

本体聚合：本体聚合是指将制备印迹材料的物质（模板分子、功能单体、交联剂、致孔剂）溶于少量溶剂中聚合得到一整块聚合物。这种聚合方法可以制备用于固相萃取和搅拌棒吸附萃取的材料。

通过本体聚合方法得到的 MIP 在作为固相萃取吸附剂时，要经过破碎、研磨、筛分以获得一定粒度的颗粒。这一过程费时费力，吸附性能损失大（通常小于 50% 的可利用度），且获得的颗粒无规则形貌。传统聚合方法最简单而且不需要特殊的设备，所以这些缺点并不能阻止它成为应用最广泛的合成方法。在该类合成中，交联剂与单体和模板之间的比例需要优化，聚合过程中使用的溶剂对得到的 MIP 性质产生影响。下面是一个本体合成实例。

模板分子（1 mmol）溶于 12 mL 四氢呋喃中，加入功能单体甲基丙烯酸（MAA，4.0 mmol，0.35 mL）、交联剂二甲基丙烯酸乙二醇酯（EGDMA，20.0 mmol，3.95 mL）以及引发剂偶氮二异丁腈（AIBN，0.24 mmol，39.7 mg）。将该混合物超声 5 min，通氮气去气泡 5min。在 60℃ 条件下聚合反应 24 h 得到聚合物，再经过洗脱模板后即可使用。

沉淀聚合：沉淀聚合可以通过一步聚合制备球形颗粒。其原理是当聚合物链增长到一定质量时，便在溶液中以沉淀的形式出现，通常得到的聚合物颗粒粒径不会超过 10 μm，甚至只能达到几百纳米，太小的粒径不适合固相萃取。但是可以选取某一种载体为基质，在其表面沉淀聚合得到 MIP。该方法的缺点是得到的分子印迹位点识别效果不如本体聚合好，这是因为沉淀聚合中，为了得到高品质的产品，对聚合条件、功能单体和致孔剂有严格的要求。举例如下：

在 100 mL 圆底烧瓶中加入 0.25 mmol 模板分子、1 mmol（0.085 mL）MAA 和 2 mL 乙二醇，60℃ 加热溶解后加入 40 mL 乙腈，于室温下振荡 30 min，冰箱中过夜，再加入 5 mmol（0.95 mL）EGDMA 和 10 mg AIBN，通氮气 10min 以除去体系中的氧气，密封，于 60℃ 水浴热聚合 12 h，取出冷却至室温，超声 10 min，以 5000 r/min 离心，用冰醋酸-甲醇（6：4，体积比）溶液抽提 24 h 至检测不到模板分子，获得分子印迹材料。该过程中由于乙二醇的存在，聚合物从溶剂体系中沉淀出来。

多步溶胀聚合：多步溶胀聚合是获得球形颗粒的一种方法。在这种方法中，将预先获得的粒径均匀的种子悬浮于水中，再加入溶有反应物的有机溶剂，引发粒子聚合，最终的粒径为 5～10 μm，或者将种子溶胀到预期大小后倒入反应溶液中，再引发聚合。和沉淀聚合相比，多步溶胀聚合的原理更简单，在这种聚合过程中，功能单体、模板分子和致孔剂都不会影响聚合物颗粒的生成。

比如：将 0.2 g 聚乙烯醇（PVA）及 90.0 mL 去离子水加入三口烧瓶中，冷凝加热搅拌使聚乙烯醇溶解。然后将 16.5 mL 苯乙烯放入烧杯中，加入 0.5 g AIBN，混匀，倒入三口烧瓶中。开动搅拌器，使苯乙烯单体形成球形微珠悬浮在水中，温度控制在 75～80℃。反应进行 2～3 h 后出现较硬的珠状聚合物。冷却至 40℃ 以下大约 1 h，用布氏漏斗过滤，将珠状聚合物用水洗涤 3～4 次。产品放在 50℃ 烘箱中干燥，即可得到聚苯乙烯微球。

然后取一定量种子乳液（0.2 g 聚苯乙烯微球溶于 1.0 mL 水中）、0.2975 g 邻苯二甲酸二甲酯、0.0125 g 十二烷基磺酸钠（SDS）、5.0 mL 去离子水，超声波振荡并搅拌 2 h；向其中加入 0.187 g AIBN，室温搅拌 2 h；同时将 1.011 g MAA、10.0 mL 38 μg/mL 模板分子、1.5 g 交联剂 N',N-亚甲基双丙烯酰胺加入 20 mL 3.6%（质量分数）的聚苯乙烯 PVA 溶液中，电磁搅拌 2 h。将上述 2 种混合液混合均匀，继续溶胀 2 h；升温至 70℃，超声 4 h，得到 MIP。

乳液聚合：乳液聚合是将模板分子、功能单体、交联剂溶于有机溶剂中，然后将溶液移入含有表面活性剂的水中，充分搅拌乳化，最后加入引发剂进行交联聚合，可得粒径较为均一的球形聚合物。下面是一个典型的合成过程。

把模板分子（BPA，1 mmol）和功能单体 2-乙烯基吡啶（2-VP，4.0 mmol）溶于 3 mL 异丙醇，搅拌 1 h。然后依次加入交联剂 EGDMA（20 mmol）、稳定剂十六醇（0.5 mL）和氨丙基硅烷化包裹的 Fe_3O_4 微球（1.0 g），超声 5 min 后，把此混合溶液滴加到激烈搅拌的 SDS 溶液（0.01 mol/L，300 mL）中。微乳形成后脱气 10 min，加入引发剂（AIBN，0.5 mmol），70 ℃搅拌 15 h。然后停止反应，收集产物，依次用水、乙醇洗涤。最后通过索氏提取器萃取除去模板分子，真空 60 ℃干燥 12 h。

悬浮聚合法：悬浮聚合是将有机单体分散成小液滴，悬浮在水中进行聚合的一种方法。如下面的合成实例。

将 0.2 g PVA 和 50 mL 去离子水加入装有回流冷凝器、温度计、搅拌器的 100 mL 四口烧瓶中，在搅拌下加热至 90 ℃使 PVA 溶解，然后冷却到室温。固定模板分子二氯苯氧乙酸（2,4-D）用量为 1.0 mmol，将 2 mmol MAA、10 mmol EGDMA、8 mL 氯仿以及 10 mmol AIBN 超声混合均匀，在搅拌下滴加到四口烧瓶中，通氮气 10 min 后密闭，60 ℃下恒速搅拌 24 h 后停止反应。

表面接枝修饰：在表面修饰中，通常所用的基质是硅胶，反应物吸附在硅胶表面后再发生聚合。聚合物形成后，再洗脱模版即可得到所需的球形分子印迹聚合物。下面是一个硅胶表面溶胶-凝胶法制备分子印迹聚合物的过程。

选取 80～120 目的硅胶颗粒 8 g，在 60 mL 6 mol/L 的 HCl 中搅拌 8 h，然后过滤，用超纯水冲洗至中性后，将材料置于 70 ℃烘箱中 8 h，即制得活化硅胶。

称取 0.4403 g 模板分子，溶于 5 mL 甲醇中，加入 2 mL APS，4 mL TEOS，在搅拌下加入 1.0 g 活化好的硅胶和 1 mL 1.0 mol/L 的乙酸溶液。将上述混合物在室温条件下，搅拌 15 h。将得到的产物过滤，置于 100 ℃烘箱中干燥 12 h。

② 常见的单体和交联剂　如图 1-17 所示。

随着聚合反应方法的不断更新，MIP 的合成方法越来越灵活，目前 MIP 的新型单体和交联剂范围不断扩大，针对特定的模板分子，可以设计更适合的单体和交联剂，获得特异性更好的 MIP。MIP 的性质优劣主要体现在印迹因子（即印迹材料与对应非印迹材料对模板分子的特异吸附能力之比），该比值越大，说明 MIP 效果越好。根据合成原理可以看出，MIP 的吸附能力不是无限制的，吸附能力通常不与印迹因子正相关。

MIP 的特异性吸附与其他分析方法相结合，可以避开干扰，降低分离要求，在色谱和光谱以及电化学中都得到充分应用。

（4）吸附剂的选择与预处理

吸附剂的用量与目标物性质（如极性、挥发性）及其在样品中的浓度直接相关。通常增加吸附剂用量可以增加对目标物的吸附量，可通过绘制吸附曲线确定吸附剂用量。固相萃取填料的选择一般遵循如下几点：

（a）能在尽量宽的 pH 范围内吸附大量的目标分析物；

（b）吸附和解吸附快；

（c）具有重复使用性；

（d）具有较高的吸附容量；

（e）具有较好的机械强度和化学稳定性；

（f）具有较高回收率和较好重复性。

选择合适的吸附剂是 SPE 成功的关键，为了富集分析物及降低干扰，人们更倾向于将分析物保留在吸附剂上，更换溶剂洗脱，达到富集和匹配下一步分析仪器的目的。吸附剂与

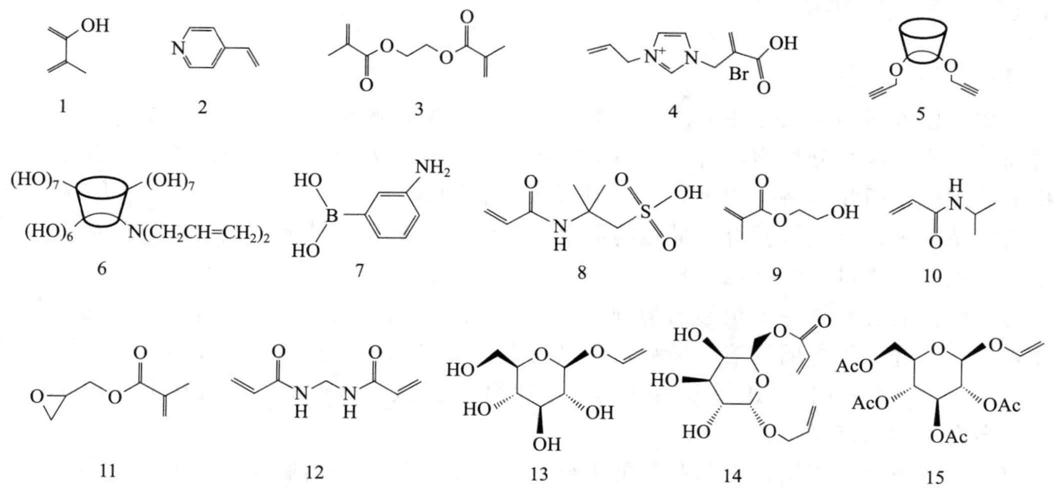

（a）常用单体

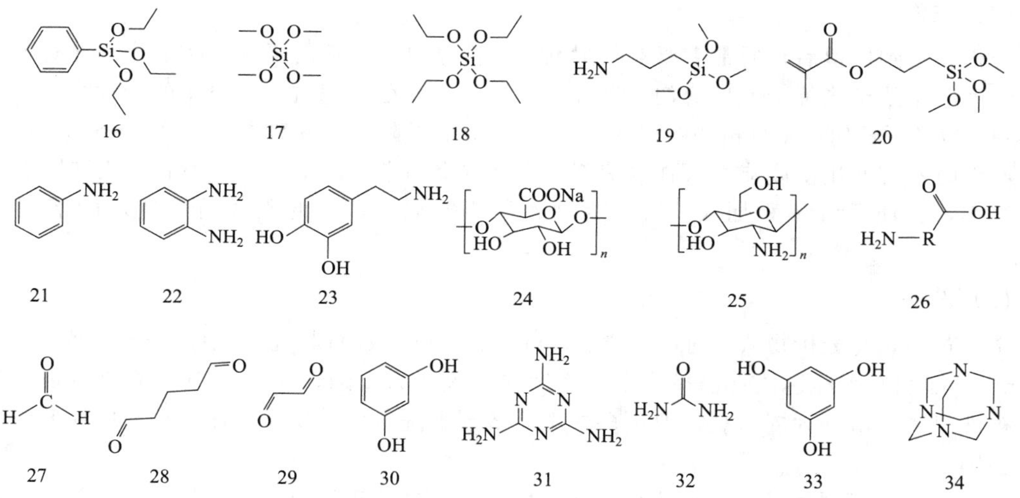

（b）交联剂

图 1-17　分子印迹聚合物合成中常用单体和交联剂

分析物之间的作用力可以是各种作用力，相似相溶是指导方针。对一个可以解离的有机化合物而言，可以使用静电作用力（离子交换）或疏水作用力（反相），也可以使用多种作用力（亲水作用）。

吸附剂预处理，又称活化。活化的目的是创造一个与样品溶剂相容的环境并去除柱内杂质，通常需要两种溶剂：第一个溶剂（初溶剂）用于净化吸附剂，第二个溶剂（终溶剂）用于建立一个适合的吸附剂环境使样品分析物得到适当的保留。对于 100 mg 吸附剂，活化溶剂的用量约为 1～2 mL。

终溶剂的洗脱能力不应强于样品溶剂，使用洗脱能力太强的溶剂将降低回收率。在活化过程中吸附剂不能过于干燥，应保留一定量的溶剂，否则将导致萃取柱出现裂缝，造成回收率和重现性低。如果在活化过程中萃取柱出现裂缝，应重新活化。

三、固相萃取步骤

（1）上样

将样品加入固相萃取柱并迫使样品溶液通过吸附剂，使分析物和一些样本干扰物保留在吸附剂上。为了保留分析物，溶解样品的溶剂必须洗脱能力较弱。如果洗脱能力太强，分析物将不被保留，回收率将会很低，这一现象叫穿漏（breakthrough）。尽可能使用洗脱能力最弱的样品溶剂，以使溶质得到最强的保留或者说得到最窄的谱带。只要不出现穿漏，允许采用大体积的上样量（0.5～1 L）。

有时候样品必须用一个很强的溶剂进行萃取，这样的萃取液是不能直接上样的。所以萃取液要用一个洗脱能力弱的溶剂稀释，再进行上样。例如一个土壤样品采用50%甲醇萃取，得到2 mL萃取液，用8 mL水稀释，得到10%甲醇溶液，这样就可以直接上反相固相萃取柱而不会发生穿漏问题。

应根据分析物在吸附剂上的吸附能力确定上样量，通常分析物量小于吸附剂量的20%，甚至5%。

（2）洗涤

分析物得到保留后，通常需要对吸附剂进行洗涤以洗掉不需要的样品组分，淋洗溶剂的洗脱强度应略强于或等于上样溶剂。淋洗溶剂必须尽量强，以洗掉尽量多的干扰组分，但不能强到可以洗脱任何一个分析物的程度。对于100 mg吸附剂，溶剂体积可为0.5～0.8 mL。

淋洗时不宜使用洗脱能力太强的溶剂，会将强保留杂质洗下来；也不宜使用洗脱能力太弱的溶剂，会使淋洗体积加大。可改为强、弱溶剂混合，但混用或前后使用的溶剂必须互溶。

（3）洗脱

洗涤过后，将分析物从吸附剂上洗脱，对于100 mg吸附剂，洗脱溶剂用量一般为0.5～0.8 mL。溶剂必须经过认真选择确定，溶剂的洗脱能力太强，一些更强保留的不必要的组分将被洗出来；溶剂太弱，就需要更多的洗脱溶剂来洗出分析物，这样固相萃取柱的浓缩功效就会削弱。

在选择洗脱溶剂时还应注意溶剂的互溶性。后流过柱床的溶剂必须与前一溶剂互溶，一个不与柱内残留溶剂互溶的溶剂是不能与固定相充分作用的，当然也不会出现适当的液固分配，将导致差的回收率和不理想的净化效果。如果使用互溶的溶剂有困难，则必须使用干燥柱床，干燥的方法是让氮气或空气通过柱床10～15 min，也可以离心干燥，离心干燥效果更好。

综上所述，固相萃取技术简便易行，能够降低分析方法检出限。与传统的液-液萃取方法相比，SPE显著的优势体现在：提高样品处理通量；大大减少溶剂的消耗和废物的产生；回收率高，重现性好；极低的杂质干扰；无乳化现象；多种分离模式选择；易于实现自动化。此外SPE形式灵活，可以在SPE管（柱）动态上样，也可以将吸附剂与样品混合于一个容器搅拌萃取，还可以将吸附剂制备成块材或薄层等使用。将SPE柱安装于色谱进样器六通阀上，也能使SPE在线完成。可以根据色谱理论完成SPE条件优化，包括上样量，上样溶剂种类、pH和体积，洗涤溶剂的种类与体积，洗脱溶剂的种类与pH等。在洗脱任务完成后，可以根据后续分析方法的兼容性，将洗脱溶剂蒸发再重新溶解到一定体积的溶剂中，完成溶剂转化和提高富集倍数。

第二节　固相微萃取

固相微萃取（solid-phase microextraction，SPME）是一项继 SPE 技术之后的分析前处理新技术。它保留了 SPE 所有的优点，摒弃了其需要柱填充物和使用溶剂进行解吸的弊病，只需要一支类似进样器的固相微萃取装置即可完成全部前处理和进样工作。固相微萃取主要针对有机物分析，其根据有机物与溶剂之间的"相似相溶"原则，利用支撑体（石英纤维、各类金属丝、各类氧化物棒状物等）表面的涂层材料对分析组分的吸附作用，将组分从试样基质中萃取富集，完成试样前处理过程。

SPME 萃取方式的选择主要与待测物的挥发性、基质和探针吸附剂涂层的性质有关。SPME 有两种不同的萃取方式：顶空萃取和浸入萃取。影响分析物吸附的主要参数有涂层类型、萃取时间、离子强度、pH、温度、样本体积和搅拌速率，这些参数在 SPME 中的优化过程与在 SPE 中都是类似的。

一、实验条件的优化

纤维针式固相微萃取的实验条件优化如下所述。

（1）涂层类型

选用涂层时应从两方面考虑：①分析物和吸附剂的极性相匹配，即应当综合考虑分析组分在各相中的分配系数、极性与沸点，根据"相似相溶"的原则，选取最适合分析组分的吸附剂；②灵敏度随吸附剂厚度的增加而增加。

（2）萃取时间

萃取时间是从涂层与试样接触到吸附平衡所需要的时间。为保证实验结果重现性良好，应在实验中固定萃取时间。影响萃取时间的因素很多，如分配系数、试样的扩散速度、试样量、容器体积、试样本身基质和温度等。在萃取初始阶段，分析组分很容易富集到吸附剂中，随着时间的增加，富集速度越来越慢，接近平衡状态时即使延长时间对富集也没有意义了，因此在摸索实验方法时可以作出富集量与时间的关系曲线，从曲线上找出最佳萃取时间，即曲线接近平衡的最短时间。一般萃取时间在 15～180 min。

（3）离子强度

向液体试样中加入少量氯化钠、硫酸钠等无机盐可增强离子强度，降低极性有机物在水中的溶解度（盐析效应），使吸附剂能吸附更多的分析组分。一般情况下盐析效应能有效提高萃取效率，但并不一定适用于所有组分，如在对 22 种含氮杀虫剂检验中发现，加入氯化钠后会明显提高对多种杀虫剂的萃取效果，但对恶草灵、乙氧氟草醚等无效。

（4）pH

改变 pH 和使用无机盐一样能改变分析组分与试样介质、吸附剂之间的分配系数，对于改善试样中分析成分的吸附是有益的。如果吸附剂属于非离子型聚合物，对于吸附中性分析物更有效。此外，调节液体试样的 pH 可防止分析组分离子化，提高被吸附剂吸附的能力。对于酸性化合物，萃取效率随 pH 降低而提高，在低 pH 时，酸性化合物的酸-碱平衡移向中性化合物，更有利于分析物被吸附剂吸附。相反，对于碱性化合物，则是随 pH 降低，化合物离子化，萃取效率随之减小。在实际检测中发现，pH 在 4～11 之间变化时，三嗪、硝基苯胺、取代尿嘧啶、硫代氨基甲酸酯、氯代乙酰胺、联苯醚、氨基化合物和含氧二唑类除草剂的萃取效率没有被影响；而在 pH＝2 时，联苯醚和硝基苯胺的萃取效率有所提高。

（5）温度

分析物进入吸附剂的平衡时间与萃取温度有关，因而需要选择适当的萃取温度，以在合理的时间范围内获得满意的灵敏度。对于浸入式 SPME，适当升高温度可使分子运动加快，从而缩短萃取相/水相之间的平衡时间。三嗪和硫代氨基甲酸酯的优化萃取温度在 55～60 ℃；对于顶空式 SPME，适当升高温度可以提高液面上气体浓度，从而提高分析灵敏度。

（6）搅拌速率

萃取效率与分析物在样本基质和吸附剂间的平衡有关，而分析物平衡时间与分析物在水相间的传递速率有关。搅拌和超声均能使分析物从基质中快速转移至吸附剂，从而减少萃取时间。虽然搅拌速率越快，平衡时间越短，但是过度搅拌也会干扰平衡时间和精密度。

（7）样本体积

为保证萃取的效果，需要对试样量、试样容器的体积进行选择。

（8）解吸

如果将 SPME 与气相色谱（GC）联用，GC 的汽化室可用于分析物在纤维上的解吸。当温度上升时，分析物对纤维的亲和力下降而被释放出来。汽化室较小的体积能够保证解吸下来的分析物由载气迅速转入色谱柱。对于大多数化合物而言，解吸通常在 2 min 内完成。GC 的热解吸受若干参数的影响，如汽化室的温度和载气的流速等，它们决定了 SPME 的解吸时间。汽化室的温度设定在可保持纤维涂层稳定的最大温度。最高解吸温度有助于减少滞留影响。一般 SPME-GC 的热解吸最佳温度和时间为 200～300 ℃ 和 2～15 min。

如果将 SPME 与液相色谱（HPLC）联用，通过使用微量溶剂洗涤萃取纤维来解析萃取物并直接进入后续的 HPLC 分析。在 SPME 和 HPLC 联用中必须解决接口技术难题，以实现分析物的解吸。目前市场上有商品化的 SPME-HPLC 接口，可完成动态或静态解吸。

如果将 SPME 与其他方法联用，可根据后续分析方法，选择不同的解吸方法。

二、SPME 的其他形式

SPME 技术经过 30 年的发展，已经出现了多种形式，包括纤维针式固相微萃取（fiber SPME）、管内固相微萃取（in-tube SPME）和固相微萃取搅拌棒技术（SBSE）。上面介绍的主要是纤维针式 SPME。管内 SPME 一般由小段石英毛细管或 PEEK 管组成，其内表面涂覆一层萃取相，气体或液体样品流经毛细管，分析物被萃取到毛细管表面涂层上，然后经热解吸或流动相解吸进行检测；SBSE 技术将聚二甲基硅氧烷橡胶管套于封磁芯的玻璃管上，用于样品处理。图 1-18 为三种微萃取形式萃取过程的示意图。与纤维针式 SPME 比较，管内 SPME 具有更大的萃取比表面积和更薄的萃取相涂层，富集倍数高，容易脱附，且易实现自动化，可以提高分析方法的灵敏度和重现性并降低成本。而 SBSE 与二者比较，拥有更大的萃取相体积，提高了富集倍数，适用于样品中痕量组分的分析。

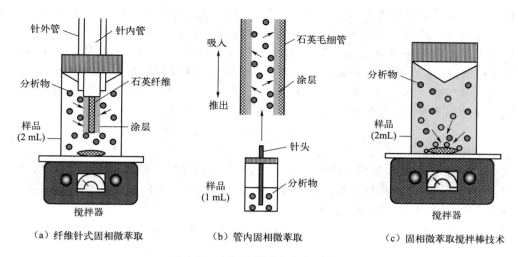

|（a）纤维针式固相微萃取|（b）管内固相微萃取|（c）固相微萃取搅拌棒技术|

图 1-18　SPME 萃取分析物示意图

三、固相微萃取的基本理论

（1）纤维针式 SPME

纤维针式 SPME 的萃取原理基于样品基质中组分与固定相涂层之间的分配平衡。如果萃取体系仅由样品和萃取相组成，根据质量守恒定律，有如下公式成立：

$$n_0 = n_s + n_e \tag{1-1}$$

式中，n_0 为样品中分析物的初始量；n_s 为分析物在样品溶液中的量；n_e 为分析物在萃取相的量。因为分配过程最终取决于分析物的平衡浓度，用浓度表示，则式（1-1）转化为：

$$C_0 V_s = C_s^\infty V_s + C_e^\infty V_e \tag{1-2}$$

式中，C_0 为分析物在样品中的初始浓度；V_s 为样品的体积；C_s^∞ 为萃取达到平衡时分析物在样品中的浓度；C_e^∞ 为平衡时分析物到达萃取相的浓度；V_e 为萃取相的体积。将分析物在萃取相和样品中的分配常数 K_{es} 引入，则下列公式成立：

$$K_{es} = \frac{C_e^\infty}{C_s^\infty} \tag{1-3}$$

$$C_0 V_s = C_s^\infty V_s + K_{es} C_s^\infty V_e \tag{1-4}$$

$$K_{es} V_e C_0 V_s = K_{es} V_e C_s^\infty V_s + K_{es} V_e K_{es} C_s^\infty V_e \tag{1-5}$$

$$K_{es} V_e C_0 V_s = \frac{C_e^\infty}{C_s^\infty} V_e C_s^\infty V_s + \frac{C_e^\infty}{C_s^\infty} V_e K_{es} C_s^\infty V_e \tag{1-6}$$

$$K_{es} V_e C_0 V_s = n_e^\infty V_s + K_{es} n_e^\infty V_e \tag{1-7}$$

在单组分的萃取系统中达到分配平衡时，待测物在萃取纤维涂层中的量由下式表达：

$$n_e^\infty = \frac{K_{es} V_e C_0 V_s}{V_s + K_{es} V_e} \tag{1-8}$$

萃取达到平衡，萃取相上分析物的量将不再随着萃取时间的增加而增加。保持样品的体积不变，则萃取纤维涂层所能吸附的分析物的量与初始浓度成正比，这是 SPME 的定量基础。另外，当样品体积 $V_s \gg K_{es} V_e$ 时，式（1-8）可近似地表达为：

$$n_e^\infty = K_{es} V_e C_0 \tag{1-9}$$

此时，萃取纤维涂层所能吸附的待测物质的量只与其初始浓度有关。纤维针式 SPME 萃取量一般很小，其对于样品中分析物的消耗可忽略，这也是 SPME 与 SPE 的差别。SPE 处理后的样品中应该不再含有分析物，而 SPME 完成后，样品中的分析物浓度基本没变，主要依赖纤维（涂层）很高的吸附性而达到富集目的。如果涂层太厚，吸附分析物量大到不能忽略其浓度变化，则该方法处于 SPME 与 SPE 之间，有时称为微量 SPE（μSPE）。

在萃取达到平衡前，萃取相上所富集的样品的量可表达为：

$$n=\left[1-\exp\left(-A\,\frac{2m_1m_2K_{es}V_e+2m_1m_2V_s}{m_1V_sV_e+2m_2K_{es}V_sV_e}t\right)\right]\frac{K_{es}V_eV_s}{K_{es}V_e+V_s}C_0 \tag{1-10}$$

式中，A 为 SPME 涂层的表面积；m_1，m_2 为分析物在样品和萃取纤维涂层中的质量转移系数（$m=D/\delta$，D 为扩散系数；δ 为涂层厚度）；t 为萃取时间。当萃取时间不变，则前面一项为常数，式（1-10）可以表示为：

$$n=K\,\frac{K_{es}V_eC_0V_s}{K_{es}V_e+V_s} \tag{1-11}$$

式（1-11）为非平衡萃取提供了理论依据，但在分析过程中萃取条件如萃取时间、萃取温度和搅拌速率等必须保持一致。

当萃取模式为顶空固相微萃取时，需要考虑顶空在质量平衡中的影响，则质量平衡公式在萃取达到平衡时将表达为：

$$C_0V_s=C_s^\infty V_s+C_e^\infty V_e+C_h^\infty V_h \tag{1-12}$$

式中，C_h^∞ 为平衡时顶空中分析物的浓度；V_h 为顶空的体积。同样，用 $K_{es}C_s^\infty$ 替代 C_e^∞，对于顶空萃取，平衡时待测物在萃取纤维涂层中的量可由下式表达：

$$n_e^\infty=\frac{K_{eh}K_{hs}V_eC_0V_s}{K_{eh}K_{hs}V_e+K_{hs}V_h+V_s} \tag{1-13}$$

式中，K_{eh} 为分析物在萃取相和顶空的分配系数；K_{hs} 为分析物在顶空和液相之间的分配系数；且 $K_{eh}K_{hs}=K_{es}$，因此，萃取量与样品的初始浓度、萃取相的体积以及分析物在萃取相和样品的分配系数成正比。如果 $V_s\gg K_{eh}K_{hs}V_e+K_{hs}V_h$ 成立，那么萃取就不依赖于样品和顶空的体积，即最大萃取量只取决于样品的初始浓度。如果上述的条件不能满足，则萃取量随着样品体积和顶空体积的变化而变化。

同理，如果顶空萃取时间小于平衡时间，只要保持一定的操作条件，萃取相中的样品量仍然与初始样品浓度呈正相关。

（2）管内 SPME

在管内 SPME 萃取过程中，管内萃取相（或涂层）中所含分析物的量为萃取时间的函数，其富集效率与两者之间的作用力有关，可以用色谱理论进行解释。当萃取时间和其他萃取条件不变时，萃取相中分析物的浓度与样品中分析物的初始浓度成正比，这是管内 SPME 用于定量分析的依据。

在一定时间 t 下萃取到萃取相上的分析物的量 $M(t)$ 可以由下式计算：

$$M(t)=\int_0^L C(x,t)\mathrm{d}x \tag{1-14}$$

式中，L 是管子的长度；$C(x,t)$ 是在某一时刻 t 及管内某一个位置 x 瞬间平衡的浓度；$\mathrm{d}x$ 指管内很短的一个长度。当样品流速很快以至产生涡流扩散行为且分配常数不太大时，管内 SPME 萃取平衡时间可由下式估算：

$$t_e=t_{95\%}=d_s^2/(2D_s) \tag{1-15}$$

式中，d_s为萃取相涂层的厚度；D_s为分析物在涂层中的扩散系数。

（3）搅拌棒微萃取 SBSE

SBSE 的萃取机制与纤维针式 SPME 萃取机制相似，SBSE 对样品中分析物的萃取量一般不能忽略。可借鉴辛醇-水分配系数来计算：

$$K_{O/W} \approx K_{SBSE/W} = \frac{C_{SBSE}}{C_W} = \frac{m_{SBSE}}{m_W} \times \frac{V_W}{V_{SBSE}} \qquad (1-16)$$

式中，C_{SBSE}和C_W分别代表萃取相上和萃取后样品溶液中待测物的浓度；m_{SBSE}和m_W分别为萃取相上和萃取后样品溶液中分析物的质量；V_W和V_{SBSE}分别为样品溶液和萃取相的体积。用β代替V_W/V_{SBSE}，则有：

$$\frac{K_{O/W}}{\beta} = \frac{m_{SBSE}}{m_W} = \frac{m_{SBSE}}{m_O - m_{SBSE}} \qquad (1-17)$$

式中，m_O为样品中分析物的总量。最后萃取到 SBSE 上的待测物的质量可以由下式计算：

$$m_{SBSE} = m_O \frac{\left(\dfrac{K_{O/W}}{\beta}\right)}{1 + \left(\dfrac{K_{O/W}}{\beta}\right)} \qquad (1-18)$$

在保持萃取条件不变的条件下，$K_{O/W}$和β均为常数，则萃取相上分析物的质量仅与样品中分析物的初始质量有关，这是 SBSE 的定量依据。

四、萃取涂层类型

萃取涂层是影响 SPME 萃取选择性和灵敏度的核心部分，对萃取涂层的选择基于分析物和萃取涂层的"相似相溶"原理确定。SPME 技术可以使用多种萃取涂层材料。表 1-1 列出了商用纤维针式萃取涂层的种类、性质及其使用范围；管内 SPME 包括商品化的开管 GC 毛细管柱、聚合物整体毛细管柱和填充毛细管柱等；SBSE 已实现商品化的主要是 PDMS 萃取涂层。

表 1-1　商用纤维针式 SPME 纤维涂层的种类、性质及其应用范围

涂层（厚度）	缩写	类型	最高使用温度	应用（分析物类型）
聚二甲基硅氧烷（100 μm）	PDMS	非键合	280 ℃	非极性、可挥发
聚二甲基硅氧烷（30 μm）	PDMS	非键合	280 ℃	非极性、可挥发/半挥发
聚二甲基硅氧烷（7 μm）	PDMS	键合	340 ℃	非极性、可挥发/半挥发
聚二甲基硅氧烷-二乙烯苯（65 μm）	PDMS-DVB	部分交联	270 ℃	极性
聚二甲基硅氧烷-二乙烯苯（60 μm）	PDMS-DVB	高度交联	270 ℃	极性
聚丙烯酸酯（85 μm）	PA	部分交联	320 ℃	极性
聚乙二醇-二乙烯苯（65 μm，75 μm）	CW-DVB	部分交联	260 ℃	极性、可挥发
聚乙二醇-树脂（50 μm）	CW-TPR	部分交联	—	极性
二乙烯苯-碳分子筛-聚二甲基硅氧烷（50/30 μm）	DVB-CAR-PDMS	高度交联	—	宽极性范围（C_3 到 C_{20}）
碳分子筛-聚二甲基硅氧烷（75 μm，85 μm）	CAR-PDMS	部分交联	320 ℃	可挥发、气体

（1）纤维针式 SPME 新型涂层

实验室研制的涂层有液体吸附剂、无机涂层材料吸附剂、有机聚合物或有机大分子吸附剂和有机-无机复合材料吸附剂等类型。原则上 SPE 吸附剂均可以作为 SPME 涂层。

① 液体吸附剂　液体吸附剂是具有吸附性能的液体，通过浸渍的方法涂敷在支撑材料上用于萃取。这些液体大多比较黏稠或者支撑材料比较特殊，液体容易黏附在支撑材料上不易脱落。咪唑类离子液体和聚合物离子液体以其黏稠、热稳定性好和吸附性能优越等特点受到关注。液体多晶膜 Nafion 是一种全氟磺酸型离子交换剂，有很强的离子交换能力。

② 无机涂层材料吸附剂　常用的无机吸附剂主要有碳材料和金属化合物吸附剂。这些吸附剂都具有大的比表面积、丰富的孔径和适宜的孔结构，并且有良好的热稳定性、溶剂稳定性和机械强度。碳材料吸附剂中，石墨化碳黑和活性炭 SPME 涂层已经实现商品化。其他用于 SPME 涂层的碳材料有：活性炭纤维（ACF）、修饰的铅笔芯、多晶石墨（铅笔芯和玻璃碳）、石墨棒、碳纳米管（CNTs）以及氧化处理的碳纳米管（CNTs-COOH）、石墨烯和富勒烯材料等。

③ 金属材料吸附剂　常用的金属材料包括金丝、钛丝、阳极锌丝、阳极铝，常用的金属化合物吸附剂包括 TiO_2 涂层、纳米尺寸的 TiO_2 和 PbO_2、γ-Al_2O_3 涂层、氧化铌涂层、铜丝上涂覆的氯化亚铜涂层、硫化铜涂层、钛-镍合金上涂覆的 ZrO_2 涂层。金属或金属化合物大部分通过电化学的方法、溶胶-凝胶法或直接氧化涂覆在金属丝的表面，克服了常用 SPME 支撑材料石英纤维易碎的缺点。

④ 有机聚合物和有机大分子吸附剂　在有机聚合物作为纤维针式 SPME 涂层的应用中，有机硅聚合物使用最多，包括硅胶吸附剂 C8、C18 以及苯基键合相、聚硅氧烷富勒烯 SPME 涂层、聚苯基甲基硅氧烷（PPMS）、冠醚-聚硅氧烷、杯［4］芳烃（C［4］-OH-TSO）和氨基桥接杯［4］芳烃、限进介质（RAM）烷基二醇基硅胶（ADS）和阳离子交换限进介质二醇基硅胶、苯基三甲氧基硅烷（PTMOS）和甲基三甲氧基硅烷（MTMOS）、苯胺甲基三乙氧基硅烷/聚二甲基硅氧烷（AMTEOS/PDMS）、3-(三甲氧基硅烷)丙胺/聚二甲基硅氧烷（TMSPA/PDMS）、硅胶树脂、聚甲基苯基乙烯基硅氧烷/羟基硅油（PMPVS/OH-TSO）、聚甲基-羟基硅油（PMHS-OH/TSO）。其他有机聚合物 SPME 涂层有：聚乙二醇（PEG）、聚乙二醇硅脂；苯酚基质聚合物；两性低聚物；有机多孔聚合物；β-环糊精衍生聚合物；含联苯结构的聚芳醚砜酮；甲基丙烯酸-三羟甲基丙烷三甲基丙烯酸酯（MAA/TRIM）；传导型聚合物包括聚吡咯（PPy）、聚苯胺（PANI）和聚噻吩（PTh）。

为了增加选择性，分子印迹聚合物（MIP）可作为 SPME 纤维涂层用于预处理样品。

⑤ 有机-无机复合材料吸附剂　有机-无机复合材料涂层包括复合型硅介孔材料 C16-MCM-41、C8-MCM-41 以及苯基功能化的 MCM-41，陶瓷/碳复合材料 NiTi-ZrO_2-PEG，新型材料 MOFs 和 COFs 等。这些材料在萃取效率、热稳定性和溶剂稳定性方面都有某种程度的改善。

（2）管内 SPME 和 SBSE 涂层

上述用于纤维针式涂层的材料均可以用作管内 SPME 涂层或 SBSE 涂层，管内 SPME 涂层制备方法有填充和涂覆两种。可以将纤维直接插入毛细管或 PEEK 管，也可以将固体粉末直接填充到管内用于萃取。涂覆的方法有化学沉积、溶胶-凝胶法、整体聚合、液相沉积等。

五、SPME 操作

SPME 方法灵活多变，涂层类型多样，可以与很多分析方法有机结合。西北师范大学杜新贞教授和兰州化学物理研究所师彦平教授课题组做了大量的工作。如前所述，SPME 的操作包括选择合适的涂层、制备涂层、优化萃取过程和解吸过程。所涉及的操作条件包括溶剂种类、pH、盐浓度（离子强度），温度，样品体积，解吸液的类型、体积及 pH。一般解吸液体积小于 $200~\mu L$，也可以用较大体积解吸后再次蒸发并更换溶剂种类以符合后续分析方法。由于萃取过程不一定完全平衡，为了保证重复性和准确性，应使萃取条件保持相对一致。赵彤以不锈钢纤维为基质（图 1-19），制备了氧氟沙星（OFL）的温敏分子印迹聚合物，进而完成了牛奶和水样品中 OFL 的固相微萃取。

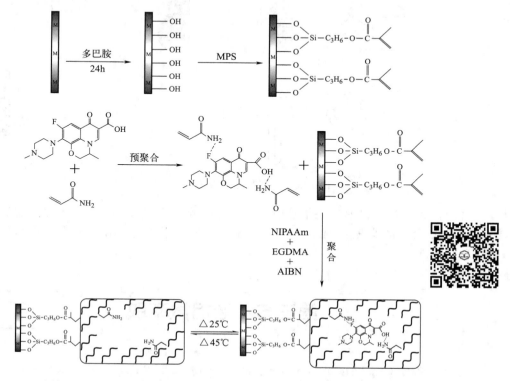

图 1-19 不锈钢纤维氧氟沙星（OFL）温敏分子印迹聚合物的制备

首先将不锈钢纤维剪成 2 cm 长的若干段（每段 20.6 mg 左右），浸在丙酮溶液中，超声振荡 10 min，洗去纤维表面的油脂。用甲醇溶液冲洗 3 遍。然后利用多巴胺（dopamine）的自聚合，对不锈钢纤维做羟基（—OH）修饰，具体实验过程为：将不锈钢纤维浸在 10 mL 2 mg/mL 的多巴胺 Tris-HCl（pH＝8.5）溶液中，避光静置 24 h，用甲醇溶液冲洗 3 遍。随后对其进行硅烷化，按 3-甲基丙烯酰氧基丙基三甲氧基硅烷（MPS）：水：甲醇＝1：1：8（体积比）的比例配制 10 mL 的混合溶液，将不锈钢纤维浸在溶液中 30 min，150 ℃真空干燥 120 min。最后将不锈钢纤维用甲醇冲洗 3 遍，氮吹仪干燥。

随后在修饰后的不锈钢纤维上制备 OFL 温敏分子印记聚合物。依次称取 0.038 g（0.010 mmol）OFL 为模板分子和 0.04 g（0.035mmol）N-异丙基丙烯酰胺（NIPAAm）为温敏单体，量取 36 μL（0.042 mmol）甲基丙烯酸（MAA）为功能单体，分散于装有 1 mL 二甲基亚砜和 2 mL 氯仿混合溶液的玻璃试管中，超声 1 h，进行预聚合，之后一次性滴加 0.37 mL（0.200 mmol）交联剂二甲基丙烯酸乙二醇酯（EGDMA），再次超声 30 min 后加入 0.01 g 引发剂偶氮二异丁腈（AIBN），开口超声 2 min 除去氧气。同时将修饰过的不锈钢纤维放在内径为 1 mm 的玻璃毛细管中，然后放入试管中，橡胶塞封口，60 ℃油浴反应 24 h。操作过程如图 1-20 所示。

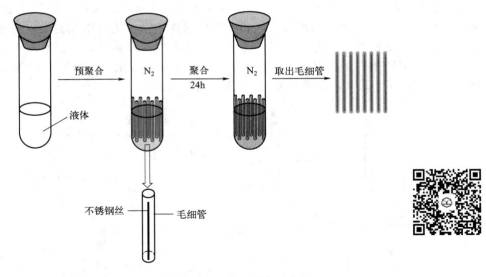

预聚合 N₂ 聚合 24h N₂ 取出毛细管

液体

不锈钢丝 —— 毛细管

图 1-20　毛细管内 SPME 涂层制备示意图

将制备好的 MIP 从玻璃毛细管中取出，用甲醇：乙酸（8：1，体积比）溶液洗去模板分子，45 ℃水浴轻微振荡 24 h（每次 30 mL 溶液，平均每 3 h 换一次溶液），得到 MIP-SPME 纤维。

第三节　液相微萃取

液相微萃取（liquid-liquid phase microextraction，LPME）技术集采样、萃取和富集于一体，操作简单，具有快捷、廉价、环保的特点，适用于环境样品中痕量、超痕量污染物和生物样品中低浓度药物的富集；也可以将萃取和衍生技术相结合，完成金属离子的富集。根据 LPME 的操作模式，可以将其分为单滴溶剂微萃取（SDSM）、中空纤维液相微萃取（HF-LPME）和分散液-液萃取（DLME）等模式。其与固相萃取相结合，可实现固-液相萃取。

一、单滴溶剂微萃取（SDSM）

1996 年，Cantwell 和 Jeannot 首次提出单滴溶剂微萃取技术（single drop solvent microextraction，SDSM），利用悬挂在特氟龙 Teflon 棒顶端、与水不相混溶的有机溶剂液滴对水溶液中的分析物直接进行萃取，萃取完成后从 Teflon 棒顶端用微量进样器抽取有机溶剂再进行气相色谱（GC）分析。萃取过程中，由于有机相液滴容易受到水相的影响，特别是在高速搅拌的情况下，有机相液滴很不稳定，容易脱落和变形，导致测定值也不稳定，为此，科学家们将 Teflon 改良为微量注射器针头、自制喇叭口、移液枪头、毛细管等各类形式，以改善稳定性。与其他方法相同，单滴溶剂微萃取使用顶空萃取方式。萃取剂从开始的普通有机溶剂发展到表面活性剂、离子液体、低共熔溶剂、掺杂纳米颗粒的分散体系等。图 1-21 为不同的单滴溶剂微萃取方式。

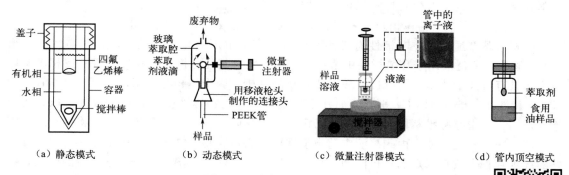

图 1-21 单滴溶剂微萃取形式

二、中空纤维液相微萃取（HF-LPME）

单滴溶剂微萃取有机相溶剂的体积小，萃取后的样品量少，不能高灵敏检测，为了解决这个问题，Pedersen-Bjergaard Rasmussen 于 1999 年提出中空纤维液相微萃取（HF-LPME），即利用中空纤维壁的微孔和内腔支撑萃取溶剂进行萃取，增大了萃取剂与样品溶液中分析物之间的传质面积，也保证了萃取剂的稳固性（图 1-22）。从萃取机制上其可分为两相微萃取（two-LPME）和三相微萃取（three-LPME）两种模式。使多孔中空纤维的微孔和内腔充满相同有机溶剂，并使之固定在微量进样器的针头上（或将有机液滴直接悬挂在进样器针头上），分析物（A）从水相样品溶液（donor phase，给体相）扩散进入有机相（acceptor phase，受体相）的萃取模式称为两相微萃取。其萃取过程可表示为：

$$A(给体相) \rightleftharpoons A(萃取/受体相)$$

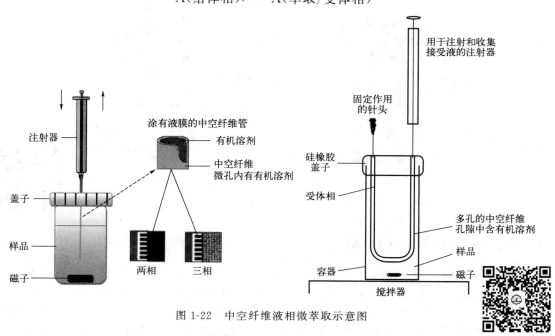

图 1-22 中空纤维液相微萃取示意图

将有机溶剂固定在中空纤维的微孔中，使之形成一层有机液膜相（organic phase），并使中空纤维的内腔充满水相的萃取剂（acceptor phase）。样品溶液、有机液膜和水相的萃取剂三者共同组成一个"三明治"型的萃取系统。分析物首先由给体相进入有机液膜，然后再反萃到受体相中的萃取模式称为三相微萃取。其萃取过程可以表示为：

A（给体相）⟷ A（有机溶剂相）⟷ A（萃取/受体相）

两相微萃取适用于在非极性有机溶剂中有较高溶解度的化合物的萃取，常与气相色谱（GC）联用，广泛应用于环境样品中杀虫剂、除草剂及其他有机污染物的分析。三相微萃取适用于具有可离子化基团的碱性或酸性化合物的分析，因受体相是水相，可以与毛细管电泳（CE）和液相色谱（HPLC）联用，常用于环境样品和生物体液中低含量组分的萃取。杨彩玲等采用三相中空纤维萃取血浆中的防己诺灵碱和粉防己碱，萃取开始前，先将中空纤维管手工截成一定长度，放在丙酮溶液中超声清洗以除去污染物，并在空气中干燥后使用。处理好的纤维管首先放在选定的有机溶剂中浸泡一定时间，使有机溶液完全占据管壁的微孔，再用超纯水清洗纤维管的外壁和内腔以除去多余的有机溶液，仅使管壁微孔形成中介有机相。准确移取一定体积的样品溶液并调节为一定 pH，制备为样品相；将一根微量进样器预先吸入 20 μL 受体相溶液并推入中空纤维管内腔，将中空纤维管放入样品溶液中进行三相微萃取。

传统的中空纤维萃取依赖于搅拌带来的传质实现萃取过程，速度慢，萃取达到平衡的时间长。搅拌速度的不确定性造成萃取不稳定、重现性不好，改良的方法有电膜萃取（图 1-23）。该方法是将一个电极或两个电极放入中空纤维的空腔，利用电场力为驱动力加速萃取过程，萃取稳定、快速、彻底。此方法对离子型化合物有效，无法用于中性物质萃取。

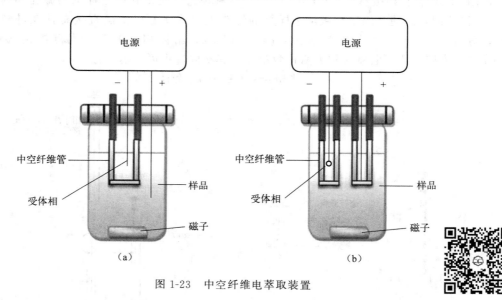

图 1-23　中空纤维电萃取装置

三、分散液-液微萃取（DLME）

2006 年，Assadi 等提出了一种基于分散萃取的样品前处理新技术，即分散液-液微萃取（dispersive liquid-liquid microextraction，DLME）。DLME 相当于一个小型化的 LLE，由三元组分溶剂（分散剂、萃取剂、样品）组成，其中分散剂用来帮助有机萃取剂充分分散到样品中，实现高效萃取。DLME 具体过程如下：将萃取剂和分散剂的混合液注入样品中，瞬间形成萃取剂/分散剂/样品的三相乳浊液体系，增大了分析物与萃取剂之间的接触面积，萃取平衡在很短的时间内完成，离心（磁性分离）后萃取溶剂与样品分层而达到与样品分离的目的。

DLME 消耗的萃取剂的量为微升级，萃取实现平衡状态所需时间短，满足发展绿色化学的要求。该技术对萃取剂和分散剂有一定要求：（a）萃取剂对目标分析物有很好的萃取能力；（b）萃取剂在样品相中的溶解度低，其密度与样品的密度要有差别；（c）分散剂必须与萃取剂和样品相都混溶。常选择甲醇、丙酮、乙腈、乙醇、四氢呋喃、两亲性的十六烷基三甲基溴化铵（CTAB）、曲拉通 X-100、十二烷基硫酸钠、十四烷基三甲基溴化铵为分散剂，与其他溶剂相比，表面活性剂可以显著减少两相之间的界面张力，极大地促进有机溶剂在水相中的分散。只有少数有机溶剂能满足 DLME 的萃取要求，大多数为卤化烃。其他参数如 pH 和盐浓度也能影响 DLME 的萃取效果，需要系统优化。

离心是分离样品和萃取剂的常用方法；利用萃取剂的冰点也可以实现"冷冻提取"（图 1-24），减少萃取剂的损失；将纳米颗粒作为萃取剂，可以实现固-液分散萃取，比如马莹利用离子液体进行分散萃取实现了环境水样中纳米颗粒的富集。

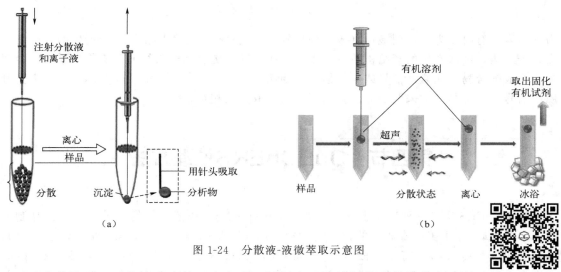

图 1-24　分散液-液微萃取示意图

浊点萃取可以看作该方法的一个变形。根据表面活性剂热聚集的特点，利用其分散与团聚的动态过程实现萃取。表面活性剂与水相具有很好的分散互溶性，当温度改变时，一些表面活性剂自聚并开始与水相分离，原溶解于水相的一些物质也将在水相和表面活性剂相二次分配，实现从水相到表面活性剂相的转移，如果表面活性剂相远小于水相体积，即可达到分离富集的目的。比如 Triton X-114，在 35 ℃开始成为聚集相，与水相分层，这种变温聚集萃取称为"浊点萃取"（图 1-25）。张海霞利用 1.0 mL Triton X-114 萃取了 0.2 mL 血清中的美洛昔康，在萃取体系中加入 1.0 mol/L HCl 20 μL 和 60 mg NaCl 加速萃取。当混合体系加热到 35 ℃时，美洛昔康富集于表面活性剂相，用乙腈反萃取后进样于色谱系统完成分析。

综上所述，各类萃取方法不断交叉融合与改进，以适应样品萃取的需要，有时很难定义一个萃取方法是液相萃取还是液-固萃取。萃取相可以是液体-固体分散体，单滴可以是一段液体柱，分散萃取液越来越灵活……所以说，科研手段产生新方法，新方法改变科研手段，二者相互促进、相互发展与借鉴，符合社会发展与科学技术的发展规律。在面对一个样品时，应充分了解样品性质，根据具备的分析设备和条件，以及目前报道的分析方法特点，提出新的处理方法并优化样品前处理详细条件。选择样品前处理方法既要保证可以对样品中分析物定量，也要避免出现不确定结构、性质等变化，还要与后续分析方法相匹配。在优化条件时，要考虑分析物的存在状态和状态唯一性、该状态与干扰物质的差异性、萃取相富集能

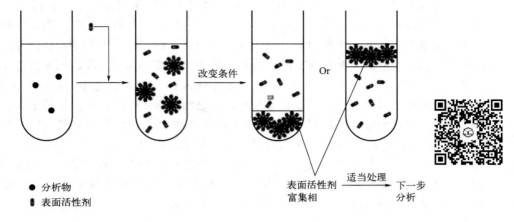

● 分析物
▮ 表面活性剂

表面活性剂   适当处理   下一步
富集相   ⟶   分析

图 1-25　浊点萃取

力等因素，有时候为了达到最佳富集与分离效果，也将衍生与萃取相结合。衍生的目的是改变分子结构，确保产生的新结构更有利于与杂质分离，更有利于后续的分析信号采集。金属离子形成配合物、无紫外信号或荧光信号的物质衍生为信号分子、衍生改变沸点、衍生提升质谱信号等，都是经常采取的方法，均可以与萃取方法相结合。

第四节　QuEChERS处理方法

　　QuEChERS法是一种适用于食品中农药（pesticides）残留分析的简单直接的样品制备技术，是 2003 年由美国农业部的首席科学家 Lehotay 及德国的 Anastassiades 教授提出的，因具有快速（Quick）、简单（Easy）、廉价（Cheap）、有效（Effective）、可靠（Rugged）和安全（Safe）的特点而得名，回收率高，消耗溶剂少，是一种符合绿色化学理念的样品前处理方法。QuEChERS 处理流程：将样品均质化后，先用萃取剂萃取分析物；然后采用盐析方法，促进液-液两相分离；最后向萃取剂中加入净化吸附剂，除去提取液中的基质，再进行下一步的分析过程。典型步骤如下：

① 在 50 mL 聚四氟乙烯管里称量 10 g 样品；
② 加 10 mL 乙腈，剧烈振荡 1 min，可手摇动、涡旋或超声处理；
③ 加分层试剂：4 g $MgSO_4$ 和 1 g NaCl，剧烈振荡 1 min；
④ 加内标溶液，剧烈振荡 30 s，离心；
⑤ 取出萃取剂层，加 $MgSO_4$ 和吸附剂进行纯化，剧烈振荡 30 s，离心；
⑥ 取出萃取剂层，加 0.1％乙酸（甲酸）或其他保护剂。

　　QuEChERS 方法中常用的提取剂主要是乙腈或酸化乙腈（含 1％乙酸），可以提取宽范围的农药，并避免将大量的亲脂性物质萃取出来。

　　上述第③步中，可以优化 pH 减小敏感化合物的降解程度，加入柠檬酸盐或乙酸盐，调节 pH 到 5～5.5 的范围，确保大多数农药的稳定性。该步骤中 $MgSO_4$ 用于吸附水，NaCl 的盐析效应增加农药在乙腈中的溶解性，这两个物质均能促进两相分层。

　　第⑤步中的吸附剂是研究的热点，目前常用的有用于去除长链脂肪类化合物、甾醇类和其他非极性杂质的 C18，用于去除糖类和脂肪酸、有机酸、脂类和一些色素的伯胺和仲胺，用于去除色素、多酚类和其他极性化合物等的石墨化碳黑（GCB），上述吸附剂可以单独使用，也可以混合使用，以样品不同而异。

在 QuEChERS 方法中，如果待处理样品含水量较少，应补加水，让整个样品中大致含有 10mL 水，如果样品在水中过于膨胀，可以减少样品用量。图 1-26 是改进的 QuEChERS 方法总结。图中左下角是原始的方法，在 pH、分层试剂（盐）、纯化吸附剂、溶剂、混合方式上均实现了改进（第二列），并形成了官方认可的方法（图左上）。方法继续向小型化、增加方法的目标化合物、后续的色谱分析方法改进和在线自动化方向推进（图中第三列）。最终改进的目标是提高方法效能即较低的检出 LOD 和 LOQ，较大的灵敏度）和力争方法最优化（最右一列）。

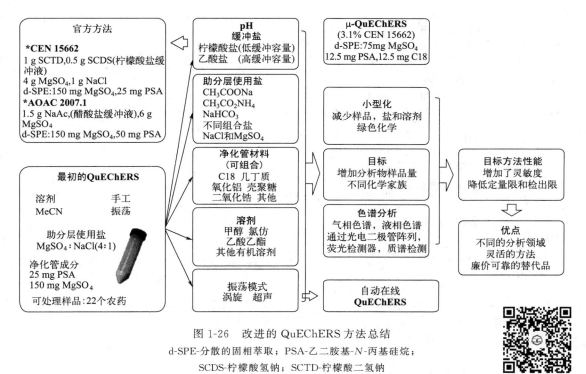

图 1-26　改进的 QuEChERS 方法总结

d-SPE-分散的固相萃取；PSA-乙二胺基-N-丙基硅烷；

SCDS-柠檬酸氢钠；SCTD-柠檬酸二氢钠

表 1-2 为 QuEChERS 方法应用举例。

表 1-2　QuEChERS 方法应用举例

基质（目标分析物）	QuEChERS			分析方法
	萃取溶剂	分离盐/缓冲剂	净化	
食品分析				
婴儿食品（12 种酚类化合物）	乙腈	200 μg 盐（$MgSO_4$，NaCl,SCTD,SCDS，4:1:1:0.5，质量比）	d-SPE(75 mg $MgSO_4$，12.5 mg PSA)	UHPLC-PDA
食物样品（甲基丁香酚）	乙酸乙酯	2 g $MgSO_4$，500 mg NaCl	d-SPE (500 mg $MgSO_4$，100 mg PSA)	GC-MS/MS

基质（目标分析物）	QuEChERS			分析方法
	萃取溶剂	分离盐/缓冲剂	净化	
葡萄（反式白藜芦醇）	乙腈：乙酸乙酯（1∶1，体积比）和1%甲酸	4 g MgSO$_4$，1 g NaCl，1 g SCTD，0.5 g SCDS	d-SPE（150 mg MgSO$_4$，25 mg PSA，25 mg C18）	UHPLC-PDA
番石榴叶（熊果酸、齐墩果酸）	甲醇	无	d-SPE（150 mg MgSO$_4$，50 mg PSA，50 mg C18）	HPLC-UV
肉类（胆固醇，7 COPs）	丙酮	4 g MgSO$_4$，1 g NaOAc	d-SPE（300 mg C18EC 900 mg MgSO$_4$，300 mg PSA）	GC-MS
红葡萄酒（4-乙基苯酚、4-乙基愈创木酚、4-乙烯基苯酚、4-乙烯基愈创木酚）	乙腈	4 g MgSO$_4$，1.5 g NaCl	d-SPE（100 mg CaCl$_2$，25 mg PSA）	HPLC-UV
红葡萄酒和白葡萄酒（3-异丙基，3-异丁基-和 3-仲丁基-2-甲氧基吡嗪）	甲苯	12 g MgSO$_4$，3 g NaCl	d-SPE（25 mg CaCl$_2$，25 mg MgSO$_4$，10 mg PSA）	GC-MS
红葡萄酒（反式白藜芦醇）	乙腈	3 g MgSO$_4$，1 g NaCl	d-SPE（300 mg MgSO$_4$，300 mg PSA）	LC-MS/MS
食品安全 农药				
苹果、蘑菇、茶（15种氨基甲酸酯类杀虫剂）	乙腈	1 g NaCl，2 g Na$_2$SO$_4$	d-SPE（200 mg Na$_2$SO$_4$，150 mg PSA，50 mg C18）	LC-MS/MS
婴幼儿食品（吡唑醚菌酯，吡唑醚菌酯）	乙腈	4 g MgSO$_4$，1 g NaCl	d-SPE（150 mg MgSO$_4$，50 mg C18）	UHPLC-MS/MS
豆类、土壤（毒死蜱、氟吡菌胺、氟吡菌胺、戊唑醇）	乙腈	9 g MgSO$_4$，3 g NaCl	d-SPE（1.15 g MgSO$_4$，400 mg PSA）	LC-MS/MS
牛肉（188种杀虫剂）	乙腈和1%醋酸：乙酸乙酯（70∶30，体积比）	4 g MgSO$_4$，1 g NaOAc	d-SPE（150 mg MgSO$_4$，30 mg PSA，30 mg C18）	LC-MS
糙米、橙子、菠菜（310种农药）	乙腈和0.1% FA	4 g MgSO$_4$，1 g NaCl	d-SPE（25 mg PSA，150 mg MgSO$_4$，7.5 mg GCB）	UHPLC-MS/MS
小豆蔻（243种杀虫剂）	乙腈	4 g MgSO$_4$，1 g NaCl	d-SPE（25 mg PSA，100 mg C$_{18}$，10 mg GCB）	GC-MS/MS
谷物（醚苯磺隆、卤代磺隆、甲磺隆和北磺隆）	乙腈和1% FA	10 g MgSO$_4$，1 g NaCl	d-SPE（1200 mg MgSO$_4$，150 mg PSA，200 mg C18）	LC-MS/MS

尽管 QuEChERS 方法得到广泛应用，但仍然存在一些缺点。第一，基质效应明显。QuEChERS 方法中基于分散固相萃取的净化步骤虽然快速方便，但对复杂基质的净化效果在多数情况下均不理想，从而导致空白色谱图上出现干扰、样品不能浓缩、方法检出限过高、增加仪器维护工作等，必须要对基质效应进行补偿，才能得到准确的定量结果。为了减少目标化合物的峰丢失，采用"分析物保护剂"，包括低沸点的 3-乙氧基-1,2-丙二醇、中等沸点的古洛糖酸内酯、高沸点的山梨糖醇。第二，使用乙腈等有机溶剂作为提取溶剂，具有

危害性。有文献采用低共熔溶剂取代部分乙腈进行提取。第三，QuEChERS 过程缺乏富集过程，尽管通过氮吹浓缩能起到一定的富集作用，但是富集倍数较低，可以增加吸附过程进行富集。

第五节 无机元素分析样品制备

当测定无机元素时，需要对样品进行前处理，将样品分解，使被测组分定量地转入溶液中以便进行分析测定，样品前处理的基本要求如下：样品应分解完全，使被测组分全部进入溶液；处理过程中不应引入被测组分，也不能使被测组分损失；处理时所用试剂及反应生成物对后续测定尽量无干扰。无机物中无机元素的测定可以采用湿式消解法、熔融法和高压密闭酸溶法。湿式消解法是将试样溶解于水、酸、碱或其他溶剂中。熔融法是利用熔剂与试样混合，在高温下进行复分解反应或将试样中的被测组分转化成易溶于水或酸的化合物。高压密闭酸溶法是将试样和酸或混合酸的溶剂置于合适的容器中，再将容器装在保护套中，在密闭情况下进行分解。有机物中无机元素的测定可以采用湿式消解法、干灰化法或微波消解法。消解处理的目的是破坏有机物，将各种价态的待测元素氧化成单一高价态或转变成易于分离的无机化合物。消解后的水溶液应清澈、透明、无沉淀。干灰化法又称高温分解法，通过高温灼烧将有机物破坏，具体操作是将一定量的样品置于马弗炉中加热，使有机物脱水、炭化、分解、氧化，再于坩埚中灼烧灰化，残灰应为白色或浅灰色，否则应继续灼烧，得到的残渣即为无机成分，可用酸溶供测定用。

一、消解法

（1）消解常用试剂

湿式消解法常用的试剂有硝酸、盐酸、高氯酸、氢氟酸、过氧化氢，少量样品消解时会用到硫酸等其他试剂，对于某些用单一酸消解不了的样品，可将几种酸混合来进行溶样消解。盐酸是一种还原性无机酸，可溶解金属活泼顺序中氢以前的铁、钴、镍、锌等活泼金属，以及多数的金属氧化物和氢氧化物、碳酸盐、磷酸盐和硫化物等，但是不能分解有机物。注意：用盐酸溶解样品，待测元素是银时，会形成氯化银沉淀，因此银元素的测定不适宜用盐酸消解。而铬、锑、砷、硼、锡等元素在加热时会形成易挥发的化合物造成被测元素的损失，因此需要降低加热温度以抑制挥发造成的损失。硝酸是氧化性无机酸，溶解能力强，大多数硝酸盐在水溶液中有良好的溶解度，因此在样品消解中用得最多。除铂族和一些稀土金属难以用硝酸消解外，硝酸能溶解多数的金属及其氧化物、氢氧化物和硫化物。但铝、铬和铁等元素与硝酸反应会生成氧化膜，产生钝化，从而抑制待测元素的溶解，因此需要用王水溶解，铬加热会形成氯氧化铬挥发损失，要注意加热温度不能太高。消解有机物样品时要用到高氯酸，高氯酸加热时有强氧化性，直接接触有机物易爆炸，所以要先用浓硝酸破坏有机物，再加高氯酸加热至冒白烟。在分解铬矿石、钨铁矿、氟矿石、镍-铬合金时，都需加入高氯酸来进行溶样。在分解含硅材料时，最有效的是氢氟酸，样品溶解后，可加热使硅与氢氟酸形成的 SiF_4 挥发，氢氟酸适用于硅酸盐、硅铁、多晶硅和石英石等样品的分解，在用到氢氟酸时注意要用铂器皿或者聚四氟乙烯器皿。硫酸的沸点是无机酸里面最高的，热的浓硫酸有很强的氧化性，在消解某些难分解的塑料时比较有效，可溶解铁、钴、镍、锌等金属及合金，也可用于分解铝、锰、钛、铀等矿石。浓硫酸常用于驱赶易挥发的氢氟酸和盐酸，转换酸体系，或者当脱水剂破坏样品中有机物，以及与含碳量较高的样品中的碳反应除掉碳。用硫酸时注意它可与钡、铅、钙、锶形成难溶解的沉淀，影响这几种元素的测定。除了用酸溶解样品，此外在进行某些两性金属及合金（如铝和锌的金属和合金时），要用到碱性的氢氧化钠溶液，钼和钨的无水氧化物也可用氢氧化钠溶液进行溶解。除了湿法制样需要用到的上述溶剂外，在进行熔融法制样时，需要用到酸性的焦硫酸钾、硫酸氢钾、氧化硼等以及碱性的碳酸钠、碳酸钾、偏硼酸锂和氢氧化钠、氢氧化钾等，一般用来分解煤灰、炉渣、硅酸盐和一些岩矿石样品。

（2）常用消解方法

① 常压湿式消解法　常压湿法消解是应用最广的样品分解方法，大多数样品都可用此法分解，具有所需设备简单、操作易上手的特点，但实际操作过程中，个人的操作技巧和经验对于溶样的质量有较大的影响，器皿和实验室环境的洁净程度也会影响测定的准确性。湿式消解法的一般操作过程为称取一定量的试样于适当的器皿中，根据待测物的性质加入一定量的酸，加热溶解后，视情况而定是否需要冷却后再次加酸溶解，待试样溶解为澄清溶液，可冷却后定容至一定体积。对无机物中元素的测定，如测定钢中硫含量时，称取 0.1 g（精确至 0.0001 g）试样于 50 mL 的烧杯中，加入 10 mL 水、0.5 mL 硝酸和 2.0 mL 盐酸，低温加热至样品溶解后，冷却，加入 2.5 mL 高氯酸，继续加热至高氯酸冒白烟，并保持 5 s，取下，冷却至室温后定容至 25 mL 容量瓶中待测，样品用王水或硝酸溶解后，再经高氯酸处理，硫可转化成硫酸根进入均相溶液，测定结果准确可靠。对有机物中元素含量的测定，如测定大米中镉元素时，称取 0.5 g（精确至 0.0001 g）样品于 25 mL 烧杯中，加入 10 mL 硝酸＋高氯酸（9＋1），浸泡过夜，于电热板上加热，如有棕黑色，再加入少量硝酸，至冒大量白烟且溶液变为黄色或无色澄清后，取下，定容至 25 mL 容量瓶中。对于高含量的硅酸盐及氧化硅样品，常用的无机酸无法将其有效分解，氢氟酸及硅氟酸虽然可有效分解这些物质，但所用测试仪器进样系统和矩管多是玻璃或石英材料，不耐氢氟酸的腐蚀，通常采用加高氯酸转换溶液体系，加热除去用氢氟酸处理后样品中的氟化物，让生成的 SiF_4 挥发掉，再用硝酸或盐酸溶液溶解残留物。如测定硅铁中痕量钛时，称取 0.2 g（精确至 0.0001 g）试样于 100 mL 聚四氟乙烯烧杯中，加 10 mL 硝酸，再滴加 6 mL 氢氟酸，边滴边摇匀，待黄烟冒尽后，加 5 mL 高氯酸，在 200 ℃ 的电热板上加热至冒白烟，待溶液体积浓缩至 1 mL 左右时，取下冷却；加 10 mL 硝酸（1＋4），冷却后转移至 100 mL 容量瓶中，用水定容至刻度线后，摇匀，待测。湿式消解法处理样品时，加酸的种类、比例、称量和加热蒸发过程都会影响到测试的结果，应注意以下几点：a. 对于同一类样品，待测的元素不同则处理方法也可能会不一样；b. 操作过程应当认真细致，以达到最佳处理效果；c. 分解样品时要注意某些元素会与酸反应形成沉淀，而某些元素则会在加热时挥发或者形成挥发性的化合物损失。

② 高压密闭酸溶法　常压下的湿式消解法受消解液沸点和温度限制，对于某些难分解的样品，难以完全分解，因此可以使用密闭加热提高体系温度，增加消解压力，增强消解能力。一般是将试样与消解液放到密闭消解罐中，拧紧瓶盖，在电热恒温箱中加热并保温数小时后取出，冷却至室温后即可开盖取出，加热的最高温度不超过 230 ℃。如测定高钡光学玻璃中锶的含量时，其前处理方法为称取 0.1 g（精确至 0.0001 g）样品和 0.5 g 氟化氢铵粉末于密闭消解罐中，加入几滴水润湿，再加入 10 mL 盐酸、5 mL 硝酸和 2 mL 高氯酸，封闭罐盖，于 200 ℃ 电热恒温箱中加热 2.0 h 后取出，冷却后打开盖子，在 200 ℃ 电热板上将样品蒸发至近干，残渣用 5 mL 硝酸于 200 ℃ 电热板上继续加热提取 6～8 min，并用水冲洗

消解罐，然后将其转移至 100 mL 容量瓶中并定容至刻度线待测。同常压湿式消解法相比，高压密闭酸溶法提供了高温高压的消解环境，提高了消解能力，同时降低了试剂消耗和试剂空白，但存在加热和冷却时间长、效率低的缺点。

③ 微波消解法　随着分析技术的不断发展，样品前处理技术也在与时俱进，微波消解法是近年来发展起来的一种简单、安全、快速的样品制备方法。对于无机和有机样品中无机元素的测定，已有越来越多的样品前处理过程采用微波消解法。如测定铜精矿中的铜含量时，称取在 105 ℃ 干燥 40 min 的铜精矿样品 0.2 g（精确至 0.0001 g）于聚四氟乙烯罐中，加入 8 mL 王水，待剧烈反应停止后，盖上盖子。将消解罐置于微波消解仪中，设定微波消解功率为 800 W，5 min 升至 100 ℃，保持功率不变，5 min 升至 120 ℃，继续升温，3 min 升至 140 ℃，保温 20 min。消解结束，待样品冷却至室温后，将消解液转移至 100 mL 容量瓶中，用水稀释至刻度线，混匀，静置待用。测定粉丝中铝含量时，称取试样 0.3 g（精确至 0.0001 g）置于微波消解罐中，加入 8 mL 硝酸，旋紧罐盖，进行微波消解。冷却后取出，缓慢打开罐盖排气，用少量水冲洗内盖，将消解罐放在赶酸仪中赶酸，之后将消解液转移至 25 mL 容量瓶中，用纯水定容，混匀备用。微波消解法操作简单，但要注意：使用的消解罐要清洗干净，消解功率、温度和时间控制得当，否则会影响结果的准确性。微波加热是内加热过程，样品在高温高压于密闭容器中消解，提高了样品溶解能力，加快了溶解过程，且温度、时间等因素易于控制，能大大提高消解效率，减少待测元素的污染。

二、熔融法

熔融法是将试样与溶剂混合后，利用高温使试样与溶剂发生多相反应，将试样组分转化为易溶于水或酸的化合物。根据所用溶剂的性质和操作条件，可将熔融法分为酸熔、碱熔和半熔法。酸熔法适用于碱性试样的分解，如在 300 ℃ 以上时，焦硫酸钾中部分三氧化硫可与碱性或中性氧化物如二氧化钛、三氧化铝、二氧化锆等作用，生成可溶性的硫酸盐。碱熔法适用于酸性试样的分解，如碳酸钠中加入少量硝酸钾，在 900 ℃ 熔融时，可将硫、铬等矿样中成分氧化为可溶性的硫酸和铬酸化合物。半熔法又称烧结法，采用更低的温度和更长的加热时间，在低于熔点的温度下，使试样与溶剂发生反应，适用于农作物、人体组织及一些环境和地质类样品的消解。在地质矿物类样品的化学分析领域，长期以来采用碱熔法来分解岩矿样品，为了测定硅酸盐类样品中的氧化硅，也常采用高温碱熔的方法来进行制样。将样品粉碎后，与溶剂混合在高温炉中加热到熔融，冷却后用碱浸出可溶成分以进行测定。熔融法处理样品的操作比湿式消解法的要复杂，如测定钨矿石中钨含量时，称取 0.5 g（精确至 0.0001 g）试样于高铝坩埚中，加入 3 g 过氧化钠，搅拌均匀，再覆盖过氧化钠约 1 g，加盖，置于预先升温至 650 ℃ 的马弗炉中，升温至 700 ℃ 保持 5～7 min，至熔融物刚呈全熔状态，取出稍冷。将坩埚与盖放入 200 mL 烧杯中，加入 50 mL 热水，滴加无水乙醇及甲醛溶液各 5～6 滴，将烧杯放置电热板上煮沸 3～5 min，洗出坩埚和盖，控制溶液体积为 70 mL 左右，冷却，移入 100 mL 容量瓶中，定容，摇匀，放置待测。测定氧化铝载铱中的铱时，称取 2.0 g（精确至 0.0001 g）氧化铝载铱样品于 20 mL 刚玉坩埚中，加入 3 g 过氧化钠，放入 750 ℃ 马弗炉中熔融 20 min，期间不断摇动刚玉坩埚，取出，冷却后将坩埚放入装有 120 mL 盐酸（1+1）的 500 mL 烧杯中，使用水和盐酸（1+1）交替洗坩埚，放电热板上低温煮至溶液清亮，冷却后滴加双氧水氧化 20 min，再加热溶解，冷却后，移入 500 mL 容量瓶中，用水定容至刻度线并摇匀待测。熔融时，加入大量的溶剂会引入干扰，同时可能会因为坩埚材料的腐蚀引入其他组分的干扰。因此，熔融时要注意根据所用溶剂的类别选择合适材料的坩埚，样品要成功熔融需注意以下操作：粉末粒度不能太大，粒度大的样品在短时间内不容易熔融完全；样品和溶剂要混合均匀；由于马弗炉内不同部位的温度不均匀，所以加热温度一定要达到规定数值；样品与所用溶剂的比例需达到要求，如用偏硅酸锂溶剂时，样品与溶剂比例达到1:3到1:5；用酸浸出熔块时，酸的浓度不宜过高，否则易出现硅酸沉淀。

三、干灰化法

样品中含有大量的有机物时，样品处理需要先破坏有机质才能把微量的无机成分释放出来，可采用干灰化法。将试样置于马弗炉中，在有氧条件下加热到 $450 \sim 600\ ℃$，使有机质氧化分解，生成气态的一氧化碳和二氧化碳以及水逸出，剩下的无机灰分用酸溶解后进行测定。干灰化法适用于植物、食品、保健品和石油产品等样品的处理。用电感耦合等离子发射光谱法测定三元乙丙橡胶中的钒时，样品处理步骤为：准确称取 1.0 g（精确至 0.0001 g）三元乙丙橡胶样品放入石英坩埚中，置于电炉上缓慢加热使其焚化成灰状，将坩埚转至 $(750 \pm 25)℃$ 的高温马弗炉中至完全灰化。取出坩埚冷却至室温，沿坩埚内壁加入 5 mL 浓硝酸溶液，将坩埚放置于电炉上，缓慢加热，待灰分溶解后将溶液冷却，转移至 100 mL 容量瓶中，用去离子水稀释至刻度线待测。对蘑菇中钙、铁含量进行测定时，用干灰化法进行前处理，称取 1.0 g（精确至 0.0001 g）蘑菇粉于坩埚中，置于马弗炉中，设置温度为 500 ℃，灰化 8 h，冷却后用适量 0.1 mol/L 盐酸溶液将灰分溶解，转移至 100 mL 容量瓶中，用去离子水定容待测。干灰化法消解样品的特点是可增大取样量，并能将有机物彻底除去，降低基体影响。用干灰化法进行样品处理时，需确保待检测物质充分分解和灰化，得到的残渣常采用稀 HCl 或稀 HNO_3 溶解，也可以直接使用浓 HNO_3 进行溶解避免部分重金属元素钝化而难以全部转入消解溶液中，减少损失。用干灰化法处理样品时，需注意温度和时间的控制，并不是温度越高、时间越长越有利于待测物质的溶解，当温度太高，加热时间太长时，有可能会造成被测组分的损失。

元素分析前的样品前处理要根据样品性质、共存元素的种类进行优化，避免被测元素损失。此外原子光谱-质谱已经成为流行分析方法，在线分离-激发使价态分析成为可能，这更要求样品处理方法要恰当。

习近平总书记指出："战略问题是一个政党、一个国家的根本性问题。战略上判断得准确，战略上谋划得科学，战略上赢得主动，党和人民事业就大有希望"，这个道理同样适用于分析化学方法的建立，战略强调"全局"、"创新"、"长久"，样品前处理是分析方法中最重要的一个环节，其选择是否正确决定着分析结果；同样样品处理也承担着创新的使命，将"不可能"转化为"可能"，包括为分析物创造"信号"，提高"灵敏度"，降低"检测限"。人们在进行样品处理的时候，要注意保护环境，才能使方法具有持久性。

参考文献

[1] Wang XM，Huang LX，Yuan N，et al. Facile fabrication of a novel SPME fiber based on silicone sealant/hollow ZnO @CeO₂ composite with super-hydrophobicity for the enhanced capture of pesticides from water. Microchemical Journal，2022，183：108-118.

[2] Zhao SL，Wang DD，Zhu SQ，et al. 3D cryogel composites as adsorbent for isolation of protein and small molecules. Talanta，2019，191：229-234.

[3] Zhao SL，Zou YL，Liu XY，et al. Ecofriendly construction of enzyme reactor based on three-dimensional porous cryogel composites. Chemical Engineering Journal，2019，361：286-293.

[4] Zhu SQ，Zhou J，Jia HF，et al. Liquid-liquid microextraction of synthetic pigments in beverages using a hydrophobic deep eutectic solvent. Food Chemistry，2018，243：351-356.

[5] Liu XY，Shi XZ，Wang HM，et al. Atom transfer radical polymerization of diverse functional SBA-15 for selective separation of proteins. Microporous and Mesoporous Materials，2014，200：165-173.

[6] Liu XY，Yin JJ，Zhu L，et al. Evaluation of a magnetic polysulfone microcapsule containing organic modified montmorillonite as a novel solid-phase extraction sorbent with chlorophenols as model compounds. Talanta，2011，85（5）：2451-2457.

[7] Yang CL，Guo LY，Liu XY，Liu MC，et al. Determination of tetrandrine and fangchinoline in plasma samples using hollow fiber liquid-phase microextraction combined with high-performance liquid chromatography. Journal of Chromatography A，2007，1164：56-64.

[8] Zhang ZM，Tan W，Hu YL，et al. Simultaneous determination of trace sterols in complicated biological samples by gas chromatography-mass spectrometry coupled with extraction usingsitosterol magnetic molecularly imprinted polymer beads. Journal of Chromatography A，2011，1218：4275-4283.

[9] Tong X，Xiao XH，Li GK，et al. On-line coupling of dynamic microwave-assisted extraction with high-speed counter-current chromatography for continuous isolation of nevadensin from Lyeicnotus pauciflorus Maxim. Journal of Chromatography B，2011，879：2397-2402.

[10] Chang N，Kang JY，Wang FF，et al. Hydrothermal in situ growth and application of a novel flower-like phosphorous-doped titanium oxide nanoflakes on titanium alloy substrate for enhanced solid-phase microextraction of polycyclic aromatic hydrocarbons in water samples. Analytica Chimica Acta，2022，1208：339808.

[11] Hang JY，Li Q，Xu HX，et al. Recognition and analysis of biomarkers in tumor microenvironments based on promising molecular imprinting strategies with high selectivity，2023，162：117033.

[12] Mo HX，Li XY，Zhou XY，et al. Preparation of bifunctional monomer molecularly imprinted polymer filled solid-phase extraction for sensitivity improvement of quantitative analysis of sulfonamide in milk. Journal of Chromatography A，2023，1700：464046.

[13] Yannick PD，Tjilling GT，Su ZR，et al. What is next? the greener future of solid liquid extraction of biobased compounds：Novel techniques and solvents overpower traditional ones. Separation and Purification Technology，2023，320：124147.

[14] Yi H，Wang ZX，Liang PY，et al. Exploring the molecular mechanisms of isoliquiritin extraction using choline chloride-citric acid deep eutectic solvents. Sustainable Chemistry and Pharmacy，2023，33：101099.

[15] Ying ZW，Liu S，Li G，et al. The effect of diluent on the extraction：amide extracting chromium（Ⅵ）as an example. Journal Pre-proofs，2023，122205.

[16] Liu WG，Li WC，Liu WB，et al. A new strategy for extraction of copper cyanide complex ions from cyanide leach solutions by ionic liquids. Journal of Molecular Liquids，2023，383：122108.

[17] LUCIE K. T，Amir S，Maik A. J，et al. Improving greenness and sustainability of standard analytical methods by microextraction techniques：A critical review. Journal Pre-proof，2023，341468.

[18] Laura GC，María AG，María LM，et al. Simultaneous microextraction of pesticides from wastewater using optimized μSPE and μQuEChERS techniques for food contamination analysis. Heliyon，2023，9：e16742.

[19] Song XC，Meng X，Chen MS，et al. Online measurement of tetraethyllead in aqueous samples utilizing monolith-based magnetism-enhanced in-tube solid phase microextraction coupled with chromatographic analysis. Journal of Chromatography A，2023，1700：464040.

第二章
分离方法

导学

- 小分子物质分离适用的色谱方法
- 大分子物质分离适用的色谱方法
- 不同色谱方法适用的固定相和流动相
- 电泳的基本概念与种类
- 不同电泳方法适用的流动相
- 电泳/色谱与质谱的联用

样品分离在很多情况下是完成准确定性、定量的必要步骤，目前常用的分离方法有色谱、电泳、微流控技术、离子迁移谱、场分离等，本章重点讲述前两种分离方法。

第一节 色 谱

按照色谱流动相的种类进行分类，色谱方法可以分为气相色谱、液相色谱和超临界色谱。

气相色谱（gas chromatography，GC）具有以下特点：①固定相种类繁多，可根据被分离组分的极性选择合适固定相（根据相似相溶原则），目前商品固定相可以满足多数分离的需求；②GC 的流动相（载气：氮气、氢气、氦气）选择余地较小，且必须与检测器（氢火焰检测器、热导检测器、电子俘获检测器、火焰光度检测器等）匹配，在实验条件优化上更简单；③GC 的程序升温操作简单；④GC 的进样方式包括手动进样和自动进样，GC 的操作特点及进样器的高温设置不利于定量准确度。GC 的研究热点集中在固定相上，难点在仪器维护上，包括进样器和检测器的污染以及检测器的信号降低，痛点在定量准确度上。

对于复杂样品的分离，尤其是油品分离，经常使用二维气相色谱（2D-GC），与二维液相色谱的操作一样，二维气相色谱的操作模式包括中心切割和全二维气相色谱两种。GC 可与质谱（mass spectrometry，MS）联用，目前气相色谱-质谱联用仪（GC-MS）在很多领域已经取代了 GC。根据匹配的 MS 离子源和质量分析器的不同，GC-MS 又被分为多种型号，最普遍应用的 GC-MS 仍然采用电子轰击源（EI）和四级杆质量分析器，该配置的最大优点是有长期累积的定性数据库。其他配置的 GC-MS 型号的设备数据库数据偏少（甚至没有），主要依赖高分辨率或串联质谱进行定性，比如气相色谱-三重四级杆质谱。

超临界色谱兼具了气相色谱和液相色谱（liquid chromatography，LC）的特点，使用超临界流体为流动相，低毒的 CO_2 是最常用的流动相。在超临界色谱中，根据需要可以使用 GC 或 LC 的色谱柱和检测器，选取操作条件更加灵活。实际上，超临界色谱并不比 GC 或 LC 更适用于分离分析，但其在分离制备药品或食品中的有效成分时有突出的优点，故该方法在药厂或食品保健品加工厂等使用更普遍。

LC 使用液体作为流动相，液体的多样性造就了 LC 的多样性、灵活性和复杂性，所以研究 LC 的工作者更多，LC 在应用上也更为广泛。

一、液相色谱的分类

根据色谱用途，LC 可以分为制备色谱和分析色谱，前者主要用于制备纯物质，后者用于分离是为了更准确地定性与定量分析物。根据作用机制，LC 可以分为离子交换色谱、疏水色谱、亲水作用色谱、亲和色谱、凝胶色谱和吸附色谱等。其中，离子交换色谱是基于固定相的官能团与待测离子之间的静电作用力差异从而实现分离的色谱方法，并逐渐以离子色谱（IC）为主进行分析，至于传统的离子交换色谱，则更注重于制备。疏水色谱分为强疏水色谱和弱疏水色谱，其中强疏水色谱常被叫做反相色谱，其使用的固定相具有强非极性，常使用水相作为流动相。弱疏水色谱简称为疏水色谱，该类色谱主要用于蛋白质的分离纯化。亲水作用色谱是一类新型的色谱技术，是正相色谱（指流动相的极性小于固定相的极性）和反相色谱融合的产物，包括中等极性的固定相和含水相与有机相（乙腈）的流动相，在不同含水量的情况下，色谱表现出正相或反相机制。亲和色谱的固定相非常多样、灵活，但该色谱均是基于固定相上特殊官能团与分析物之间的特异性结合的原理而进行分离。凝胶色谱是指使用惰性的多阶孔凝胶为固定相，使用恒组分流动相的用于分离大分子的一类色谱，为了提高分离效果，有时候会融合离子交换色谱或疏水机制共同完成分离任务。吸附色谱是指用吸附剂为固定相的色谱。由于不断变化固定相和流动相才能满足复杂样品的分析任务，在实际工作中，会综合使用不同类型的色谱，在日常使用中根据分离现象解释归属色谱类型也变得困难。

二、用于小分子分离的色谱

通常分析物是样品中的一个组分或多个组分。当人们获得分析任务后，应根据任务选择合适的色谱分析方法。如果这些组分是分子量小于 1000 道尔顿的物质，则根据它们的溶解度选择不同的处理方式。但有时候不得不将一个样品根据分析需要拆分成若干个极性不同的分析样本，因为一个样品中如果包含极性差异很大的组分，则该样品不可能在一种溶剂中全部溶解。

如果分析物极性较大，可以溶解于与水互溶的极性溶剂中，则一般可以用反相色谱、亲水作用色谱、胶束色谱或离子色谱进行分析。这里的胶束色谱泛指在流动相中添加表面活性剂［如九氟戊酸（NFPA）］的色谱，包括离子对色谱、亚胶束色谱、胶束色谱、高胶束色谱。如果分析物能溶解在非极性溶剂体系中，则使用正相色谱或吸附色谱。

（1）流动相

举例：配制流动相为甲醇：磷酸缓冲液（0.25 mol/L，pH 6.0）＝1∶1（体积比）。

第一种方案：首先配制好磷酸缓冲液（0.25 mol/L，pH 6.0），用 0.45 μm 或 0.22 μm 膜过滤，然后将其放入超声波清洗仪超声脱气，最后放入一个储液罐；将甲醇用 0.45 μm 或 0.22 μm 膜过滤并脱气后，放入另一个储液罐。在线将两种溶液混合成 1∶1（体积比）的流动相完成分析任务，这是在线混合的模式。

第二种方案：如上配制、过滤缓冲液，与过滤后的甲醇按照 1∶1（体积比）混合并脱气后放入一个储液罐作为流动相完成分析任务，这是离线混合的模式。

在日常工作中，只有简单样品的分析才能使用离线混合的模式，比如小麦粉中硫脲的测定使用的流动相是乙腈＋水（90∶10，体积比）；流速 1.0 mL/min；柱温 25 ℃；检测波长 246 nm；进样量 5 μL。整个分析过程中流动相保持不变，即恒组分洗脱，所以在线混合的意义不大，离线混合流动相，色谱操作过程更加稳定。

离线混合方式简单，对 HPLC 系统的要求低，但存在修改分析方法不灵活的缺点，仅适合恒组分洗脱。对于梯度洗脱，必须使用在线混合模式。

梯度洗脱：实现梯度洗脱存在两种模式。①根据软件指令，溶液先混合再入泵，在没有压力的模式下完成溶液混合步骤，称为低压混合模式。为了减少混合溶液引发的气泡，一般需要在泵前放置在线脱气机，低压混合模式具有经济成本更低的优势。②每一个流动相组分单独入泵，泵后按照指令混合，这样不容易出现气泡，不需要脱气机，称为高压混合模式。该模式下应尽量保证每个泵输入溶液的"单纯性"，比如长期使用 A 泵输入以缓冲溶液为主的流动相组分，B 泵尽量用于以有机溶剂为主的流动相组分等的输入，从而尽量减少由不混溶引起固体析出情况的发生。梯度洗脱是最常用的流动相操作方法，例如食品中那非类物质的测定方法中使用了如表 2-1 中的梯度条件。

表 2-1　那非类物质梯度洗脱条件

时间/min	流速/(mL/min)	流动相 A 0.1%（体积分数）甲酸水溶液	流动相 B 0.1%（体积分数）甲酸乙腈溶液
0～1	0.3	90	10
4	0.3	60	40
7～9	0.3	10	90
9.1～12	0.3	90	10

所有流动相都必须经过滤与脱气后装入储液罐。过滤膜分为水系和有机系，在使用时需加以区别。不能用水系膜过滤有机相，否则膜材料会遭到破坏而丧失过滤能力并污染溶液。此外，要充分考虑梯度洗脱模式带来的无机盐溶解问题，当有机相含量高时，容易造成盐析，配制流动相时要避免缓冲液的浓度过高，但是太低的浓度会造成缓冲容量过低，不利于分离方法的稳定性。与 GC 类似、LC 也可以在耐温的色谱柱上完成温度梯度洗脱。

在选择流动相的时候，应注意如下问题。①流动相与检测器的匹配性。检测器检测的信号是什么？流动相对该信号有何影响？比如，设置 254 nm 作为紫外检测器检测波长，被分离分析的组分在该波长下有较理想的吸光能力，是最佳的定性定量条件，那么为了提高灵敏度，不能使用在 254 nm 下有紫外吸收的溶剂甲苯等为流动相。同理，如果被分离分析的组分在该波长下没有吸光能力，则可以使用在 254 nm 下有紫外吸收的溶剂甲苯等作为流动相。②流动相对样品有一定的溶解能力，不能因为梯度洗脱过程使样品"析出"和"永久保留"，从而在系统中造成"堵塞"。除了样品的溶解性，也要考虑组成流动相的溶剂之间的相互溶解性，比如盐溶液（或表面活性剂）的浓度过大，可能在有机溶剂含量过高时析出；要考虑两类有机溶剂之间的互溶，比如甲醇与正己烷构成的流动相不能以任何比例混合。③流动相和固定相之间的"平衡"稳定性。比如纯水与 C18 硅烷固定相之间由于存在太大的极性差，不能达到平衡，而进样的前提是"两相达到平衡"，所以使用 C18 固定相时不能使用"纯水"为流动相。

如果流动相不能满足分离要求，则可以在流动相中加入表面活性剂，即形成了上述的胶束色谱。

举例 1：测定乙二胺二邻羟苯基乙酸铁配合物：恒组分洗脱（A 为乙腈，B 为四丁基胺水溶液；$A\% = 33\%$，$B\% = 67\%$）；流速为 0.8 mL/min；检测波长：280 nm；C18 固定相。

举例 2：五氟戊酸（NFPA）可以作为离子对试剂使用，提升分离功能（图 2-1）。

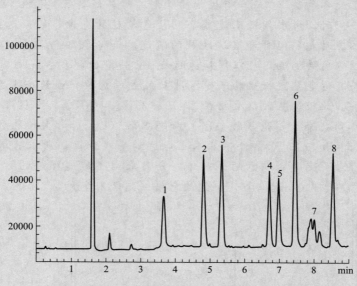

图 2-1　氨基糖苷类抗生素色谱图

固定相：ZORBAX RX C18，柱温 60 ℃。流动相 A：0.1% NFPA。流动相 B：甲醇/丙酮（85 : 15，体积比）+ 0.1% NFPA。梯度：0 min-55% B，1 min-60% B，6 min-70% B，6.5 min-95% B，9.5 min-95% B。流速：0.75 mL/min

1—链霉素；2—丁胺卡那霉素；3—卡那霉素；4—巴龙霉素；5—阿泊拉霉素；

6—妥布霉素；7—庆大霉素（三个异构体）；8—新霉素

如果分析物是离子化的物质，可以进行离子交换色谱分离，或调节流动相的 pH、盐种类、柱温等优化分离条件，使用反相色谱分离。

举例 3：分离检测胰岛细胞中的氨基酸。首先使用 4-氯-7-硝基苯并-2-氧杂-1,3-二唑（NBD-Cl）为衍生试剂荧光衍生样品中的氨基酸，在二元梯度模式下进行氨基酸衍生物的分离（表 2-2）。

表 2-2 HPLC 分离氨基酸衍生物流动相梯度程序

时间/min	流动相 A/%	流动相 B/%	流速/(mL/min)
0~2	95	5	0.8
6	90	10	0.8
16	87	13	0.8
22	87	13	0.8
26	80	20	1.0
37	76	24	1.0
50	60	40	1.0
55~60	25	75	1.0
62	95	5	0.8

除了考察流动相的梯度程序、柱温（20 ℃、25 ℃、30 ℃）、流速对分离的影响外，还需要考察醋酸盐缓冲液的浓度（25 mmol/L 或 50 mmol/L）及不同 pH（4.8～6.4）对分离的影响。相对于 25 mmol/L 醋酸盐缓冲液来说，50 mmol/L 醋酸盐缓冲液仅稍微改善了天冬氨酸（Asp）衍生物的峰形，对其他氨基酸衍生物的峰形及分离没有明显改进，同时，考虑到低浓度盐有利于色谱柱的寿命，因而选用 25 mmol/L 醋酸盐缓冲液作流动相。同时考察缓冲盐的酸度对天冬氨酸与谷氨酸（二者为酸性氨基酸）衍生物分离的影响，可以得知：随着 pH 的增加，天冬氨酸与谷氨酸衍生物的保留加强，而其他氨基酸衍生物不受缓冲盐酸度的影响，最终 pH5.5 被认为是最适宜的酸度条件。比较氨基酸衍生物在 20 ℃、25 ℃和 30 ℃三个柱温条件下的分离情况，可以观察到：除了异亮氨酸（Ile）和亮氨酸（Leu）衍生物的分离度较差外，大部分氨基酸衍生物在 25 ℃条件下基本上能达到基线分离，所以 25 ℃的柱温优于20 ℃和 30 ℃。为了获得更满意的分辨率，分离采用了流速梯度的方式，使流速从0.8 mL/min 改变到 1.0 mL/min，得到的色谱如图 2-2 所示。

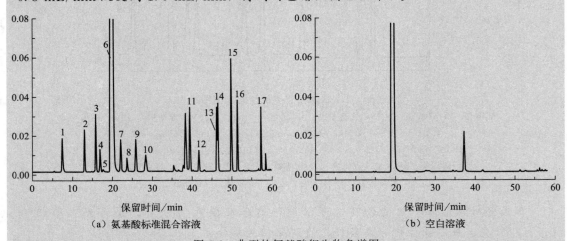

（a）氨基酸标准混合溶液　　　　　　　　　（b）空白溶液

图 2-2　典型的氨基酸衍生物色谱图

1—天冬氨酸；2—谷氨酸；3—丝氨酸；4—组氨酸；5—赖氨酸（一取代衍生物）；6—试剂水解产物；7—精氨酸；
8—苏氨酸；9—丙氨酸；10—脯氨酸；11—缬氨酸；12—甲硫氨酸；13—异亮氨酸；14—亮氨酸；
15—苯丙氨酸；16—赖氨酸（二取代衍生物）；17—酪氨酸

总之，方法的优化是灵活的，但前提是符合化学的基本原则。在离子交换色谱中梯度可以是盐的浓度，如利用离子交换色谱测定氨基酸的流动相设置为：流动相 A 是 20 mmol/L 磷酸二钠，20 mmol/L 硼酸钠，5 mmol/L 叠氮化钠，pH 7.2；流动相 B 是 45％乙腈、45％甲醇、10％水。如表 2-3 梯度分离氨基酸，可以看出盐浓度逐渐下降。从图 2-3 可以看出分离效果良好。

表 2-3　离子交换色谱测定氨基酸的梯度程序

时间/min	流动相 A/％	流动相 B/％
0	100	0
6	90	10
13.5～18	80	20
25～26	60	40
29	40	60
30～34	0	100
35～40	100	0

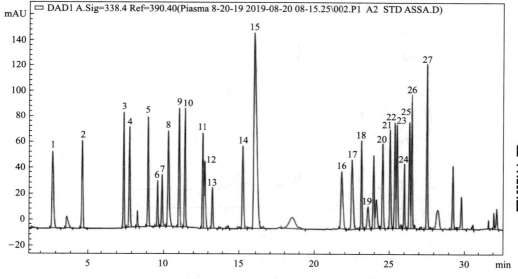

图 2-3　离子交换色谱分离氨基酸（条件见正文）

1—天冬氨酸；2—谷胱氨酸；3—天冬酰胺；4—丝氨酸；5—谷氨酰胺；6—组氨酸；7—甘氨酸；8—维生素 B1；9—瓜氨酸；10—精氨酸；11—丙氨酸；12—牛磺酸；13—伽马氨基丁酸；14—酪氨酸；15—氨基丁酸；16—缬氨酸；17—蛋氨酸；18—半胱氨酸；19—β-丙氨酸；20—色氨酸；21—苯丙氨酸；22—异亮氨酸；23—α-酮基异亮氨酸；24—同型半胱氨酸；25—亮氨酸；26—鸟氨酸；27—赖氨酸

　　在新型的亲水作用色谱中，有机溶剂只能是高比例乙腈（一般大于 65％）。有机溶剂比例越高，洗脱能力越差，与反相色谱相反。比如：在咪唑啉色谱填料上，使用乙腈-水为流动相分离水溶性维生素，得到如下结果［图 2-4（a）］，说明 pH 会影响一些化合物的保留［图 2-4（b）］。

　　图 2-5 是梯度亲水色谱条件下的色谱图，梯度中乙腈量越少，分离效果越好，与前述的例子中反相色谱梯度洗脱变化趋势相反。

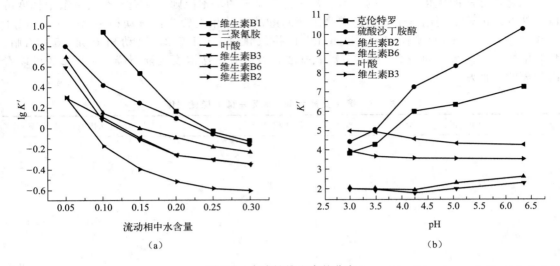

（a）

（b）

图 2-4　水溶性维生素的分离

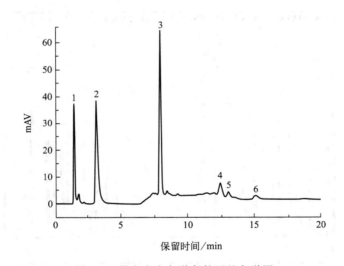

图 2-5　梯度亲水色谱条件下的色谱图

1—维生素 C；2—维生素 B6；3—维生素 B2；4—叶酸；5—维生素 B3；6—维生素 B1

流动相 A：乙腈；流动相 B：10 mmol/L 甲酸铵水溶液；梯度：0～5 min 20%→10% B，

5～15 min 10%→5% B，15～20 min 5% B；检测波长：260 nm

（2）固定相

根据固定相的状态，液相色谱可以分为填充柱色谱和整体柱色谱。根据柱子内径，色谱柱可以分为毛细管柱和常规柱。

① 填充柱

填充柱的色谱填料可分为无机物和有机物，但更多的是无机有机杂化材料。无机有机杂化材料以无机化合物为基质，在其表面进行有机官能团的修饰以制备固定相，从而达到区分不同化合物的目的。这类固定相占比最高，而以高分子微球为基质嫁接不同官能团的固定相更常见于离子色谱等色谱形式。

a. 硅胶　硅胶是色谱填料最主要的无机基质，在所有的 HPLC 色谱柱填料中，以硅胶为基质的填料约占 90%，其中化学键合固定相占所有方法的 3/4。作为色谱填料的硅胶一般为球形，直径为 1.8～10 μm，比表面积通常在 100～400 m²/g，孔径为 2～30 nm。根据色谱原理，使用小颗粒硅胶，柱效更高，柱压越高。小分子化合物的分离一般用 10 nm 左右的孔径，当孔径小于 6 nm 时，传质阻力大，分离会受到影响［大分子的分离需要用大孔径填料（比如 30 nm），大孔径材料耐压性比较差，应注意操作压力］。

在硅胶上通过硅烷键合不同的官能团达到不同固定相极性和选择性的目的。随着覆盖硅胶的程度不同，固定相将显示出不同极性。覆盖程度过小，暴露的硅羟基太多，会对碱性化合物产生不可逆吸附，对分离不利。硅胶的纯度越高，分离效果越好。硅胶上存在水合硅羟基、自由硅羟基、桥联硅羟基。自由硅羟基更容易发生化学反应，所以硅胶在嫁接新官能团前要烘干，让更多的自由硅羟基暴露出来，但是温度过高容易让相邻的自由硅羟基缩聚成桥联硅羟基。典型的活化条件是将硅胶分散于 6 mol/L 的 HCl，搅拌一定时间（2～8 h），过滤，用超纯水冲洗至中性，将硅胶置于 100 ℃烘干；也可以用 5%（体积比）HNO₃ 回流 4 h，过滤，用水、EDTA 溶液、丙酮、水依次洗涤，100 ℃烘干。

C18 固定相是最常用的固定相，市场上常见的 C18 固定相如图 2-6 所示：图 2-6(a) 是最常见的 C18 固定相形式，图 2-6(b) 是使用二氯硅烷合成的 C18 形式，这种类型的固定相耐酸性好于图 2-6(a)，图 2-6(c) 指的是硅原子上存在较大支链，起到掩盖裸露硅羟基的作用，图 2-6(d) 是桥联形式的硅胶，在碱性条件下更稳定，图 2-6(e) 表示的是疏水链上镶嵌了极性官能团，额外提供了极性作用力，增加了固定相的稳定性，保证了固定相与流动相有较好的浸润性。除了图 2-6(e) 展示的极性镶嵌类型，也可以将极性基团直接嫁接于硅胶表面。

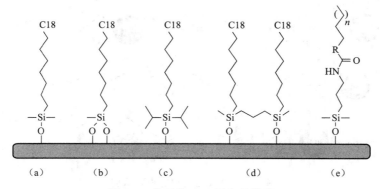

图 2-6　常见的 C18 固定相类型

含有不同官能团的硅烷化试剂可以嫁接到硅胶基质表面，比如链状硅烷、芳基和杂环硅烷等，也可以使用具有羧基、羟基、氨基的硅烷进行修饰改性。还可以使用不同化学键合方式（如 click 化学）制备多种新型的固定相（图 2-7），图 2-8 是具体合成步骤实例。

硅胶具有局限性，仅能在 pH 2～8 的范围内使用，在碱性流动相中硅胶将会溶解，残余硅羟基易对碱性化合物造成不可逆吸附，引起峰拖尾。为了使碱性化合物具有较好的峰形，可以使用很短链的硅烷进行固定相的"补充"修饰，类似于"填缝"，把暴露的硅羟基键合上短链烷基，称为"封尾"。

硅胶固定相的评价：除了评价色谱柱效之外，还经常使用不同类型的化合物评估其保留机制，常用的评价方法是**恩格尔哈特测试**（Engelhardt test），采用的分子探针及评价指标如表 2-4 所示。

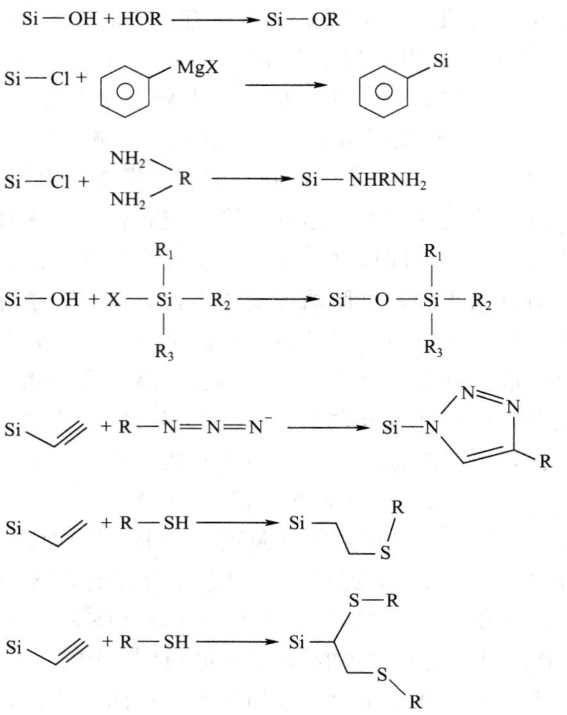

图 2-7 常见制备固定相使用的反应式

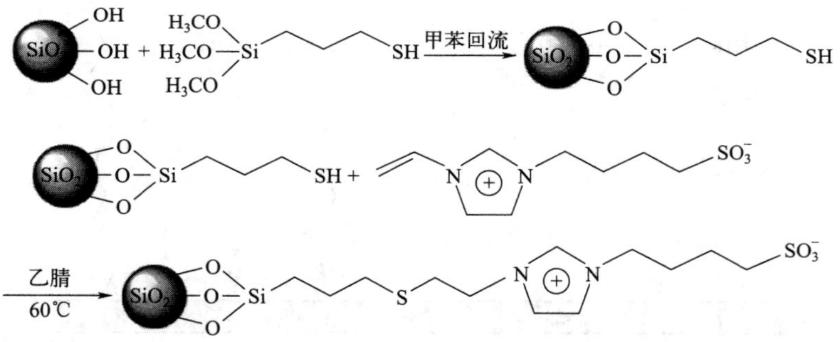

图 2-8 合成固定相的步骤示例

表 2-4 恩格尔哈特测试的样品及用途

标准物质	作用(或填料性能)
尿嘧啶	测定死时间
苯胺	碱性化合物的选择性、封尾、残留硅羟基活性
苯酚	中等极性化合物的分离选择性
邻、间、对乙基苯胺	碱性化合物的选择性、同分异构体分离(立体选择性)、封尾、残留硅羟基活性
N,N-二甲基苯胺	碱性化合物的选择性、封尾、残留硅羟基活性、金属残留
苯甲酸乙酯	中等极性化合物的分离选择性
甲苯	弱极性化合物的分离、疏水性
乙苯	弱极性化合物的分离、疏水性

测定条件：流动相为甲醇：水（55∶45，体积比），检测器为紫外检测器，254nm 波长。

苯胺化合物用来研究碱性化合物在填料上的保留行为，根据保留时间和峰形判断固定相硅羟基残留以及封尾情况。如果苯胺在苯酚前面出峰，且峰形好，则说明封尾良好，残余硅羟基少。如果苯甲酸乙酯在甲苯前面出峰，则说明填料的疏水能力强。甲苯和乙苯出峰顺序表示固定相相对于流动相的极性大小。

b. **有机基质**　常见的有机高分子基质大体上可以分为多糖型和聚合物型两大类。多糖型基质材料是以天然多糖化合物为原料，用物理方法加工成微珠并经交联而得到的凝胶，主要包括葡聚糖系和琼脂糖系凝胶。这些固定相经常用于大分子物质的分离，即凝胶色谱和亲和色谱中。有机聚合物型基质材料是以合成单体与交联剂为原料，用化学聚合方法制得的交联高聚物微球，以高交联度的苯乙烯-二乙烯苯或聚甲基丙烯酸酯为主。这些固定相经常用于离子交换色谱和离子色谱中，最大优点是耐酸碱性。

c. **新型材料固定相**　除了传统使用的涂渍法包裹基质和化学键合固定相外，随着新型材料的兴起，色谱固定相也发生了巨大变革。金属纳米材料（纳米金、纳米银、纳米铜）、新型碳纳米材料（碳纳米管、碳量子点、石墨烯、人造金刚石）、金属有机框架材料（MOFs）、共价有机框架材料（COFs）、共价微孔聚合物（CMP）、氢键有机框架材料（HOFs）等都以各类形式修饰到不同基质上，成为了新型的固定相。由于新型材料的设计多样性，这些新兴的固定相在特殊物质的分离分析中发挥着重要作用，但是这些纳米材料的修饰，在一定程度上降低了颗粒的"规则性"，在柱效上略逊于硅烷固定相。

② **整体柱**

整体柱是一种用有机或无机聚合方法在色谱柱内进行原位聚合的连续床固定相，是可以通过改变单体、交联剂、致孔剂、引发剂以及反应温度、反应时间和组成等条件制备的多功能聚合物，可通过热、光、微波辐射和γ辐射引发聚合制成。整体柱有更好的多孔性和渗透性，具有灌注色谱的特点，即色谱柱中既有流动相的流通孔又有便于溶质进行传质的中孔，可实现快速分离。硅胶基质的整体柱制备方法：先用3-（甲基丙烯酰氧基丙基）三硅氧烷、2-丙烯酰胺-2-甲基丙磺酸等将硅表面进行改性，然后加入丙烯酰胺、丙烯酸等乙烯基单体直接进行柱内聚合。有机聚合物整体柱常用的是聚丙烯酰胺类、聚苯乙烯类和聚甲基丙烯酸酯类。聚丙烯酰胺类整体柱常用的致孔剂有硫酸铵、过硫酸铵；聚苯乙烯类整体柱的致孔剂有短链醇和甲苯等；聚甲基丙烯酸酯类整体柱的致孔剂常为单个或多个短链醇。通常整体柱的孔规则程度差，比规则颗粒填充柱的柱效差，但由于其可以使用高流速，在制备色谱上更有优势。

除上所述，整体柱也可以通过3D打印实现。3D打印灵活、具有可设计性，但目前存在以下难点：①打印材料的局限性；②打印操作与设计之间的差异性较大。所以在柱效上，整体柱尚不能超越颗粒状固定相。

三、用于大分子分离的色谱

如果分离组分是分子量大于1000道尔顿的物质，根据溶解性，可以判断流动相类型，即非水溶体系和水溶体系。对于生物样本，通常都是水溶体系，可以根据需要采取疏水色谱、离子交换色谱、凝胶过滤色谱（指流动相含水）、亲和色谱。非水溶体系则采用凝胶渗透色谱。需要指出的是凝胶色谱不能使用梯度，其他方法可以使用梯度。

（1）离子交换色谱

示例：利用离子交换色谱进行单克隆抗体（mAbs）分析（图 2-9）。

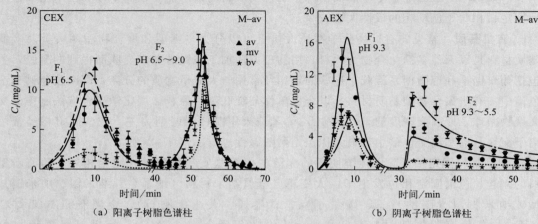

（a）阳离子树脂色谱柱 　　　　　　　（b）阴离子树脂色谱柱

图 2-9　不同色谱柱效果

（a）为在阳离子树脂色谱柱上，在 pH 6.5 洗脱出一个组分 F_1，pH 6.5～9.0 梯度洗脱获得
另一个组分 F_2；同理，（b）为同一个样品在阴离子树脂色谱柱上，在 pH 9.3 洗脱
一个组分 F_1，pH 9.3～5.5 梯度洗脱获得另一个组分 F_2。图中 av、mv、
bv 分别表示单克隆抗体中酸、中、碱性部分。

　　单克隆抗体产品通常具有微观不均匀性，源于所含氨基酸的盐化和甲硫氨酸的氧化，多个不同电荷异构体共存，所以需要分离纯化。带电荷的各类化合物分为低、中、高 pI（等电点），分别对应酸性、中性和碱性。通常这类产品的分离可以采用 pH 宽范围梯度进行，但仍然存在分离不彻底的情况。有研究表明：超载进样，让样品分为两部分，即保留在柱子上的组分和不保留的组分，形成两个样本，然后再分别用 pH 窄范围（5.5～9.0；9.0～5.5）梯度分离，这种分离模式可以节省时间并减少分离难度。

（2）疏水色谱

　　疏水色谱（HIC）也可以分离抗体，比如使用流动相（A＋B）在 20 min 内从 20％ B 到 80％ B 进行硫酸钠浓度从高到低的梯度洗脱可以分离抗体。这里流动相 A 为 50 mmol/L 磷酸钠缓冲溶液、1.0 mol/L 硫酸钠，pH＝6.5；流动相 B 为 50 mmol/L 磷酸钠缓冲溶液，pH＝6.5。

　　同样的样品也可以使用反相色谱进行分离，比如使用流动相（A＋B）在 20 min 内从 30％ B 到 36％ B 进行乙腈含量从低到高的梯度洗脱。这里流动相 A 是 0.07％三氟乙酸与 0.1％甲酸混合水溶液；流动相 B 是 0.07％三氟乙酸与 0.1％甲酸混合乙腈溶液。

（3）凝胶色谱

　　对于大分子混合组分，也可以使用凝胶色谱分离。比如在研究食品蛋白质的消化过程中，采用乙腈/0.05％三氟乙酸水溶液（3∶7，体积比）为流动相（流速 0.9 mL/min）分离蛋白质消化产物。在 17 min 完成分离后，再用 100 mmol/L NaH_2PO_4 洗涤色谱柱 3 min，以便进行下一轮分析。在这个工作中使用不同分子量的蛋白质为标准物质，这些物质的保留时间如表 2-5 所示。研究者发现，以进食 120 min 后胃中各多肽和蛋白质的分布为参考，随着进食时间进一步延长到 130 min、140 min、150 min、160 min、180 min、200 min、240 min，肠中蛋白质和多肽的分布发生了变化，大分子量的蛋白质含量持续下降，小分子量的多肽含量持续升高，这些结果解释了消化过程。

表 2-5　蛋白质标准物质的性质和色谱参数

标准物质	分子量/Da	保留时间/min
CarbAn*	29000	6.01
AlbChi*	44287	6.08
溶酶体	14300	6.63
抑肽酶	6511	7.15
肾素	1759	8.46
InsChB*	3496	8.76
血管紧张素Ⅱ	1046	9.00
Brad 17*	757	9.49
L-缬氨酸-L-酪氨酰-L-缬氨酸	379	11.13
亮氨酸脑啡肽	570	11.52
色氨酸	204	11.96

注：* 商业标准蛋白质的名称。

大分子分离使用的固定相类型与小分子分离使用的固定相类型基本一致，只是在于孔径尺寸更大一些，疏水链更短一些。凝胶色谱中的固定相上一般不含有活性基团，不具有与分析物之间的作用力，固定相上仅呈现不同尺寸的孔径，起到"分子筛"的作用，即大分子尺寸的物质早于小尺寸物质流出色谱柱。

(4) 亲和色谱

亲和色谱是基于分子识别的液相色谱技术，使用含特殊试剂（亲和配体）的固定相，选择性结合样品中的靶分子，特别适合用于复杂体系中功能性蛋白质的分离。其在操作模式上更加灵活，不一定要"高压"色谱，常用"低压"色谱形式，也可以用"萃取吸附"模式进行。亲和色谱固定相是多种多样的，前人曾总结了可以作为亲和色谱的固定相和与之匹配的机制，有免疫亲和色谱、凝集素亲和色谱、固定化金属离子亲和色谱、共价亲和色谱、染料配体亲和色谱、亲和排斥色谱、分子印迹亲和色谱等。按亲和配体的不同，亲和色谱简单分为生物配体和非生物配体两类，前者以生物分子作为配体，如酶（或底物/抑制剂）、抗体（或抗原）、凝集素、亲和素（或生物素）、蛋白质、核酸等，后者以非生物分子作为配体，如固定化金属离子、染料配体、硼酸基团等。下面列举一些代表性亲和材料。

固定化金属离子亲和色谱（IMAC）通过固定在材料表面能够提供空轨道的金属离子/原子与可提供孤对电子的目标化合物之间形成特异性配位键，实现对目标化合物高选择和高特异的分离与富集。IMAC 通常由载体（基质）、连接臂和固定化金属离子/原子三部分构成。其中，配体在 IMAC 材料中扮演着"桥梁"的角色，作用是将金属原子/离子固定于载体表面。所固定化的金属离子多为过渡元素，具有多个空轨道，与含有多配位原子的配体形成稳定的单齿或多齿配合物（螯合物）固载于材料表面。比如前人以聚丙烯酰胺、藻朊酸盐、烯丙基缩水甘油醚、亚氨基二乙酸为原料合成了多孔整体材料（PAAm-Alg-AGE-IDA），然后将过渡金属 Cu（Ⅱ）和 Ni（Ⅱ）键合到整体材料上，以过渡金属离子为亲和位点，纯化牛免疫白蛋白（bIgG）。研究发现在 25mmol/L 丙磺酸（pH＝6.5）条件下，Cu（Ⅱ）修饰材料的特异性吸附效果更好，获得的 bIgG 纯度达到 78％。

金属氧化物 ZrO_2 可以特异性吸附磷酸化肽，王建华等将氧化铁和二氧化锆掺杂到多孔的聚酰亚胺材料上用于特异性吸附磷酸化肽，可磁性分离，效果优于市售商品。

硼亲和材料对顺式二羟基物质（CDB）具有选择性识别能力，在 pH 高（通常 pH＞7）时，硼原子会和溶液中的氢氧根络合，硼原子从原来的平面三角形的 sp^2 杂化转变为四面体形的 sp^3 杂化，CDB 和材料表面的四面体形的硼酸负离子发生共价反应，形成五元或六元环的环状酯。当环境转变为酸性时，硼原子又从 sp^3 杂化状态转变为 sp^2 杂化，环状酯发生解离，从而释放出 CDB。硼酸基团的这种 pH 开关性质使其成为优良的亲和配基，促使了它在糖基化蛋白纯化分离中的应用。图 2-10 是识别机制，图 2-11 是常见的硼酸配体。

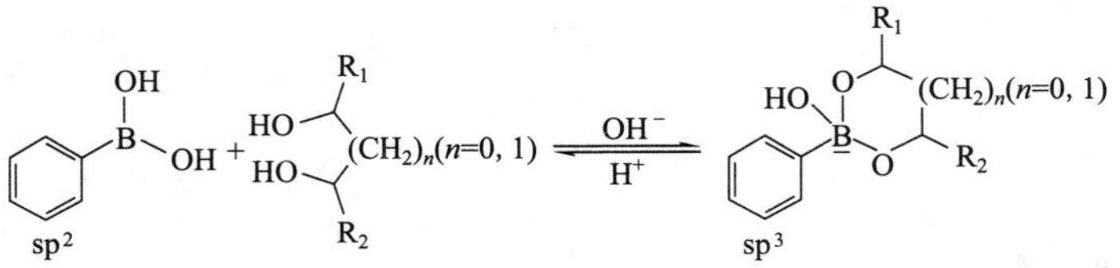

图 2-10　硼酸识别顺式二羟基化合物机制图

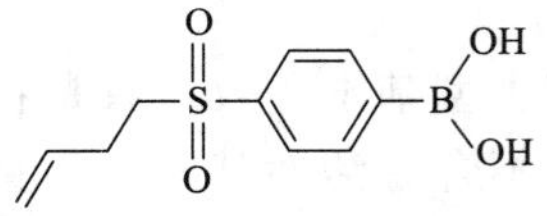

4-(3-丁磺酰基)苯硼酸 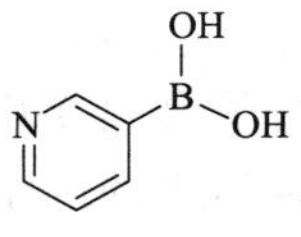　　　　　3-吡啶硼酸 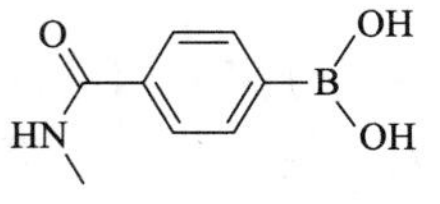　　　　　4-甲基氨基甲酰基苯硼酸

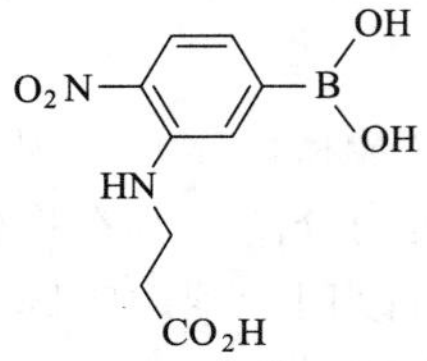

3-((5-二羟硼基-2-硝基苯)氨基)丙酸 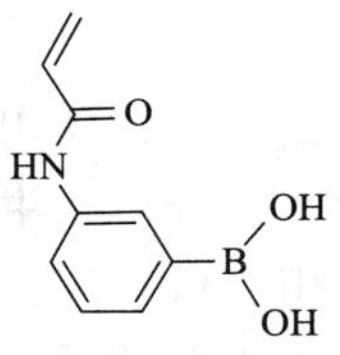　　　3-丙烯酰胺苯硼酸 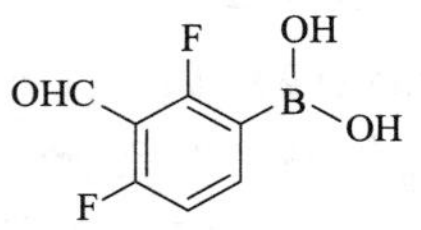　　　2,4-二氟基-3-甲酰基苯硼酸

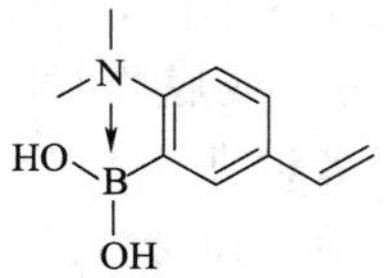

2-(二甲胺)-5-乙烯基苯硼酸 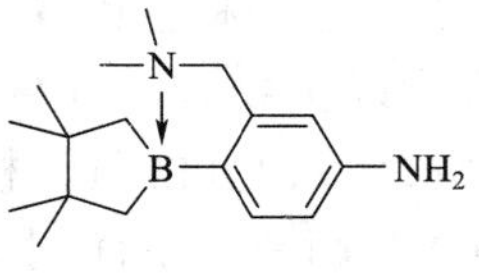　　3-(二甲基氨甲基)-苯胺-频哪醇硼酸盐 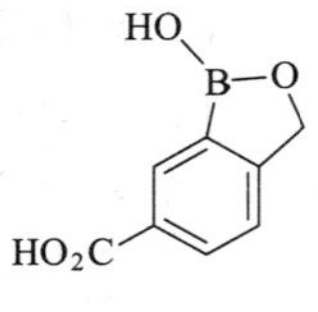　　3-羧基苯并氧杂硼

图 2-11　常见的硼酸配体

免疫亲和色谱是在固定相上修饰抗原，以此俘获对应抗体的技术，是特异性很高的亲和技术，也是最成熟的技术。关于免疫亲和色谱的文献很多，可以检索借鉴。

四、手性分离

手性物质分离色谱是指在固定相或流动相中为分析物制造一个手性环境而建立的分离体系。在固定相上修饰手性环境，称为手性固定相，可以用于多类型手性物质的分离，但至今没有任何一类全能的手性固定相。将手性试剂加入流动相内，形成手性流动相或手性假固定相均可以实现手性分离，流动相既可以是非水体系，也可以是水溶体系，这取决于分析物的溶解度。

手性固定相一般存在手性碳官能团，在一定的流动相环境内具有一定的空间结构稳定性，与分析物之间存在结构选择性。通常认为手性固定相手性拆分理论是"三点作用"机制，即对映体之一至少同时与手性固定相存在三点作用，且三个作用力不共平面。能作为手性固定相的物质有天然的具有空间结构的生物大分子，包括蛋白质、多糖，也有合成的高分子化合物，如环糊精、葫芦脲、冠醚、杯芳烃，合成聚合物如富勒烯、手性 MOFs 和 COFs 等，另外还有大环抗生素类、手性小分子修饰类（如脯氨酸）、手性配体类（金属配合物）等。

随着 3D 技术发展，可以设计手性材料实现分离。如图 2-12 所示，不依赖手性官能团，根据手性空间设计 3D 固定相实现手性分离。3D 打印手性固定相未来能成为通用型的手性固定相，但发展还需要一定的时间。手性单元越小，柱效越好；流动相种类和梯度对固定相的影响还有待研究。

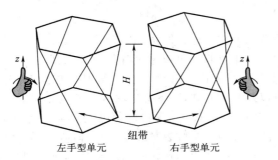

（a）不同手性的两个结构　　　　（b）设计手性固定相(均匀形式和组合形式)

图 2-12

例如，市售的茉莉酮酸甲酯商品是手性混合物，结构如图 2-13 所示，可以利用环糊精固定相进行恒组分洗脱分离手性异构体，分离结果见图 2-14。

(3R,7S)(+)-7-epi-methyl jasmonate
(+)-epiMJ

(3S,7S)(+)-methyl jasmonate
(+)MJ

(3R,7R)(−)-methyl jasmonate
(−)MJ

(3S,7R)(−)-7-epi-methyl jasmonate
(−)-epiMJ

图 2-13　茉莉酮酸甲酯商品的化学结构示意图

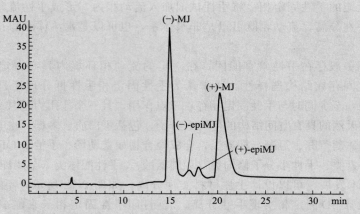

图 2-14 茉莉酮酸甲酯四种异构体半制备色谱分离图

固定相：30 m×20 mm id，5 μm 厚度的全甲基-β-环糊精；流动相：甲醇（0.1％醋酸三乙胺）/H₂O
（55/45，pH 7.0）；流速：13 mL/min；进样量：1500 μL。图中符号见图 2-13

除了传统的手性固定相外，使用手性二维材料进行固定相修饰也是获得手性固定相的方式之一。氧化石墨烯（GO）是常用的典型二维材料，可以通过各种方式在其上面修饰手性官能团，包括：（a）使用二甲基氨基丙基乙基碳酰胺（EDC）和 N-羟基琥珀酰亚胺磺酸钠盐（NHS）活化氧化 GO，以酰胺键的形成以及环氧键的开环反应两种方式完成修饰；（b）使用 click 反应；（c）其他键合方法，如氨基硅烷化 GO，嫁接的氨基与脯氨酸反应，进行脯氨酸官能团修饰；也可以直接将 GO 上的羧基与羟基脯氨酸反应，同样能完成脯氨酸官能团的修饰。图 2-15（a）显示的是 GO 上的羧基与氨基化合物之间酰胺键的形成；图 2-15（b）展示了 click 反应修饰 GO；图 2-15（c）显示的是利用 Cu^{2+} 配位后，将多氨基官能团修饰到 GO，再利用 EDTA 去除 Cu^{2+}。

图 2-16 是借助氧化石墨烯制备手性固定相的例子。首先合成氨基化硅胶，再使用二甲基甲酰胺和二环己基碳二亚胺（DCC）通过酰胺键将 GO 修饰到硅胶上，然后还原 GO 为石墨烯后，将异氰酸酯化的纤维素物理包裹于石墨烯-硅胶上，形成手性固定相。

新型手性材料修饰硅胶作为固定相是近期色谱发展的重要领域之一。下面的例子中作者首先合成了羧基硅胶，二氯二茂锆与 2-氨基对苯二甲酸合成多孔金属有机笼，羧基硅胶、多孔金属有机笼与（1S）-（＋）-10-樟脑磺酰氯（1S-（＋）-Cam）进一步合成了新型手性固定相。图 2-17 中 DEF 是 N,N-二甲基甲酰胺，DCC 是 N,N'-二环己基碳二亚胺，DCM 是二氯甲烷，在该固定相上分离了 20 种手性物质对。

手性固定相不仅仅用于手性分离，图 2-18 是天然产物非手性结构类似物在手性柱上分离的效果。首先，作者比较了反相色谱［图 2-18（a）］和两根超临界手性柱［图 2-18（b）和图 2-18（c）］的分离效果，可以看出在反相柱上仅呈现了一个峰，在两根手性色谱柱上的分离效果比较好且存在一定的分离差异性，随后使用两根手性柱进行二维分离，得到了该组分最大程度的分离效果。

色谱分离发展到今天，无论是设备还是固定相都已经非常成熟，传统分类逐渐弱化，合成了越来越多的新型固定相，并展示出多元化分离机制。掌握"相似相溶"和"空间效应"两个概念，就可以游刃有余地进行方法优化。此外多维 HPLC 正在蓬勃发展，弥补单一色谱机制难以完成复杂样品分析的缺点。在多维色谱中，每一维度上的色谱应区别于其他维度

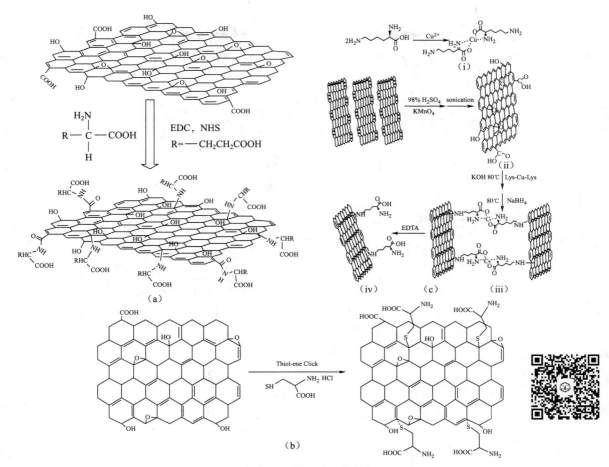

图 2-15　氧化石墨烯的手性官能化

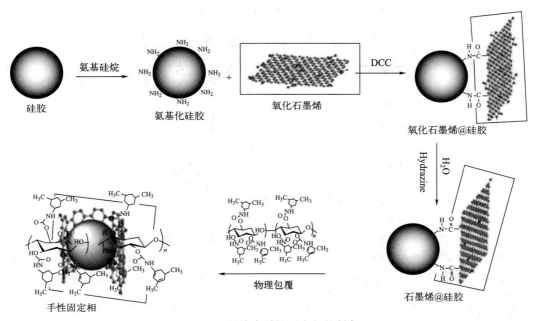

图 2-16　纤维素手性固定相的制备

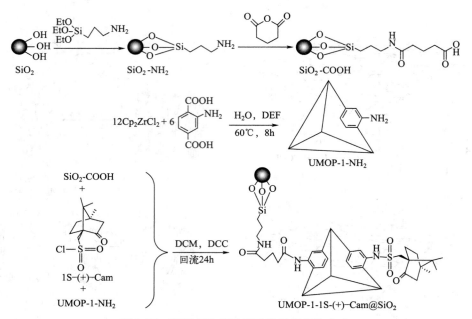

图 2-17　新型多孔有机笼手性固定相的合成

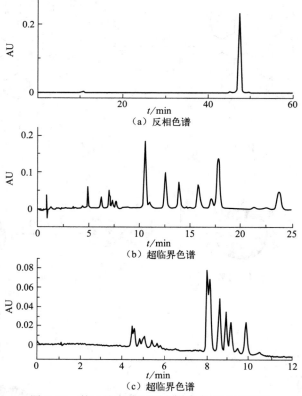

（a）反相色谱

（b）超临界色谱

（c）超临界色谱

图 2-18　某天然产物不同色谱条件的分离效果

反相色谱条件：流动相 A 为水；流动相 B 为甲醇。C18 固定相（250 mm×4.6 mm id，5 μm）；梯度 0～60 min，45%～90% B。流速：1.0 mL/min。

超临界色谱（b）分析条件：流动相 A 为二氧化碳；流动相 B 为甲醇。CSP-1 固定相（250 mm×4.6 mm id，5 μm）；梯度 0～25 min，5%～25% B。流速：3.0 mL/min。

超临界色谱（c）分析条件：流动相同（b）；CSP-2 固定相（250 mm×4.6 mm id，5 μm）；梯度 0～15 min，1%～10% B。流速：3.0 mL/min。

其他条件相同，柱温：25 ℃，紫外波长：235 nm。

的色谱分离机制，否则不能称为"多维色谱"。在操作形式上可以灵活，既可以"中心分割"，考虑重点峰的分离；也可以"全分割"，考虑每一个峰的再分离。重点要考虑每一个维度上溶剂的适应性、互溶性，此外还要考虑获得结果的"真实性"，组分是否在切割中和溶剂互换中"丢失"。多维色谱灵活多样，极大地拓宽了色谱的分离能力，是解放人力、发挥自动化很好的案例。图 2-19 是全二维液相色谱示意图。第一维是凝胶色谱，第二维是反相色谱。多个样品环（loop）承接不同的组分，经过泵进入第二维色谱系统。

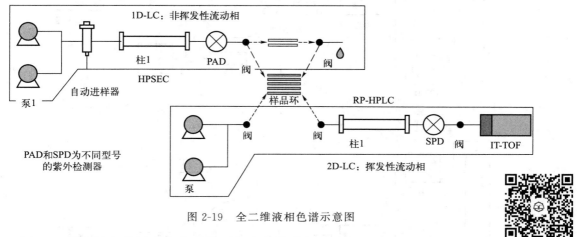

图 2-19　全二维液相色谱示意图

图 2-20 是岛津超临界液相色谱与反相色谱的联用。

第一步流路如图 2-20（a）所示。左侧是超临界色谱，右侧是反相色谱（2 根 C18），中间由一个六通阀相连。可以看出这一步两个维度是不关联的，各自成分析体系。在超临界色谱部分，二醇（diol）柱上保留了目标分子和更强保留分子，不保留的分子（比如油脂）排空。

第二步流路如图 2-20（b）所示。阀切换后，二醇柱上的目标物进入反相系统中的 C18 捕集柱，并将 CO_2 排空。

第三步流路如图 2-20（c）所示。阀再次切换后，目标物从捕集柱到分析柱分离分析检测。

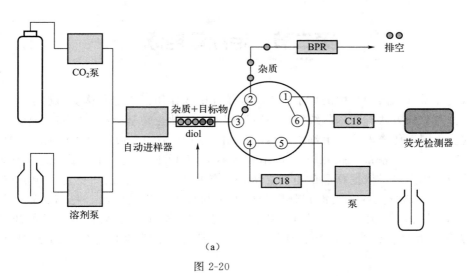

（a）

图 2-20

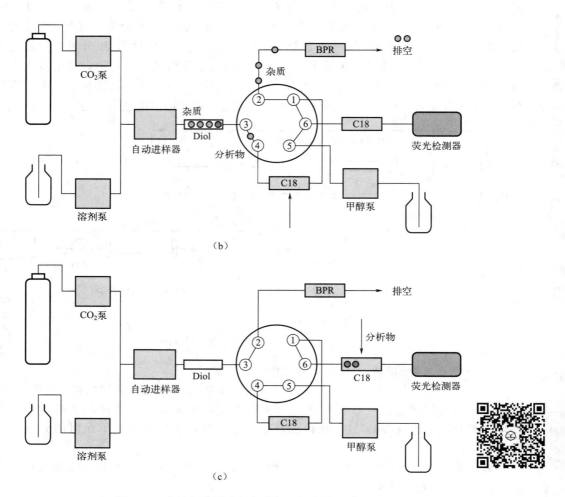

图 2-20　岛津超临界液相色谱与反相色谱的联用

第二节　毛细管电泳

　　电泳是介质（如溶剂）中的离子或带电粒子在电场作用下作定向移动的现象及由此建立的一系列分离分析方法与技术的统称。与色谱相似，电泳也是基于物质的移动速度差异而实现分离的。不同于传统电泳，毛细管电泳（capillary electrophoresis，CE）也称为高效毛细管电泳（high performance capillary electrophoresis，HPCE），是以直流高压电场为驱动力，以毛细管为分离通道，依据样品的电荷、大小、等电点、极性、亲和行为、相分配等特性而进行高效、快速分离的一类液相分离分析方法和技术，兼具电泳、色谱、筛分等原理。CE 具有出色的分离能力，可实现对无机离子、生物大分子、单细胞等多种物质的分析，已成功应用于生物、化学、医药、环境保护、食品安全、手性拆分等领域的理论和应用研究。

一、毛细管电泳的基本原理

（1）电泳

在电场中，离子会受到两个相反方向作用力的影响：电场推动力 F_E 和介质（如溶剂）阻力 F_f，当达到平衡时，离子做匀速运动，移动速度 v（cm/s）可表示为：

$$v = \mu_e E \tag{2-1}$$

式中，μ_e 为淌度或电泳迁移率，$cm^2/(V \cdot s)$，即离子在单位电场下的移动速度；E 为电场强度，V/cm。

以球形离子为模型，根据电磁学和流体力学理论，有：

$$qE = 6\pi\eta rv \tag{2-2}$$

式中，q 为离子所带电荷；r 为离子有效半径；η 为介质黏度。

联立式(2-1)和式(2-2)，得出：

$$\mu_e = \frac{q}{6\pi\eta r} \tag{2-3}$$

可见，对于给定的球形离子、介质和温度，电泳迁移率是一个常数。半径小、电荷高的组分具有大的迁移率，而半径大、电荷低的组分具有小的迁移率。因此，离子的大小和形状，以及其有效电荷的差异，构成了 CE 分离的基础。

在无限稀释溶液（理想状态）中，μ_e 主要由溶质的性质决定，称为绝对电泳迁移率，可从物化手册等工具书中查到或根据电导数据求得。而在实际溶液中，溶液酸度和离子强度等会影响溶质的解离度，导致其所带电荷和电泳迁移率发生变化，由此测得的电泳迁移率为有效电泳迁移率，记作 μ_{eff}。在 CE 分离中，即使两个组分的绝对电泳迁移率完全相同，也可以通过调节介质条件实现分离。对 CE 分离影响更大的是有效电泳迁移率，通过 CE 实验测定得到的也是有效电泳迁移率。

（2）电渗

电渗（electroosmosis）是由外加电场对毛细管内壁双电层的作用而引起的溶液的整体流动。CE 中经常使用石英毛细管作为分离通道，其表面带有硅羟基（—SiOH），当缓冲溶液 pH 大于 3 时，—SiOH 解离成—SiO$^-$，导致管壁带负电荷，这些负电荷被牢固地结合在管壁上而无法迁移，称为定域电荷。根据电中性原则，溶液中的阳离子会被吸引到管壁附近，形成双电层。当在毛细管两端施加电压时，双电层中的阳离子会向阴极移动，并带动毛细管内的溶液整体向阴极移动。对于其他类型毛细管，如玻璃（含硅羟基）、聚四氟乙烯（含残留羧基）等，电渗也是指向阴极的。如果通过改性使毛细管内壁带正电荷，则电渗变为指向阳极。

电渗的大小可以用电渗迁移率 μ_{eo} 表示：

$$\mu_{eo} = \frac{\varepsilon\zeta}{\eta} = \frac{\delta\Theta}{\eta} \tag{2-4}$$

式中，ε 为介质的介电常数；ζ 为管壁电动势（即双电层的 Zeta 电势）；δ 为双电层厚度；Θ 为管壁上定域电荷的面密度或表面浓度。

双电层厚度可表示为：

$$\delta = \sqrt{\frac{\varepsilon RT}{2cF^2}} \tag{2-5}$$

式中，R 为普适气体常数；T 为热力学温度；c 为离子浓度；F 为法拉第常数。

结合式（2-4）和式（2-5）可知，任何能影响毛细管表面基团解离的因素，如介质的组成、浓度、酸度、黏度、温度等，都会影响电渗迁移率。同时，毛细管内壁的活化、清洗和平衡等对电渗迁移率也有重要的影响。

在 CE 中，毛细管的内径一般不大于 75 μm，且使用高压直流电场，因此电渗的重要性尤其突出。理论表明，当管壁双电层的厚度较小（＜10 nm）且毛细管两端开放时，毛细管内会形成平头的塞状电渗流型，即流速在管截面方向上几乎是相等的（图 2-21），这是电渗流的一个重要特性。与 HPLC 中高压泵驱动所产生的层流或抛物线流型不同，CE 中电渗的平流型对组分区带扩散的影响较小，是 CE 具有高效分离能力的一个重要原因。对于填充柱毛细管，当流路孔径与双电层厚度的比值小于 2 时，几乎无法产生电渗流。

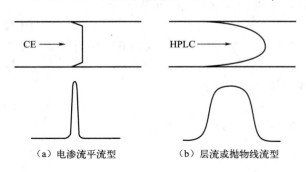

图 2-21　速度曲线及组分区带

电渗的另一个重要特性是可以使几乎所有的组分均向相同的方向迁移。在石英毛细管中，电渗方向从阳极向阴极，默认为正。由于 CE 电渗速度一般比电泳速度大，当把样品从阳极端注入时，阳离子、中性分子、阴离子的表观迁移率 μ_{ap} 和迁移速度 v_{ap} 分别如下：

阳离子，$\mu_{ap,+}=\mu_{eo}+\mu_{eff,+}$，$v_{ap,+}=v_{eo}+v_{eff,+}$

中性分子，$\mu_{ap,0}=\mu_{eo}$，$v_{ap,0}=v_{eo}$

阴离子，$\mu_{ap,-}=\mu_{eo}-\mu_{eff,-}$，$v_{ap,-}=v_{eo}-v_{eff,-}$

可见，CE 能够同时分离带有不同电荷的组分，并按照阳离子、中性分子、阴离子的次序出峰。若无其他因素参与作用，中性分子总是与电渗同速，无法得到分离，但可作为测量电渗流的标记物（如甲醇、DMSO 等）。当然，如果毛细管改性后内壁带正电荷，电渗方向变为从阴极向阳极，各组分的迁移顺序也会相应发生变化。

有效地控制电渗，对提高分离效率、改善分离度、提高重现性具有非常重要的意义。目前，用来控制电渗的方法主要有：①改变缓冲溶液的 pH；②改变缓冲溶液的组成和浓度；③加入添加剂（如有机溶剂、表面活性剂等）；④毛细管内壁改性（经静电结合动态改性或经共价键合永久改性）；⑤改变温度；⑥改变外加电场强度（影响电渗速度，不影响电渗迁移率）。毛细管内壁的状态即使发生微小变化，也会引起电渗和组分迁移时间相应改变，因此，在 CE 运行期间，毛细管的清洗条件包括试剂（如 H_2O、NaOH、HCl、甲醇等）、顺序和时间均应保持一致。

（3）迁移时间

迁移时间（migration time，t）指组分从进样点迁移到检测点所需的时间。在毛细管区带电泳中，组分在毛细管中的迁移时间取决于电渗迁移率和组分有效电泳迁移率的方向和大小：

$$t=\frac{l}{v_{ap}}=\frac{lL}{\mu_{ap}V}=\frac{lL}{(\mu_{eo}\pm\mu_{eff})V} \tag{2-6}$$

式中，l 为毛细管有效长度（从进样端到检测器的长度）；L 为毛细管总长度；V 为施加的电压。

由式（2-6）可知，在中性标记物前出峰的是带正电荷的组分，在其后出峰的是带负电荷的组分。两组分的 μ_{eff} 相差越大，迁移时间相差越大，分离越完全。据此公式，也可测量组分的有效电泳迁移率。

（4）理论效率

毛细管电泳大多借用色谱理论描述分离过程，用塔板高度 H 或塔板数 N 描述分离效率：

$$N=\frac{l^2}{\sigma^2}=\frac{l}{H} \tag{2-7}$$

式中，σ^2 为分离区带的总方差。

在理想状态下，分离效率主要与分子轴向扩散有关，则：

$$N=\frac{l^2}{\sigma^2}=\frac{l^2}{2Dt}=\frac{l}{2L}\cdot\frac{\mu_{\text{ap}}V}{D} \tag{2-8}$$

式中，D 为分子扩散系数。

可见，高电场的使用也是 CE 分离效率较高的一个重要原因。同时，分离效率与分子扩散系数成反比，扩散系数越小的组分，分离效率越高。因此，CE 非常适合用于蛋白质、DNA 等生物大分子的分离分析。

在 CE 中，进样、分离和检测等过程都能引起样品区带变宽，可表示为：

$$\sigma^2=\sigma_{\text{DL}}^2+\sigma_{\text{DR}}^2+\sigma_{\text{P}}^2+\sigma_{\text{E}}^2+\sigma_{\text{T}}^2+\sigma_{\text{in}}^2+\sigma_{\text{det}}^2 \tag{2-9}$$

式中，下标 DL、DR、P、E、T、in、det 分别指轴向扩散、涡流或径向扩散、传质阻力（包括吸附）、电场畸变、温度梯度、进样、检测。

实验结果表明，随着进样区带长度的增加，分离效率呈指数下降。为了提高分离效率，一般进样长度应小于毛细管总长的 $1\%\sim2\%$。对内径 $50~\mu\text{m}$、长 $70~\text{cm}$ 的毛细管，按 1% 计，进样体积仅约 $14~\text{nL}$。可见，CE 尤其适用于分析珍贵的临床、生物、环境等样品。

电流通过缓冲溶液会产生焦耳热，并形成温度梯度（即管中心温度高，而管壁温度低）。温度梯度一方面会引起密度梯度，产生自然对流，破坏电渗流的平流型，另一方面会改变缓冲溶液黏度，引起组分电泳迁移率变化，最终导致区带展宽。因此，在 CE 实验中，控温很重要。毛细管内径越细，散热效果越好，故应尽量采用细内径的毛细管。

如果样品区带和缓冲溶液的导电性不匹配，会引起带电组分的区带展宽，称为电扩散。该类扩散会引起电泳峰发生畸变，形成前伸峰（溶质区带比缓冲溶液迁移率大时）或者拖尾峰（溶质区带比缓冲溶液迁移率小时）。因此，应保持样品区带和缓冲溶液的导电性一致。

毛细管越细，比表面积越大，吸附能力越强。多肽、蛋白质等大分子，很容易经静电作用和疏水作用吸附到毛细管内壁，引起峰拖尾甚至无法出峰。溶质与毛细管壁相互作用的容量因子越大，因吸附引起的峰展宽越严重。如果是填充柱，涡流扩散、传质阻力等因素也会导致峰展宽。

二、毛细管电泳仪

毛细管电泳仪的基本结构如图 2-22 所示，主要包括进样、控温、分离、检测、数据记录和处理等单元，结构简单，人们可自行搭建 CE 仪器。典型的操作步骤为：①冲洗毛细管后，将缓冲液充满

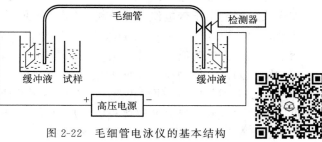

图 2-22　毛细管电泳仪的基本结构

毛细管，平衡一定时间；②用样品瓶代替缓冲液瓶；③进样；④将电极重新放回缓冲液瓶中；⑤加电压分离检测。商品化 CE 仪器大多自动化程度较高，可通过设置程序自行完成操作。

① 进样　毛细管容积有限，死体积越小越好，主要采用毛细管与样品直接接触的方式进样，包括电动进样法、压差进样法（虹吸、正压或负压）、扩散进样法。当毛细管较短时，可允许的进样量更少，仅皮升级，可采用皮升级扩散进样法、滑动进样法、光或流体控制的门进样法等。

② 冲洗　常基于压力可调的机械压抽原理冲洗毛细管。机械压抽可通过色谱泵、重力、注射器、真空泵等实现。

③ 控温　环境温度最好保持恒定，以达到更好的控温效果。对于分离毛细管，自行搭建仪器大都采用循环水进行控温，商品仪器一般采用风冷（强制空气对流）和液冷方式进行控温。对于一些生物样品，需保存在较低的温度下，可采用半导体温控设备控温。

④ 高压直流电源　一般采用 $0 \sim \pm 30$ kV 连续可调的高压直流电源，一端要接地，有电压、电流、功率三种输出模式。在高湿度的环境中，高压容易放电，应避免使用极值电压，并降低环境湿度。

⑤ 电极和电极槽　CE 中一般采用铂丝电极，直径约 $0.5 \sim 1$ mm。电极槽通常是带螺口的小玻璃瓶或塑料瓶（$1 \sim 5$ mL）。

⑥ 检测　CE 有多种检测方法，可进行柱上检测，也可进行柱后检测。商品仪器以柱上检测为主，配备紫外吸收检测器、二极管阵列检测器、激光诱导荧光（LIF）检测器等。对于其他检测方法，如化学发光、电化学发光、电导检测（如非接触式的 C^4D 检测）、质谱（MS）等多采用柱后检测方式。随着组学研究的深入，质谱已发展成为 CE 的重要检测方式。其中，采用柱上检测时，需通过硫酸腐蚀、灼烧或刮除去除不透明的聚酰亚胺涂层，制作检测窗口。而采用柱后检测时，需设计并制作 CE 与检测器的连接接口。紫外吸收检测是 CE 中最通用的检测方法，但受限于毛细管内径较细，浓度灵敏度较低。LIF 检测灵敏度较高，可进行单细胞检测，但可选的激发波长和发射波长有限，而且，对于大多数分析物，必须先进行荧光衍生。

⑦ 数据记录和处理　目前，CE 数据的记录、处理和谱图显示主要采用色谱软件，因此，也采用谱峰的迁移时间进行定性分析，采用谱峰的高度或峰面积进行定量分析。所不同的是，CE 中常通过添加内标法提高谱峰鉴定的可靠性。

三、毛细管电泳的分离模式

毛细管电泳有多种分离模式，可实现对带电与不带电组分、小分子、生物大分子及颗粒物的分离分析。

（1）毛细管区带电泳

毛细管区带电泳（capillary zone electrophoresis，CZE）是最基本也是应用最广泛的操作模式，主要用于带电组分的分析。CZE 介质是一种具有 pH 缓冲能力的均匀的自由电解质溶液，常称为运行缓冲（running buffer）溶液或背景电解质（background electrolyte，BGE）溶液，主要由电解质、缓冲试剂、pH 调节剂、添加剂和有机溶剂等组成。在 CZE 中，毛细管和阴、阳极电极槽充以相同的缓冲溶液。影响 CZE 分离的主要因素有缓冲溶液的组成、浓度和 pH，添加剂的种类和浓度，有机溶剂的种类和浓度，施加的电压等。通过调节 pH，可以方便地改变各组分的解离程度，从而增大各组分有效电泳迁移率间的差异。常用的缓冲体系包括醋酸-醋酸盐、磷酸盐及硼酸-硼酸盐等，其中硼酸盐因能与邻位顺式羟基形成配位负离子，可以出色地完成糖及多羟基类样品的分离。

（2）非水介质毛细管电泳

非水介质毛细管电泳（nonaqueous capillary electrophoresis，NACE）与 CZE 相似，也采用连续的电解质溶液，只是完全使用有机溶剂，如甲醇、甲酰胺、乙腈等，为了使其具有导电性，加入一定量的醋酸盐、三乙醇胺等作为添加剂。NACE 法适用于分析不易溶于水、易溶于有机溶剂的物质及在水中电泳迁移率十分相似的物质。受制于焦耳热的产生，毛细管中的有机溶剂有时会沸腾，导致电流中断。

（3）毛细管凝胶电泳

毛细管凝胶电泳（capillary gel electrophoresis，CGE）是一类增加了凝胶支持介质的区带电泳，利用凝胶物质的多孔性和分子筛的作用，使通过凝胶的组分按照尺寸大小逐一分离。常用的凝胶介质包括聚丙烯酰胺凝胶和琼脂糖凝胶。CGE 的分离能力很强，基于 CGE 发展的阵列毛细管 DNA 自动测序仪促成了人类基因组测序计划的提前完成。当将一些亲水的线性或枝状高分子物质（如线性聚丙烯酰胺）加入缓冲溶液中后，会形成动态网络结构，也能起到很好的筛分作用，称为非胶筛分毛细管电泳（non-gel capillary electrophoresis，NGCE）。

（4）毛细管胶束电动色谱

毛细管胶束电动色谱（micellar electrokinetic chromatography，MEKC）是一类非常重要的分离模式，是电泳与色谱的有机结合，将 CE 分离对象从离子化合物扩展到了中性化合物，大大拓宽了 CE 的应用范围。在 MEKC 中存在两相，一相是以胶束形式存在的准固定相，另一相是流动相（缓冲溶液）。待测组分因与胶束相和流动相的相互作用不同而导致分离，与胶束相作用力越大的组分，保留越强，出峰越迟，反之，则越早出峰。阳离子、阴离子、两性离子及中性分子等各类表面活性剂都可作为 MEKC 准固定相，其中使用最多的是十二烷基硫酸钠（sodium dodecyl sulfate，SDS）。以 SDS-MEKC 为例，由图 2-23 可见，溶液中存在单体和胶束的平衡、游离溶质（S）和与 SDS 结合的溶质的平衡，在电渗流的推动下，带负电荷的胶束以较低的速度向阴极移动，中性溶质则按其与胶束作用力从小到大的顺序依次在电渗流标记物和胶束之间出峰。如果溶质可以在水溶液中解离，迁移时间还受其带电荷情况的影响。在 MEKC 中，除了优化 CZE 中的通用条件外，还需要优化表面活性剂的种类、性质及浓度。

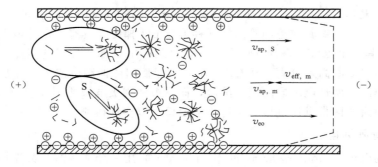

图 2-23　SDS-MEKC 的分离原理示意图

（5）微乳液毛细管电动色谱

微乳液毛细管电动色谱（microemulsion electrokinetic capillary chromatography，MEEKC）

与 MEKC 类似，以微乳液作为准固定相，也可进行中性物质的分离。MEEKC 中采用的微乳液一般是光学透明且热力学稳定的水包油（O/W）型分散体系，主要由缓冲溶液、不溶于水的油（如丁烷、戊烷）和乳化剂（如表面活性剂、助表面活性剂）组成。MEEKC 中可调控因素较多，可在一定程度上有效改善峰容量、分离效率和分离选择性。

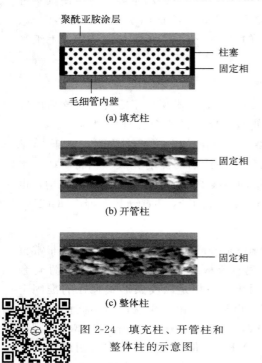

图 2-24　填充柱、开管柱和整体柱的示意图

（6）毛细管电色谱

毛细管电色谱（capillary electrochromatography，CEC）是在毛细管中填充或在毛细管壁涂布、键合色谱固定相，依靠电渗流（或电渗流与压力流结合）推动流动相，使溶质分子依据它们在固定相和流动相中的分配平衡常数不同和电泳速度不同而达到分离目的的一种电分离模式，具有高柱效和高选择性的优点。根据固定相引入方式的不同，CEC 可分为开管柱、填充柱和整体柱电色谱（图 2-24）。其中，开管柱（open tubular，OT）因制备简单，研究和使用较多，众多新型材料包括石墨烯、分子印迹材料、功能聚合物材料、仿生膜（如聚多巴胺膜）、MOFs、COFs 等都已发展作为开管柱电色谱（OT-CEC）的固定相，有效克服了开管柱相比低和柱容量低的问题。常见的开管柱制备方法包括：表面刻蚀法、溶胶-凝胶法、物理涂覆法和共价键合法（包括原位生长法）。在 OT-CEC 中，固定相的种类、性质和涂覆量是影响其分离能力的重要因素。

（7）亲和毛细管电泳

亲和毛细管电泳（affinity capillary electrophoresis，ACE）是指在 CZE 缓冲溶液、凝胶或色谱固定相中加入亲和作用试剂（包括免疫反应中的抗原或抗体），可以用于研究生物分子之间的特异性相互作用，并选择性地分析单组分或混合样品，具有特异性高、选择性好、可逆等优点。

（8）毛细管等电聚焦

毛细管等电聚焦（capillary isoelectric focusing，CIEF）与 CZE 不同，CIEF 中使用的是两性电解质溶液，利用其在毛细管内的迁移形成 pH 梯度，具有一定等电点的蛋白质顺着 pH 梯度迁移到其等电点位置，并在该点停下，由此产生一种非常窄的聚焦区带，实现具有不同等电点的蛋白质的高效分离。在 CIEF 中，一般使用能抑制电渗流的涂层毛细管，毛细管中充满含有样品和两性电解质的混合溶液，而阳极和阴极电极槽则分别加入酸性和碱性电解质溶液，聚焦后的区带可通过压力推过检测窗口，以实现检测。

（9）毛细管阵列电泳

毛细管阵列电泳（capillary array electrophoresis）用一个共焦激光荧光扫描检测系统进行多根毛细管组成的毛细管阵列的检测，可实现快速的高通量分析。

四、毛细管电泳的在线富集方法

由于 CE 中所用毛细管的内径一般小于 $100\ \mu m$，对于紫外吸收检测而言，光程太短，故浓度灵敏度较低（但质量灵敏度很高）。为了提高 CE 检测的浓度灵敏度，一般采用如下几种方法：（a）采用高灵敏检测器，如 LIF 检测、电化学检测、质谱检测等；（b）延长光程，如采用 Z 型或泡状毛细管；（c）结合离线样品前处理技术，如液-液萃取、固相萃取、磁分离等；（d）将各种样品前处理技术与 CE 在线（on-line）结合；（e）采用 CE 在线富集技术，主要包括电场堆积富集、pH 调制堆积和色谱扫集富集及胶束坍塌富集。本部分主要介绍操作简便、富集效率高且非常有特色的 CE 在线富集技术。

（1）电场堆积富集

当离子从高电场区骤然进入低电场区时，会因减速而堆积在电场交界处，从而压缩样品区带的长度并提高组分的浓度，达到提高浓度灵敏度的目的。改变电解质浓度、温度、黏度等参数都可使电场强度突变，其中最常采用的方法是改变电解质浓度。

通过压力进样和电动进样都可实现样品堆积。采用压力进样的样品堆积主要有常规堆积和大体积样品堆积两种模式，采用电动进样的样品堆积称为场放大进样堆积。

将样品溶解在低电导溶剂（如纯溶剂、低浓度缓冲溶液）中，当在高电导背景溶液中运行时，会发生样品堆积，检测灵敏度可提高几倍。大体积样品堆积（large volume sample stacking，LVSS）是通过加大样品的进样体积实现的，在加大进样量的同时，通过电渗流或者外部压力将样品的基质排出毛细管，既提高了分析的灵敏度（可达 100 倍），又大大降低了基质对分离度及分离效率的不利影响。

场放大进样（field amplified sample stacking，FASS）是一种有效的在线富集方法，浓度检测灵敏度能提高 1000 倍左右。FASS 法采用电迁移进样，将溶解于低电导介质中的样品引入毛细管，因进样口端的电场强度远远高于毛细管内的电场强度，样品离子在高场强下快速迁移进入毛细管，到达低场强区时迁移速度变慢，达到在柱浓缩的目的。为了改善FASS 方法的重现性，在引入样品前会首先引入一段低电导的溶液（通常是水），离子会快速迁移通过水区，并富集在水与背景电解质的界面处，该方法称为柱头场放大进样。

（2）pH 调制堆积

pH 调制堆积主要适用于弱解离组分，尤其是两性组分的富集，当组分经过 pH 突变界面时，会因解离度变化而发生迁移速度甚至迁移方向的突变，从而产生堆积现象。

对于两性组分，假如样品区带的 pH＞pI，背景电解质的 pH＜pI，则组分在样品区带中为负离子，会向阳极迁移（向后），进入背景电解质后变为正离子，又会向阴极迁移（向前），如此往复迁移，最后会紧密堆积在样品区带后沿。如果样品区带的 pH＜pI，背景电解质的 pH＞pI，则两性组分会堆积在区带前沿。

将弱解离组分配制于高离子强度溶液中并通过电迁移法引入毛细管中，然后通过电迁移法引入一小段强酸溶液，强酸中的质子会快速地向样品区带迁移，中和其中的弱酸根，使待测组分变为电中性，同时样品区带的电导率大大降低，使得电压大部分降在这个区带上。当样品区带中的弱酸根全部被中和后，待测组分就堆积在样品区带与背景电解质区带的界面处，样品区带大大压缩，样品浓度大幅提高。无机盐等强电解质则不受此方法的影响。因此，该方法可用于生物体液样品的直接进样，是一个在线除盐、增敏的好方法。

（3）色谱扫集（sweeping）富集

如图 2-25 所示，样品区带不含胶束，而缓冲溶液中含有 SDS 胶束且电渗流为 0。首先，将缓冲溶液充满毛细管，接着，将一段样品溶液（电导率与缓冲液相同）注入毛细管中，然后，在负高压的作用下，带负电荷的 SDS 胶束会向毛细管出口端移动，当胶束穿过不含胶束的样品区带时，由于样品与胶束的相互作用，样品会随着胶束一起移动，使样品区带得以压缩而实现富集，富集后的样品经 MEKC 法分离。胶束如扫把，样品犹如散落在房间里的谷子，因此称为扫集法。该方法的富集效果可达 80～5000 倍，对中性化合物和带电荷的分析物都有很好的富集效果。

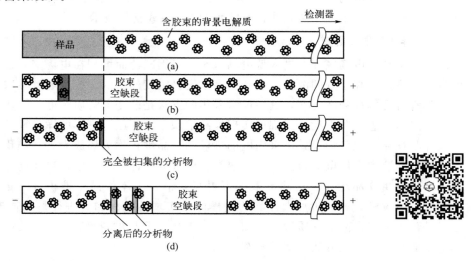

图 2-25　均匀场强中的扫集-MEKC 富集分离示意图（电渗流为 0）

将扫集法与堆积技术有机结合，如先通过堆积技术在电动进样时进行样品富集，再通过扫集技术实现样品的第二次富集，可实现阳（阴）离子的高效富集，该方法称为阳（阴）离子选择性耗尽进样-扫集-MEKC 法。

如果能无限量进样且能有效排出样品基质，必然能实现样品组分的高效富集。无限量电动进样堆积是通过调节进样过程中被分析物的迁移速度与背景电解质的迁移速度在相反方向上达到平衡来实现的。此时，引入到样品区带的胶束的表观迁移速率几乎为零，保持一个稳定的状态。理论上讲，这一稳定状态可以保持无限长时间，即可以一直进样，达到无限量的进样。该方法可使被分析物的检测灵敏度提高 4000 多倍。而外压与电渗流平衡下的无限量电动进样则是以进样时间取代进样体积达到富集的目的。在施加负高压的情况下，EOF 标记物朝向毛细管入口端进行迁移，在毛细管入口端施加一个压力，用以平衡毛细管内反向电渗流的作用力。在平衡状态下，毛细管内的缓冲溶液保持静止状态，因此可以无限长时间进行电迁移进样，不存在压力进样中注入体积的限制。进样完成以后，及时转换电压，改变电渗流方向，同时去掉毛细管入口端用以平衡电渗流的压力，进行正常的电泳分离。该方法使得对核苷酸的检测灵敏度提高了 5000 倍，检测限低于 ng/mL 水平。

将溶解于酸性溶液中的生物碱无限量电动进样，通过扫集技术进行富集后，用 MEKC 分离，如图 2-26 所示。首先，毛细管中充满缓冲溶液（pH 9.6），其表面硅羟基发生解离，电渗流向阴极移动；然后，将溶于强酸性基质中的生物碱样品通过电动方法进样到毛细管中，样品基质中的 H^+ 与离子化的硅羟基结合，导致电渗流降低，毛细管柱中流体的总体流速降低。当流体的总体流速降低到一定程度时，其速率大小将与阴离子胶束自身迁移速率大小相等，方向相反。在此状态下，毛细管中的流体将保持表观电泳迁移速率为 0。这种稳定状态可以保持相当长一段时间，在此过程中，将会有大量被分析物电迁移进入毛细管中。当生物碱化合物到达样品基质与分离缓冲液的界面时，被分析物将会分配到相对静止的胶束相中，并在此富集。然后，将毛细管入口端置于分离缓冲液中，并施加分离电压。分离缓冲液使得管壁硅羟基重新电离，导致电渗流逐步增大、流体的总体流速加大，由此破坏了与胶束之间形成的稳定状态，迫使胶束前沿向检测窗口迁移。最后，样品区带进入到分离缓冲液中得到分离。

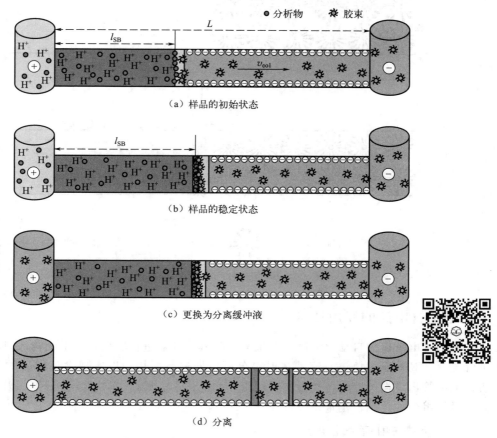

图 2-26　阳（阴）离子选择性耗尽进样-扫集-MEKC 法原理示意图

其中，L 为毛细管总长度，l_{SB} 为样品区带长度，v_{eo1} 为初始电渗流流速

（4）胶束坍塌（micellar collapsing）富集

　　表面活性剂在溶剂中都有一定的临界胶束浓度（critical micelle concentration，CMC）。当表面活性剂的浓度降低到 CMC 以下时会发生胶束坍塌，并释放携带的分析物，由此建立了胶束坍塌 CE 在线富集方法（图 2-27）。

　　如图 2-27 所示，将中性分析物配制于含有胶束和前导阴离子（电泳迁移率大）的样品基质中，该基质中 SDS 浓度仅略高于其 CMC，而前导阴离子浓度很高，缓冲溶液中 SDS 浓度为零且前导阴离子浓度较低。先将毛细管中充满缓冲溶液，然后以压力进样方式引入一段样品溶液，在毛细管入口端施加负高压后，由于电渗流较弱，样品区带的阴离子 SDS 将携带分析物向阳极端迁移，由于前导阴离子比 SDS 胶束的电泳迁移率大，前导阴离子将率先从样品区带迁移进入缓冲溶液区带，从而改变了样品区带和缓冲溶液区带的电解质浓度。当 SDS 胶束迁移到样品区带和缓冲溶液区带的界面时，将发生电动稀释，在适当条件下

（样品溶液和缓冲溶液的前导阴离子浓度比适当），SDS 胶束将在该界面上发生坍塌，释放出携带的分析物，从而达到富集效果。该方法对甾类化合物的富集倍数能达到两个数量级以上。

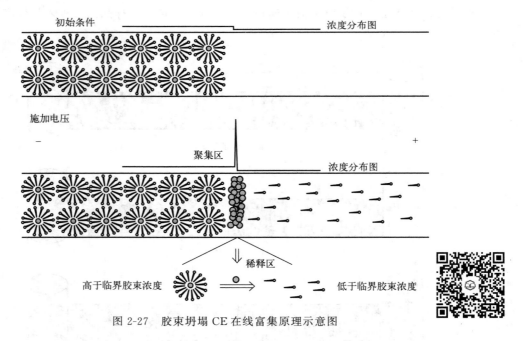

图 2-27　胶束坍塌 CE 在线富集原理示意图

五、毛细管电泳的联用技术

毛细管电泳仪的自动化程度高，很容易与其他仪器进行联用，如毛细管入口端可以与毛细管电泳、高效液相色谱、流动注射等分析仪器进行联用，以实现微量样品的高自动化分析；毛细管出口端可以与各类检测器联用，如电化学、质谱、拉曼、核磁等，以实现复杂样品中微量组分的定性、定量研究。

（1）流动注射-毛细管电泳

通过专门设计的分流接口将流动注射仪（flow injection，FI）与毛细管电泳仪结合在一起形成流动注射-毛细管电泳仪（FI-CE），可以在不中断高压、中间不冲洗毛细管的情况下连续不断地电动注入一系列样品，大大简化了 CE 的操作过程并有效改善了 CE 的重现性。其中，FI 提供精密的进样、有效的样品预处理，而且可以根据实际要求设计专门的流路；CE 提供高效、快速的多组分同时分离和测定。

基于 FI 强大的样品预处理能力，可以建立一个在线转化和测定中药青蒿中有效成分青蒿素的 FI-CE 体系，具体流路见图 2-28。其中，I 是锥形分流接口，当微升量的目标化合物在 FI 载液（也是 CE 缓冲溶液）的带动下经过分流接口中的毛细管尖端时，极微量的样品和缓冲溶液就会电动进入毛细管。除了 CE 基本参数，如缓冲溶液种类、浓度和 pH、表面活性剂及有机添加剂外，FI 参数，如载流流速、进样体积也影响 CE 的分离效率和灵敏度。与 0.20 mol/L NaOH 于 40 ℃反应 3 min 后，青蒿素转化为虽不稳定但具有强紫外吸收的化合物 Q 292，可于 292 nm 进行检测。该方法准确、灵敏、简单、快速，在 12 min 内即可完成样品的处理和测定，进样频率达到 8 次/h，大大节省了人力和时间。

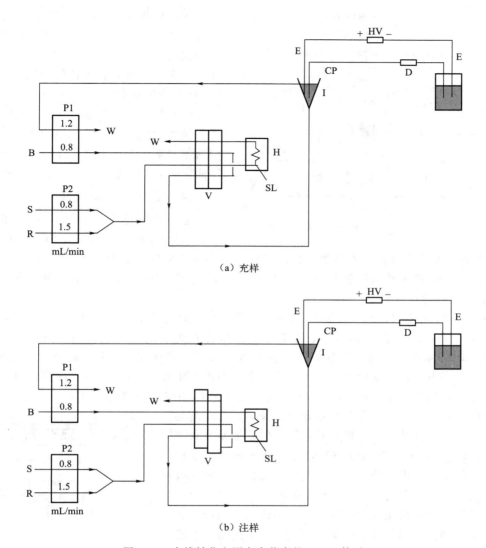

（a）充样

（b）注样

图 2-28　在线转化和测定青蒿素的 FI-CE 体系

S—样品溶液；R—NaOH 溶液；B—缓冲溶液；P1，P2—蠕动泵；V—进样阀；SL—样品环；H—加热装置；
W—废液；HV—高压电源；E—铂电极；CP—分离毛细管；D—检测窗口；I—锥形分流接口

（2）二维毛细管电泳

一维 CE 只能提供有限的信息，无法满足复杂样品的分析需求。通过结合两种及两种以上的分离模式，可以有效改善峰容量，提供更丰富的信息。

在 CE 中，因分离速度较快，且进样量较少，发展高维分离技术的关键在于设计和制作接口。目前，二维 CE 的接口多采用同管动态连接、微型阀门、断口对接及套接等方式制作。样品在第一维介质中按一种机制分离（如动态等电聚焦），在第二维介质中再按另一种机制分离（如 CZE）。图 2-29 是 Dovich 课题组设计的一个典型的二维 CE 结构示意图。二维 CE 可有效提升蛋白质和多肽的分离效率和分析速度，在蛋白质组学研究中具有较多的应用。

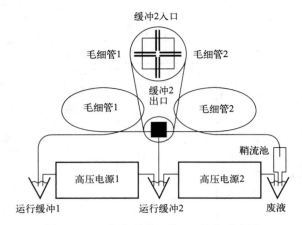

图 2-29　一个典型的二维 CE 结构示意图

图中标注：缓冲2入口、毛细管1、毛细管2、缓冲2出口、鞘流池、毛细管1、毛细管2、高压电源1、高压电源2、运行缓冲1、运行缓冲2、废液

（3）液相色谱-毛细管电泳

通过适当的接口把 HPLC 与 CE 结合在一起也可以构成二维分离体系。一般以 HPLC 为第一维，而 CE 作为第二维，因 CE 分离速度更快，对一维分离峰可进行全二维分离。构造 HPLC-CE 二维体系时，需要隔离 HPLC 与 CE 间的电场，经常采用的方案是将 HPLC 的出口和 CE 的入口接地，而 CE 的高压则加在毛细管出口端。

（4）毛细管电泳-质谱

毛细管电泳与质谱的联用已相对成熟，包括 CZE、MEKC、CEC 在内的一些 CE 方法都已成功地与各类质谱如三重四级杆质谱、飞行时间（TOF）质谱、轨道阱（obitrap）质谱、激光辅助基质解析（MALDI）质谱进行了联用。CE-MS 的检测灵敏度已达 amol 或更灵敏的水平。

在线毛细管电泳-质谱（CE-MS）体系中，最常采用的离子化方法是电喷雾（electrospray ionization，ESI），这是一种可在大气环境下操作的软离子源，一般没有分子碎片。构建 CE-ESI-MS 体系的关键是设计和制作方便有效的接口，确保在不干扰 CE 分离的基础上向喷嘴施加喷雾电压，形成稳定的喷雾，并具有高的离子化效率。目前，接口的设计基本都采用 CE 出口和 MS 喷雾共用一根电极的理念，主要包括鞘流和无鞘流两类接口。

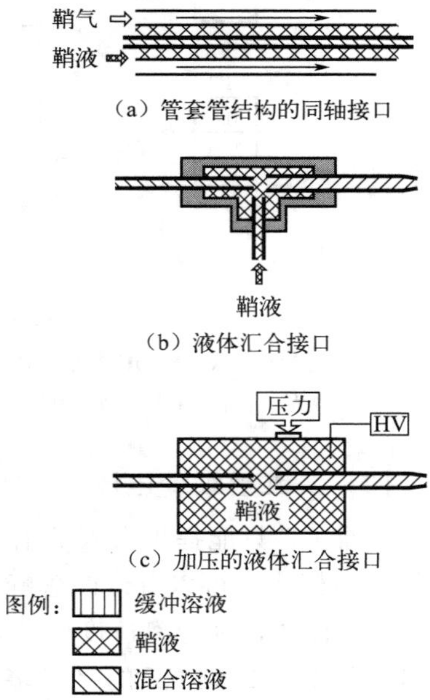

鞘流接口设计的核心在于实现导电以及形成细而均匀的喷雾。商品化的鞘流接口以管套管结构的同轴接口为主 [图 2-30(a)]，在分离毛细管与套管之间注入液体，形成鞘流，可将毛细管出口流出物包覆起来，在管口泰勒锥处混合并喷射出去。为了形成稳定的喷雾，可再加一根套管，在两根套管之间注入惰性气体，即形成气体鞘流。将分离毛细管的出口端拉制成锥形，可使 CE 流出物与鞘液更充分地混合，进一步提高喷雾的稳定性。相对而言，该类接口的喷雾比较稳定，但会引起样品的严重稀释，导致检测灵敏度大幅降低。实验中，需仔细调节液体鞘流的组成和流速、气体鞘流的流速、毛细管喷口的位置和喷雾电压等参数。

图 2-30(b) 展示的液体汇合接口和图 2-30(c) 展示的加压的液体汇合接口也属于鞘流接口，这些接口可降低对样品的稀释程度并提高检测灵敏度。

无鞘流接口一般直接利用分离毛细管出口尖端作为发射器，设计重点在于如何在毛细管末端或附近建立稳定的电接触，常见的策略如图 2-31 所示。使用金属毛细管喷嘴作为电喷雾发射器（h），可以简单地产生电接触。对于玻璃或二氧化硅发射器，无鞘流接口又可分为液体导通和非液体导通两类。非液体导通接口的结构简单，制作容易，如在喷口涂覆金属或导电高分子涂层（a）、

鞘气 ➡
鞘液 ➡

（a）管套管结构的同轴接口

鞘液 ⬆

（b）液体汇合接口

压力　　HV
鞘液

（c）加压的液体汇合接口

图例：▯▯▯ 缓冲溶液
　　　▨▨▨ 鞘液
　　　▨▨▨ 混合溶液

图 2-30　几种 CE-ESI-MS 鞘流接口

在毛细管出口端直接安置电极［图 2-31（b）］或在毛细管管壁钻孔后插入电极［图 2-31（c）］，但该类接口存在使用寿命问题。液体导通方法则是使毛细管出口部分出现漏洞，通过外接金属套管，从而形成导电通路［图 2-31（d）～（g）］。其中，微透析连接接口［图 2-31（g）］有利于 CE 缓冲液的脱盐，可提高组分的离子化效率和检测灵敏度。毛细管腐蚀多孔结构［图 2-31（e）］无需助流液体，通过离子进出孔道实现导电，而溶剂不会通过孔道，具有良好的喷雾效果，灵敏度也有较大的提升，目前，该类接口也已实现商品化。

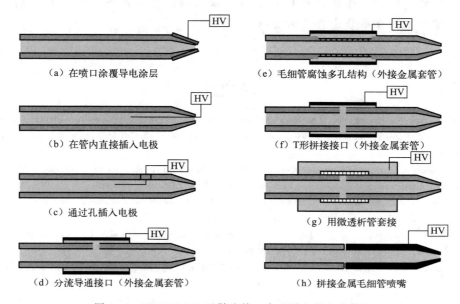

（a）在喷口涂覆导电涂层　　（e）毛细管腐蚀多孔结构（外接金属套管）

（b）在管内直接插入电极　　（f）T 形拼接接口（外接金属套管）

（c）通过孔插入电极

（g）用微透析管套接

（d）分流导通接口（外接金属套管）　　（h）拼接金属毛细管喷嘴

图 2-31　CE-ESI-MS 无鞘流接口实现导电的几个策略

在 CE-MS 中，缓冲溶液必须是易挥发的电解质溶液，如乙酸、乙酸铵、甲酸、甲酸铵等，因此，相较于传统的 CE 方法，其分离能力明显下降，应用范围也变窄，但具有优越的定性能力。目前，CE-MS 在蛋白质、糖、DNA 与 RNA、药物和天然产物、手性物质、环境污染物、代谢产物等的研究中有重要的应用，可进行定量检测、定性分析、结构鉴定、相互作用研究及测序等工作。

（5）毛细管电泳与其他仪器的联用

CE 与核磁共振（NMR）、拉曼光谱、红外光谱、圆二色谱等仪器的联用也得到了一定的发展，与质谱类似，这些仪器也都可以视作 CE 的检测器。其中，CE-NMR 可获得丰富的结构信息，对于未知物质的鉴定和结构解析，具有重要的意义。由于 NMR 的灵敏度较低，目前，CE-NMR 主要采用停流检测的方式，以累积 NMR 信号。

六、毛细管电泳的应用

CE 的分离模式多样，对于带电组分、中性组分、手性物质等都可以实现高效分离。CE 的分析对象广泛，包括无机离子、有机小分子、生物大分子、单细胞、细菌及纳米颗粒等颗粒物。CE 的检测模式也多样，对于有响应的组分可直接检测，对于无响应的组分可采取间接检测或衍生后检测的方法。凭借优越的分离能力，CE 在蛋白质组学、代谢组学、药物、环境、临床医学及其他复杂样品体系分析中发挥了重要的作用。目前，CE 的推广和普及也取得了一定的进展，美国、欧盟、中国等已经在药典中逐步推荐了 CE 检测方法。

从色谱和电泳的发展历史来看，设备是不断进步的，后人总可以在前人的工作基础上加以改进，让分析方法变得更加严谨、仪器更加使用便利。习近平在党的二十大报告中指出："继续推进实践基础上的理论创新，首先要把握好新时代中国特色社会主义思想的世界观和方法论，坚持好、运用好贯穿其中的立场观点方法"。创新是习近平总书记提出的最重要的方法论，只有创新才能发展，在研究生阶段，创新工作是基本的科研训练途径，大家一定要多读文献，举一反三，站在前人的肩膀上不断为科学技术的发展作出自己的贡献。

参考文献

[1] Wang XM，Yuan N，Huang LX，et al. N，N'-methylene bisacrylamide/divinyl benzene based-highly cross-linked hybrid monolithic column：Production and its applications for powerful capture of four chlorophenols. Talanta，2023，254：124150.

[2] Zang XL，Wang LT，Dong SQ，et al. Nanocellulose 3,5-Dimethylphenylcarbamate Derivative Coated Chiral Stationary Phase：Preparation and Enantioseparation Performance. Chirality，2016，28：376-381.

[3] Si TT，Wang LC，Zhang HX，et al. Core-shell MOFs-based composites of defect-functionalized for mixed-mode chromatographic separation. Journal of Chromatography A，2022，1671：463011.

[4] Si TT，Lu XF，Zhang HX，et al. Metal-organic framework-based core-shell composites for chromatographic stationary phases. TrAC Trends in Analytical Chemistry，2022，149：116545.

[5] Si TT，Lu XF，Zhang HX，et al. Two-dimensional MOF Cu-BDC nanosheets core-shell composites as mixed-mode stationary phase for high performance liquid chromatography. Chinese Chemical Letters，2022，33（8）：3869-3872.

[6] Zhang XL，Zhao T，Cheng T，et al. Rapid resolution liquid chromatography（RRLC）analysis of amino acids using pre-column derivatization. Journal of Chromatography B，2012，906：91-95.

[7] Wang XQ，Cui J，Zhou J，et al. Preparation of polyacrylamide hydrophilic stationary phases with adjustable performance. Journal of Chromatography A，2023，1702：464065.

[8] Chen XD，Zhang Z，Li YP. A facile approach to undecylenic acid-functionalized stationary phases for per aqueous liquid chromatography. Analytica Chimica Acta，2023，1265：341337.

[9] Bei L，Li H，Quan KJ，et al. Periodic mesoporous organosilica for chromatographic stationary phases：From synthesis strategies to applications. Trends in Analytical Chemistry，2023，158：116865.

[10] Ma ZY，Shang PP，Liu DL，et al. Preparation and chromatographic performance of chiral peptide-based stationary phases for enantiomeric separation. Chirality，2023，23564.

[11] Zhao HQ，Lai CJS，Zhang MM et al. An improved 2D-HPLC-UF-ESI-TOF/MS approach for enrichment and comprehensive characterization of minor neuraminidase inhibitors from Flos Lonicerae Japonicae. Journal of Pharmaceutical and Biomedical Analysis，2019，175：112758.

[12] Wang J，Zhang SX，Xu Y，et al. Development of a novel HPLC method for the determination of the impurities in desonide cream and characterization of its impurities by 2D LC-IT-TOF MS. Journal of Pharmaceutical and Biomedical Analysis，2018，161：399-406.

[13] Katarzyna B，Joanna S，Ryszard L. Specific determination of selenoaminoacids in whole milk by 2D size-exclusion-ion-paring reversed phase high-performance liquid chromatography-inductively coupled plasma mass spectrometry（HPLC-ICP MS）. 2008，624：195-202.

[14] 陈义. 毛细管电泳技术及应用. 3版. 北京：化学工业出版社，2019.

[15] 傅小芸，吕建德. 毛细管电泳. 杭州：浙江大学出版社，1997.

[16] Aranas AT，Guidote Jr. AM，Quirino JP. Sweeping and new on-line sample preconcentration techniques in capillary electrophoresis. Analytical and Bioanalytical Chemistry. 2009，394：175-185.

[17] Zhang HG，Zhu JH，Qi SD，et al. Extremely large volume electrokinetic stacking of cationic molecules in MEKC by

EOF modulation with strong acids in sample solutions. Analytical Chemistry. 2009, 81: 8886-8891.

[18] Quirino JP, Haddad PR. Online sample preconcentration in capillary electrophoresis using analyte focusing by micelle collapse. Analytical Chemistry. 2008, 80: 6824-6829.

[19] Chen HL, Wang KT, Pu QS, et al. On-line conversion and determination of artemisinin using a flow-injection capillary electrophoresis system. Electrophoresis. 2002, 23: 2865-2871.

[20] Michels DA, Hu S, Schoenherr RM, et al. Fully automated two-dimensional capillary electrophoresis for high sensitivity protein analysis. Molecular & Cellular Proteomics. 2002, 1: 69-74.

[21] Maxwell EJ, Chen DDY. Twenty years of interface development for capillary electrophoresis-electrospray ionization-mass spectrometry. Analytica Chimica Acta. 2008, 627: 25-33.

[22] Declerck S, Heyden YV, Mangelings D. Enantioseparations of pharmaceuticals with capillary electrochromatography: A review. Journal of Pharmaceutical and Biomedical Analysis. 2016, 130: 81-99.

[23] Quigley WWC, Dovichi NJ. Capillary electrophoresis for the analysis of biopolymers. Analytical Chemistry. 2004, 76: 4645-4658.

[24] Galievsky VA, Stasheuski AS, Krylov SN. Capillary electrophoresis for quantitative studies of biomolecular interactions. Analytical Chemistry. 2015, 87: 151-171.

[25] Harstad RK, Johnson AC, Weisenberger MM, et al. Capillary electrophoresis. Analytical Chemistry. 2016, 88: 299-319.

[26] Voeten RLC, Ventouri IK, Haselberg R, et al. Capillary electrophoresis: Trends and recent advances. Analytical Chemistry. 2018, 90: 1464-1481.

[27] Yu FZ, Zhao Q, Zhang DP, et al. Affinity interactions by capillary electrophoresis: Binding, separation, and detection. Analytical Chemistry. 2019, 91: 372-387.

[28] Kristoff CJ, Bwanali L, Veltri LM, et al. Challenging bioanalyses with capillary electrophoresis. Analytical Chemistry. 2020, 92: 49-66.

[29] Wang Y, Adeoye DI, Ogunkunle EO, et al. Affinity capillary electrophoresis: A critical review of the literature from 2018 to 2020. Analytical Chemistry. 2021, 93: 295-310.

[30] Chen XG, Fan LY, Hu ZD. The combination of flow injection with electrophoresis using capillaries and chips. Electrophoresis. 2004, 25: 3962-3969.

[31] Du WB, Fang Q, Fang ZL. Microfluidic sequential injection analysis in a short capillary. Analytical Chemistry. 2006, 78: 6404-6410.

[32] Wei Y, Zhu Y, Fang Q. Nanoliter quantitative high-throughput screening with large-scale tunable gradients based on a microfluidic droplet robot under unilateral dispersion mode. Analytical Chemistry. 2019, 91: 4995-5003.

[33] Zhu HD, Lü WJ, Li HH, et al. A novel cross-H-channel interface for flow injection-capillary electrophoresis to reduce sample requirement and improve sensitivity. Analyst. 2011, 136: 1322-1328.

[34] Qian HL, Xu ST, Yan XP. Recent advances in separation and analysis of chiral compounds. Analytical Chemistry. 2023, 95: 304-318.

[35] Xu YY, Xu LF, Qi SD, et al. In situ synthesis of MIL-100(Fe) in the capillary column for capillary electrochromatographic separation of small organic molecules. Analytical Chemistry. 2013, 85: 11369-11375.

[36] Niu XY, Lv WJ, Sun Y, et al. In situ fabrication of 3D COF-300 in a capillary for separation of aromatic compounds by open-tubular capillary electrochromatography. Microchimica Acta. 2020, 187: 233.

[37] Wang FL, Lv WJ, Zhang YL, et al. Synthesis of spherical three-dimensional covalent organic frameworks and in-situ preparation of capillaries coated with them for capillary electrochromatographic separation. Journal of Chromatography A. 2022, 1681: 463463.

[38] Wang GX, Lv WJ, Pan CJ, et al. Synthesis of a novel chiral DA-TD covalent organic framework for open-tubular capillary electrochromatography enantioseparation. Chemical Communication. 2022, 58: 403-406.

[39] Li L, Xue XQ, Zhang HG, et al. In-situ and one-step preparation of protein film in capillary column for open tubular capillary electrochromatography enantioseparation. Chinese Chemical Letters. 2021, 32: 2139-2142.

[40] Wang AP, Liu KX, Tian MM, et al. Open tubular capillary electrochromatography-mass spectrometry for analysis of underivatized amino acid enantiomers with a porous layer-gold nanoparticle-modified chiral column. Analytical Chemistry. 2022, 94: 9252-9260.

[41] Zeng J，Yin PY，Tan YX，et al. Metabolomics study of hepatocellular carcinoma：Discovery and validation of serum potential biomarkers by using capillary electrophoresis-mass spectrometry. Journal of Proteome Research. 2014，13：3420-3431.

[42] Yuan Fang，Zhang XH，Nie J，et al. Ultrasensitive determination of 5-methylcytosine and 5-hydroxymethylcytosine in genomic DNA by sheathless interfaced capillary electrophoresis-mass spectrometry. Chemical Communication. 2016，52：2698-2700.

[43] Zhu GJ，Sun LL，Yan XJ，et al. Bottom-up proteomics of Escherichia coli using dynamic pH junction preconcentration and capillary zone electrophoresis-electrospray ionization-tandem mass spectrometry. Analytical Chemistry. 2014，86：6331-6336.

[44] Sun XJ，Lin L，Liu XY，et al. Capillary electrophoresis-mass spectrometry for the analysis of heparin oligosaccharides and low molecular weight heparin. Analytical Chemistry. 2016，88：1937-1943.

[45] Lombard-Banek C，Moody SA，Manzini MC，et al. Microsampling capillary electrophoresis mass spectrometry enables single-cell proteomics in complex tissues：Developing cell clones in live *Xenopus laevis* and zebrafish embryos. Analytical Chemistry. 2019，91：4797-4805.

[46] Salim H，Pero-Gascon R，Giménez E，et al. On-line coupling of aptamer affinity solid-phase extraction and immobilized enzyme microreactor capillary electrophoresis-mass spectrometry for the sensitive targeted bottom-up analysis of protein biomarkers. Analytical Chemistry. 2022，94：6948-6956.

[47] Cheng MX，Shu H，Yang MH，et al. Fast discrimination of sialylated N-glycan linkage isomers with one-step derivatization by microfluidic capillary electrophoresis-mass spectrometry. Analytical Chemistry. 2022，94：4666-4676.

[48] Schlecht J，Jooß K，Moritz B，et al. Two-dimensional capillary zone electrophoresis-mass spectrometry：Intact mAb charge variant separation followed by peptide level analysis using in-capillary digestion. Analytical Chemistry. 2023，95：4059-4066.

[49] Lubeckyj RA，Basharat AR，Shen XJ，et al. Large-scale qualitative and quantitative top-down proteomics using capillary zone electrophoresis-electrospray ionization-Tandem mass spectrometry with nanograms of proteome samples. Journal of the American Society of Mass Spectrometry. 2019，30：1435-1445.

[50] Xu T，Han LJ，Sun LL. Automated capillary isoelectric focusing-mass spectrometry with ultrahigh resolution for characterizing microheterogeneity and isoelectric points of intact protein complexes. Analytical Chemistry. 2022，94：9674-9682.

[51] Soga T. Advances in capillary electrophoresis mass spectrometry for metabolomics. Trends in Analytical Chemistry. 2023，158：116883.

[52] Zhou W，Zhang BF，Liu YK，et al. Advances in capillary electrophoresis-mass spectrometry for cell analysis. Trends in Analytical Chemistry. 2019，117：316-330.

[53] Lapizco-Encinas BH，Zhang YV，Gqumana PP，et al. Capillary electrophoresis as a sample separation step to mass spectrometry analysis：A primer. Trends in Analytical Chemistry. 2023，164：117093.

第三章

光谱分析方法

导学
- 荧光光谱和拉曼光谱异同点
- 荧光探针的设计方法
- 荧光探针的应用
- 表面增强拉曼的原理
- 光谱的发展趋势

　　光谱分析方法是利用化学物质所具有的发射、吸收或散射光谱谱系的特征，来确定其性质、结构或含量的分析方法，具有高灵敏度、高特异性和快速、操作简便等特点，是现代分析方法最为重要的组成部分之一。本章重点介绍两种重要的分子光谱分析方法：荧光分析方法和拉曼光谱分析方法（包括表面增强拉曼光谱分析），涵盖关乎国计民生的重要领域，如环境保护、生物医药、生命健康、食品安全、文物保护等，为光谱分析科学研究和生产应用奠定基础，并提供技术储备。

第一节　荧光光谱

　　很久以前人们就发现了光与物质之间的相互作用，当某些物质被光照射后会立刻吸收光能发射出特定颜色和不同强度的光，一旦停止照射，发射光也就很快随之消失。人们将具有这种性质的发射光定义为荧光。

　　1575 年西班牙的植物学家和内科医生 N. Monardes 首次记载了这种荧光现象，后续也发现了一些具备荧光性质的材料，但对于这种现象的解释几乎没有进展。直到 1852 年 Stokes 在观察叶绿素和奎宁溶液的荧光时，用分光光度计观测到发射光的波长比入射光的波长略长，从这种现象才判断出这些物质吸收光能后会再发射出不同波长的光，从而引入了荧光是光致发光的概念。20 世纪以来，科学家们对荧光现象的研究越来越多，Wood 在 1905 年发现了共振荧光的现象；1924 年 Wawillow 测定了荧光绝对量子产率；1926 年 Gaviola 研究了对荧光寿命的测定。

1928 年，West 和 Jette 研制出第一台观测荧光的光电荧光计，这类荧光计的灵敏度非常低。1939 年光电倍增管问世，极大提高了荧光计的灵敏度和分辨率。直到 1952 年才出现商品化的荧光光谱仪器。近几十年来，随着激光、光导纤维、电子学和纳米材料学科的迅速发展，荧光分析法在理论和应用上也随之迅速发展，特别是在生物医学领域，荧光分析法被广泛应用于药物分析、基因表达、生物群落动态及临床诊断等。为满足突飞猛进的生物医学分析应用对荧光染料分子的需求，开发具有良好的荧光性能的荧光染料分子是荧光分析发展的关键。

荧光光谱法选择性好、灵敏度高，能够直观、准确地获得信息，对于复杂样品的分布、结构、含量和生理功能均能够直观解释，因此荧光光谱法也广泛应用于造影成像。目前使用较多的荧光染料分子包括荧光素类、罗丹明类、氟化硼二吡咯（BODIPY）类、1,8-萘酰类、香豆素类和花菁类等，其中部分染料已经完成商品化。许多生物样品在紫外-可见光的激发下自身也可以发射荧光，干扰生物样品的荧光检测和造影成像，如血浆中血清蛋白的荧光波长范围为 325～350 nm，胆红素和还原性烟酰胺腺嘌呤二核苷酸磷酸（NADPH）的荧光波长范围为 430～470 nm。近红外荧光探针的最大吸收波长和发射波长在 650～900 nm 之间，可以避开以上背景干扰问题，所以在生物样品分析中使用近红外荧光探针具有明显的优越性。

一、荧光光谱的产生机制

大多数分子含有偶数个电子，根据泡利不相容原理，基态分子的每一个轨道中两个电子的自旋方向总是相反的，因而大多数分子处于单重态（$2S+1=1$），基态单重态以 S_0 表示，S 指电子的自旋量子数代数之和。当物质受光照射时，基态分子吸收光能会产生电子能级跃迁而处于第一、第二电子激发单重态，以 S_1、S_2 表示。第一电子激发三重态（$2S+1=3$）以 T_1 表示，处于电子激发态的分子是不稳定的，很快通过无辐射跃迁和辐射跃迁释放能量而返回基态。辐射跃迁发生光子的发射，产生荧光和磷光；无辐射跃迁则以热的形式释放能量，包括振动弛豫（VR）、内转化（ic）和体系间窜跃（isc）等。图 3-1 为分子内所发生的各种光物理过程的示意图。

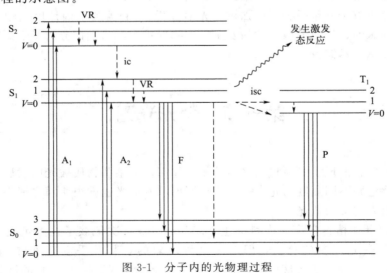

图 3-1　分子内的光物理过程

A_1，A_2—吸收；F—荧光；P—磷光；ic—内转化；isc—体系间窜跃；VR—振动弛豫

二、分子荧光的影响因素

分子的荧光主要与自身的结构有关，环境因素对分子荧光也有一定的影响。物质只有吸

收紫外-可见光后才可能发射荧光，因此荧光物质的分子中必须含有强吸收基团，比如共轭双键，其共轭体系越大，π 电子的离域性越强，越易被激发产生荧光。分子的刚性平面结构有利于发生荧光，取代基对荧光特征和强度也有影响。荧光物质分子结构中的给电子基团使荧光增强，吸电子基团使荧光减弱。环境因素主要包括溶剂的极性、温度、pH、溶液中表面活性剂、溶解氧等。

三、分子荧光的强度

荧光是物质吸收光子之后发出的辐射，荧光强度 I_F 与荧光物质的吸光强度（$I_0 - I_t$）及荧光物质的荧光效率 ϕ_F 成正比。

根据光吸收定律（朗伯-比尔定律）

$$A = -\lg T = -\lg \frac{I_t}{I_0} = \varepsilon bC, \ 得 \ T = e^{-2.303\varepsilon bC}$$

则相应的吸光分数为 $1 - \dfrac{I_t}{I_0} = 1 - T = 1 - e^{-2.303\varepsilon bC}$

吸光强度为 $I_0 - I_t = I_0(1 - e^{-2.303\varepsilon bC})$

荧光强度 $I_F = \phi_F(I_0 - I_t) = \phi_F I_0(1 - e^{-2.303\varepsilon bC})$

$$I_F = \phi_F I_0 \left[2.303\varepsilon bC - \frac{(-2.303\varepsilon bC)^2}{2!} + \frac{(-2.303\varepsilon bC)^3}{3!} - \frac{(-2.303\varepsilon bC)^4}{4!} + \cdots \right] \quad (3\text{-}1)$$

对于很稀的溶液，当 $\varepsilon bC < 0.05$ 时，式(3-1) 从第 2 项开始之后的各项可忽略，因此上式可写作 $I_F = 2.303\phi_F I_0 \varepsilon bC$，即荧光定量关系式。式中，$\phi_F$ 是荧光量子产率，I_0 是入射光强度，ε 是摩尔吸收系数，b 是样品池光程，C 是溶液浓度。由定量关系可见，当入射光强度、样品池光程不变时，稀溶液的荧光强度与溶液浓度成正比，因此可通过标准曲线法对待测溶液的浓度进行测定。

对于较浓溶液，荧光强度和溶液浓度之间的线性关系将发生偏离，荧光物质浓度过高，其荧光强度反而降低。原因如下。

① 内滤效应。当溶液浓度过高时，溶液中杂质对入射光的吸收作用增大，相当于降低了激发光的强度。此外浓度过高时，入射光被样品池前部的荧光物质强烈吸收，处于样品池中、后部的荧光物质则因受到的入射光大大减弱而使荧光强度大大降低，而仪器的探测窗口通常对准样品池中部，导致检测到的荧光强度大大降低。

② 相互作用。在较高浓度的溶液中可发生溶质间的相互作用，产生荧光物质的激发态分子与其基态分子的二聚物或与其他溶质分子的复合物，导致荧光光谱的改变和/或荧光强度的下降。当浓度更高时，甚至会形成荧光物质的基态分子聚集体，导致荧光强度下降更严重。

③ 自猝灭。荧光物质的发射光谱与其吸收光谱呈现重叠，便可能发生所发射的荧光再被部分吸收的现象，导致荧光强度下降。溶液浓度增大时会促使再吸收现象加剧。

四、荧光量子产率和荧光寿命

荧光量子产率也叫荧光效率，是荧光物质的基本参数，表示物质产生荧光的能力，通常用下式来表示：

$$\phi_F = \frac{发射的荧光量子数}{吸收的光量子数} \quad 或 \quad \phi_F = \frac{发射荧光的分子数}{激发分子总数} \quad (3\text{-}2)$$

根据荧光产生的过程得知，分子的荧光量子产率必然由激发态分子活化过程的各个相对速率决定，若用数学式来表达这些关系，得到：

$$\phi_F = \frac{k_F}{k_F + \sum_{i=1}^{n} k_i} \qquad (3\text{-}3)$$

式中，k_F 为荧光发射的速率常数；$\sum_{i=1}^{n} k_i$ 为其他无辐射跃迁速率常数的总和。显然凡是能使 k_F 升高而使其他 k_i 值降低的因素都可使荧光增强；反之，荧光就减弱。k_F 的大小主要取决于荧光物质的分子结构；其他 k_i 值则主要取决于化学环境，也受化学结构的影响。

荧光量子产率测定方法分为绝对法和相对法。绝对法通常使用带积分球的荧光分光光度计，而相对法不需要复杂昂贵的仪器，是运用最广泛的荧光量子产率测量方法。其原理为选择一个与待测物质吸收波长和发射波长接近，且已知荧光量子产率的物质作为参比标准，在相同激发条件下，分别测定待测荧光试样和已知荧光量子产率的参比荧光标准物质两种稀溶液的积分荧光强度（校正荧光光谱所包括的面积）以及对一相同激发波长的入射光（紫外-可见光）的吸光度，将这些值分别代入式(3-4)进行计算，就可获得待测荧光试样的荧光量子产率。

$$\phi_x = \phi_s \frac{A_s}{A_x} \frac{F_x}{F_s} \frac{n_x^2}{n_s^2} \qquad (3\text{-}4)$$

式中，A_x 和 A_s 分别为样品和参照物在各自的激发波长处的吸收值；F_x 和 F_s 分别为对应的积分荧光强度；n_x 和 n_s 分别为对应溶剂体系的折射率。

荧光寿命是指当激发停止后，分子的荧光强度降到激发时最大强度 $1/e$ 所需的时间，表示粒子在激发态存在的平均时间，通常用 τ 表示，也定义为衰减总速率的倒数。

$$\tau = \frac{1}{k_F + \sum_{i=1}^{n} k_i} \qquad (3\text{-}5)$$

荧光寿命与物质所处微环境的极性、黏度等有关，可以通过荧光寿命分析直接了解所研究体系发生的变化。荧光现象多发生在纳秒级，这正好是分子运动所发生的时间尺度，因此利用荧光技术可以"看"到许多复杂的分子间作用过程，例如超分子体系中分子间的簇集、固液界面上吸附态高分子的构象重排、蛋白质高级结构的变化等。

荧光寿命的现代测定技术有时间相关单光子计数法（TCSPC）、频闪技术（脉冲取样技术）、相调制法（频域法）、条纹相机法、上转换法。人们也曾测过荧光物质在溶液中的荧光偏振、溶液黏度以及估算荧光物质的分子体积，根据 PERRIN 方程来计算荧光寿命。虽然这种方法所用仪器比较简单，但测定过程繁琐，而且不管荧光衰减机制，都只给出平均寿命，因此实际应用意义有限。TCSPC 方法因具有灵敏度高、测定结果准确、系统误差小等突出优点，成为目前最流行的荧光寿命测定技术。

五、双光子吸收截面测定

利用飞秒（fs）荧光测量技术分别测定已知浓度的待测荧光物质和参照物质的荧光量子产率和折射率，并测定多个激发波长下的荧光数据，再利用下式进行计算。

$$\delta_s = \delta_r \frac{\phi_r}{\phi_s} \frac{C_r}{C_s} \frac{n_r}{n_s} \frac{S_s}{S_r} \qquad (3\text{-}6)$$

式中，δ 表示双光子活性截面值，ϕ 表示荧光量子产率，n 表示折射率，C 表示浓度，S 表示双光子荧光发射强度。下标 s 和 r 分别表示样品和参照物质。

六、分子荧光光度计的构造

利用荧光进行物质定性、定量分析的仪器主要是荧光分光光度计，其由四个基本部分构成，即激发光源、样品池、用于选择激发波长和荧光波长的单色器、检测器。荧光分光光度计既可以用于定量分析，也可用于测绘激发光谱和荧光光谱。图 3-2 为荧光分光光度计的工作原理及仪器结构框图。

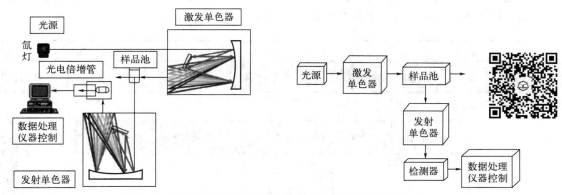

图 3-2　荧光分光光度计的工作原理及仪器结构框图

（1）激发光源

选择激发光源时主要考虑其稳定性和发光强度，光源的稳定性直接影响测定的精密度和重复性，而发光强度直接影响测定的灵敏度和检出限。作为一种理想的激发光源应具备足够的发光强度且与波长无关（即光源的输出是连续平滑等强度的辐射）、在所需光谱范围内有连续的光谱和稳定的光强。目前大部分荧光分光光度计采用高压氙灯作为光源。

（2）样品池

荧光样品池的材料与紫外-可见分光光度计的吸收池一样，通常采用由弱荧光的石英材质制成的方形或长方形池体，但不同之处在于紫外-可见分光光度计的吸收池两面透光，荧光分光光度计的样品池四面透光。

（3）单色器

荧光分光光度计具有两个单色器（光栅），第一个单色器置于光源和样品池之间，用于选择所需的激发波长，使之照射于被测试样上。第二个单色器置于样品池与检测器之间，用于分离出所需检测的荧光发射波长。

（4）检测器

荧光的强度通常较弱，需要较高灵敏度的检测器，一般采用光电倍增管，检测位置与激发光线呈直角。

第二节　荧光探针

荧光探针发展迅速，该技术将荧光光谱充分利用到生物成像和快速检测中。对于生物成像，近红外和双光子成像最具有应用潜力。

一、近红外光谱区域

人们能够用肉眼看到的光在电磁波谱中被称为可见光,其波长范围为 400～780 nm。近红外光 (near-infrared, NIR) 是介于可见光和中红外光 (mid-infrared, MIR) 之间的电磁波,按美国材料与试验协会 (ASTM) 定义 (图 3-3),其波长范围在 780～2526 nm。人们习惯把近红外区划分为近红外短波 (780～1100 nm) 和近红外长波 (1100～2526 nm) 两个区域。近红外荧光分析技术所需要的波长范围在 650～1000 nm 之间。

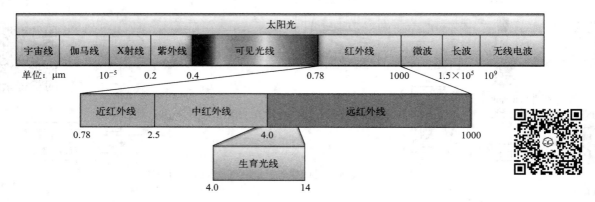

图 3-3　近红外区在光谱中的位置

二、近红外荧光分析技术

在生物分析中,经常引入强荧光标记试剂或荧光生成试剂对被分析物进行标记或衍生,生成具有强荧光的物质,使荧光分析的检出限极大地降低。目前用于标记或衍生的荧光试剂主要有邻苯二甲醛 (OPA) 类、荧光素类、丹磺酰氯 (DNS-Cl) 类、罗丹明类等化合物,如表 3-1 所示,它们本身或其衍生产物具有很高的荧光量子产率及发光强度,但是它们的最大吸收波长和荧光发射波长大部分都小于 600 nm。而许多生物体及其组织在此区域也会有吸收或荧光,再加上光散射的影响,对成像产生严重的背景干扰,极大限制了荧光分析法的应用。

表 3-1　常见荧光标记试剂

荧光试剂	$\lambda_{ex}, \lambda_{em}/nm$	检测物
邻苯二甲醛 (OPA)	340,455	氨基酸、一级胺、肽等
荧光素异硫氰酸酯 (FITC)	488,512	氨基酸、肽、蛋白质等
丹磺酰氯 (DNS-Cl)	350,530	氨基化合物、肽等
9-芴甲基氯甲酸酯 (FMOC-Cl)	265,310	氨基化合物、肽等
4-氯-7-硝基-2,1,3-苯并氧杂噁二唑 (NBD-Cl)	480,510	一级胺、二级胺
6-氨基喹啉-N-羟基琥珀酰亚胺甲酸酯 (AQC)	250,395	氨基酸、生物胺、肽等
5-马来酰亚胺-2-(间马来酰亚胺基苯基)苯并噁唑 (DMPB)	302,372	含巯基氨基酸
3,4-二氨基罗丹明 (DAR)	560,575	信号分子 NO

低于 400 nm 波长的紫外线对人体组织具有非常大的伤害,不适用于生物成像。生物体系中血红蛋白和组织色素等的吸收和发射波长几乎完全分布在紫外-可见区,而且水和脂类

在中红外区（大于 900 nm）也有非常强的吸收，只有 700～900 nm 的近红外区是个空白区。2003 年，Frangioni 对裸鼠体内采用不同激发光谱、发射光谱照射得到荧光成像图，当使用 460～500 nm 的蓝光激发，505～560 nm 的绿光过滤器接收时，内脏（小肠、膀胱和胆囊）和皮肤具有非常明显的自发荧光。当使用 525～550 nm 的绿光激发，590～650 nm 的红光过滤器接收时，胆囊和膀胱的自发荧光明显减弱，但是小肠的自发荧光仍然存在。当采用近红外滤光片组（λ_{ex}：725～775 nm；λ_{em}：790～830 nm），这些组织的自发荧光彻底消失，所以激发波长和发射波长都在可见光区时，生物体自发荧光会干扰荧光成像。

最简单的荧光探针分子成像方式是平板式反射成像，可以对生物体浅表的荧光标记物进行拍摄成像。成像系统中硬件部分一般由激发光源、高灵敏度制冷电荷耦合器件（CCD）、电动转台、滤光片、聚焦透镜及计算机组成（图 3-4）。激发光源采用连续波固体激光器，其所发出的激光束通过聚焦透镜汇聚于活体或组织的表面，激发活体或组织内近红外荧光探针产生荧光，此时荧光信号穿透活体或组织后由低温制冷高灵敏度的 CCD 捕获。相机由计算机控制，通过软件完成各种参数设置和图像采集。

图 3-4　近红外成像系统的装置示意图

（1）常见近红外荧光染料

常见的近红外荧光染料主要有如下几种：花菁类、呫吨类、噻嗪类和噁嗪类、氟化硼二吡咯（BODIPY）类、含四吡咯（tetrapyrrole-based）基团类和近红外量子点等。

① 花菁类（cyanine）　在 1873 年，人们首次发现在溴化银乳剂中加入花菁类染料后，在染料吸收的光谱区域中产生了新的感光性，从此花菁类染料在感光材料工业、非线性光学材料、红外激光染料、生物染色标记、生物医学成像以及荧光探针等中获得广泛应用。花菁类染料的最大吸收波长范围在 600～850 nm 之间，摩尔吸光系数大，有相对高的荧光量子产率，具有大的组织穿透能力。花菁类染料一般由两个氮原子杂环核为中心和多个甲基亚基（—CH＝，定义为甲川）组成，此结构又被称为"推-拉"烯烃结构，其杂环是多种多样的，如吲哚、喹啉、噻唑及相应苯并系列，其代表结构如图 3-5 所示。

花菁类染料的一般结构如图 3-5 中 **1** 所示，X、Y 可以表示碳原子、氮原子、硫原子、氧原子或者其他杂原子。n 可以为 0，1，2，3，……此时化合物分别称为一甲川（单菁染料）、三甲川（一碳菁染料）、五甲川（二碳菁染料）和七甲川菁染料（三碳菁染料）……根据共轭链两端母体结构是否一致，花菁又可分为对称和不对称花菁。花菁在溶液中容易发生

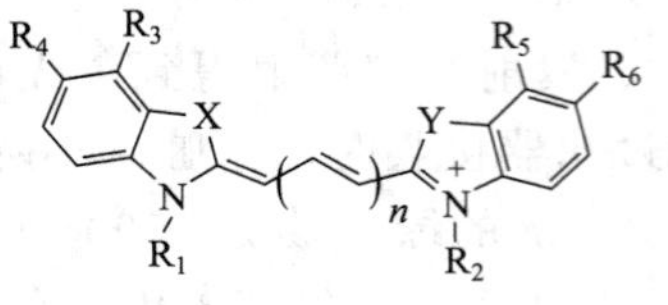

X=C,N,O,S,等
Y=C,N,O,S,等
R₁=alkyl,aryl,等
R₂=alkyl,aryl,等
R_3=H,CH₃,COOH,SO₃H,等
R_4=H,CH₃,COOH,SO₃H,等
R_5=H,CH₃,COOH,SO₃H,等
R_6=H,CH₃,COOH,SO₃H,等
n=1,2,3,……

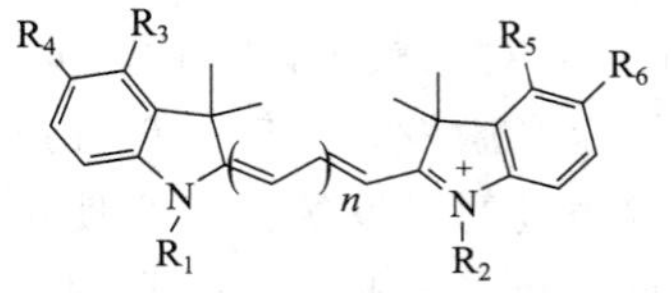

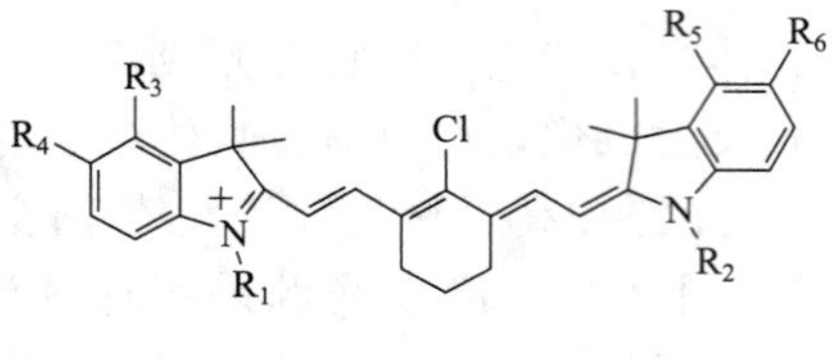

图 3-5 花菁类染料

自聚，大大地限制了其应用。当 X、Y 位引入两个甲基的时候，可以有效地阻止自聚的发生，骨架 **2** 为其代表结构。但是随着甲川数目的增加，其稳定性也越来越差，因此人们在甲川链上引入桥环，形成具有结构 **3** 骨架的花菁，其稳定性可以通过 R_1、R_2 基团调节，其已成为科学研究的首选结构。

其他类型的染料结构表示于图 3-6，分述如下。

② 呫吨类荧光染料　呫吨类荧光染料在早期主要是指由氧蒽结构为母体的染料，后来也包括了芳香性杂环衍生物，如氮杂氧蒽（吡啶并氧萘）、吡唑并氧萘等多种结构的染料。罗丹明和荧光素两类经典的荧光染料都属于呫吨类染料。苯并荧光素处于近红外光谱区。一些新型的具有罗丹明结构的近红外荧光染料如罗丹明 800（**4**）和 Texas Red（**5**），在生物荧光分析上得到了应用。美国的探针分子公司合成了一系列的 Alex Fluor 的呫吨类荧光探针分子，这些分子在可见光区和近红外光区都有吸收。由于这类 Alex Fluor 荧光探针分子中含有磺酸基，水溶性比较好，适合用于生物样品的标记和分析。

③ 噻嗪类和噁嗪类染料　噻嗪类和噁嗪类染料均含有氨基基团，可以用来进行荧光标记，常用的这类染料主要有 Azure B（**6**）、Nile blue（**7**）、噁嗪 750（**8**）等。噻嗪类和噁嗪类近红外荧光探针合成比较容易，但是它们的荧光量子产率较低。

④ 氟化硼二吡咯类　该类荧光染料（**9**，**10**，**11**）是一类新兴的荧光染料分子，分子小、强吸收光，并发出相对锐利的荧光峰，具有较高的荧光量子产率，其主体分子对溶剂的极性和 pH 不敏感，在其分子上稍作修饰就可改变它的荧光性能。当与苯并以后，形成大共轭体系的 BODIPY（**11**），其最大的发射波长甚至超过 700 nm。

⑤ 含四吡咯基团类　卟啉、酞菁等近红外荧光染料是由四个吡咯单元通过四个碳或氮原子连接起来，形成一个大共轭化合物，在 600～900 nm 波长范围内有强烈的吸收。卟啉探针分子（**12**）主要用于生物大分子如蛋白质和 DNA 的研究，通过荧光、磷光等光谱技术测定其性能和结构的改变。酞菁（**13**）对氧、光和热有较好的稳定性。但它在合成中溶解度小、体积大，会影响生物分子其他性能。

⑥ 近红外量子点　近红外量子点具有优异的光学性质、强组织穿透力及低背景干扰的优势，但用于活体成像存在两大瓶颈：一是发光效率高的镉系量子点的生物相容性问题，二是油相合成的量子点需要复杂的转水相和表面修饰过程。量子点具有宽的激发峰和窄而对称的发射峰。量子点具有非常宽的吸收光谱，因此可以使用同一波长的激发光激发多种不同的

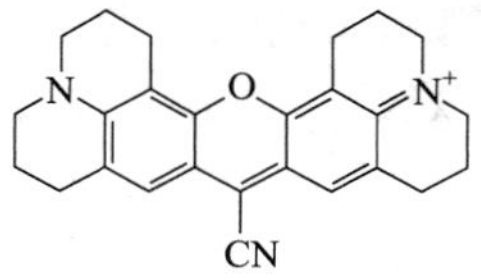

4

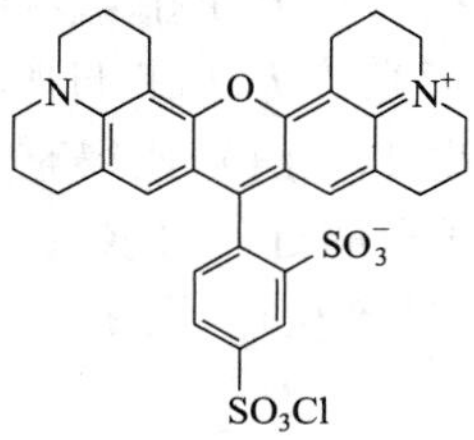

5

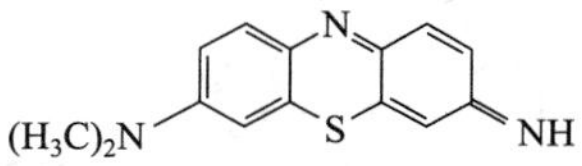

6

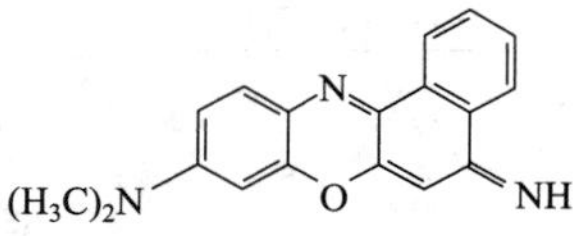

7

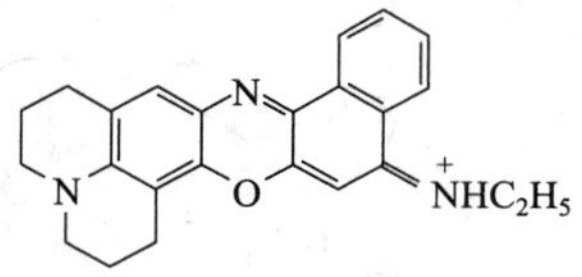

8

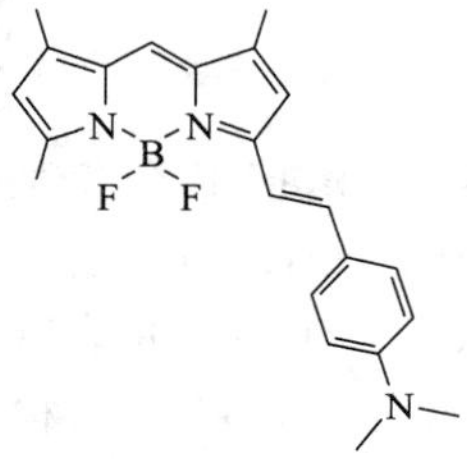

9

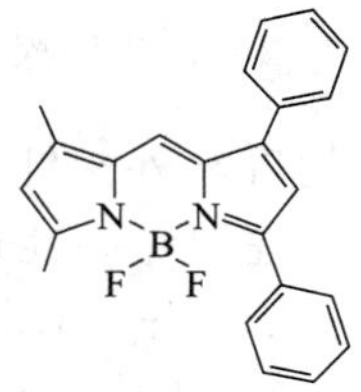

10

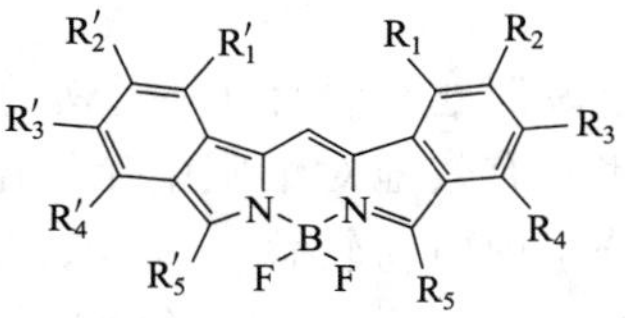

11

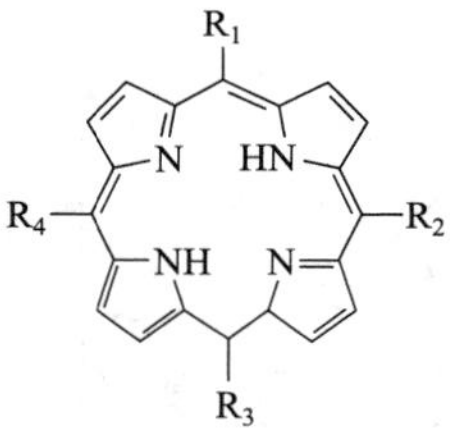

12

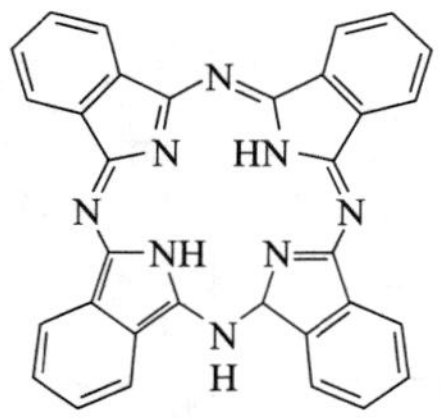

13

图 3-6　常见荧光染料结构

量子点，从而实现多通道检测。量子点的激发峰很宽，斯托克斯位移较大，在传感应用中有效避免了激发光或其他因素的干扰。常见的近红外量子点包括 CuInSe、Ag_2S、CuInS 等，以及各类原料制备的碳量子点以及金属簇。

(2) 近红外荧光探针举例

① 识别活性氧（ROS）和活性氮（RNS）　活性氧类（reactive oxygen species，ROS）、活性氮类（reactive nitrogen species，RNS），是生物有氧代谢过程中的副产品，包括超氧自由基阴离子（$O_2^{\cdot -}$）、臭氧（O_3）、过氧化物（H_2O_2）、含氧自由基（·OH）、过氧亚硝酸盐（$ONOO^-$）、次硝酸（HNO）和一氧化氮（NO）等。在正常生理情况下，活性氧或氮可维持在极低水平下，对生物体有利无害。而在非正常浓度下，一部分活性氧或氮仍履行生理作用，另一部分则会损伤生物体、损伤正常组织细胞的形态和功能。由于它们反应活性很高、寿命短和含量低等，在活体检测中监测 ROS/RNS 是一个非常大的挑战。

Satchi-Fainaro 等开发了一个基于花菁骨架近红外荧光探针 **14**（图 3-7）检测 H_2O_2，探

针包含特异性识别 H_2O_2 的苯硼酸基团。在探针分子中，苯硼酸基团的存在导致整个分子中 π 电子共轭度减少，进而使得花菁骨架荧光猝灭。在 H_2O_2 存在的情况下，探针分子中的苯硼酸发生氧化作用形成酚盐，继而发生 1,6-消除使得整个苯基基团离去，此时花菁骨架的 π 电子共轭又回到了原来状态，发出强烈的近红外荧光信号（$\lambda_{ex} = 590$ nm，$\lambda_{em} = 720$ nm）。这个探针能够有效检测老鼠急性炎症所产生内源性 H_2O_2。

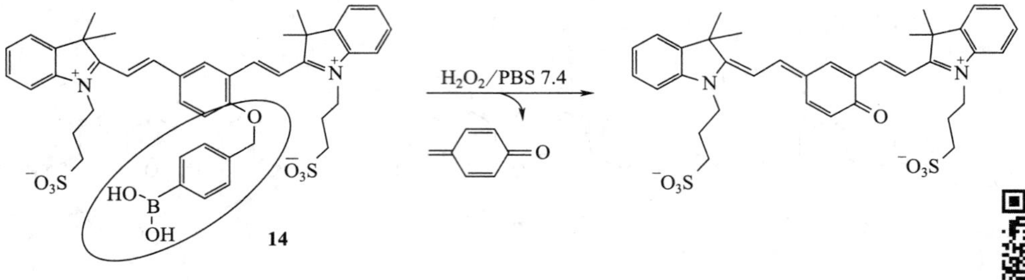

图 3-7　双氧水的识别探针

唐波课题组设计了一个基于花菁结构的近红外探针 **15**（图 3-8），嫁接 L-色氨酸作为识别基团，有效地对细胞中亚细胞成分的 O_3 进行专一性识别。由于探针 **15** 的激发态受到扭曲的分子内电荷转移（twisted intramolecular charge transfer，TICT）作用，其表现出微弱的荧光。探针分子中色氨酸吲哚双键在 O_3 作用下发生氧化形成五元环，吲哚结构进一步开环，此时发出很强的近红外荧光信号（$\lambda_{em} = 770$ nm）。探针 **15** 具有非常低的检测限（LOD＝17 nmol/L）和对 O_3 非常好的专一识别性。

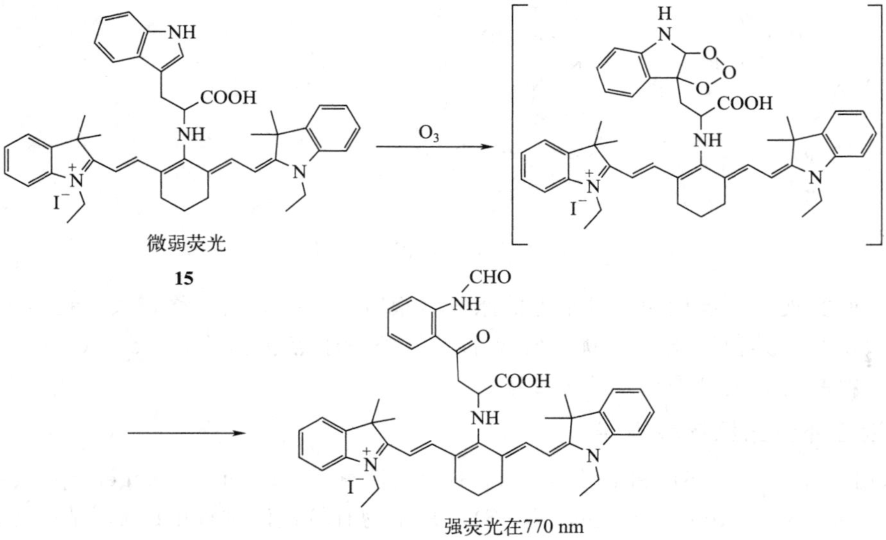

图 3-8　臭氧的识别探针

基于 $ONOO^-$ 与有机硒试剂独特的反应性，可以设计测定 $ONOO^-$ 的荧光探针。韩克利课题组设计了有机硒识别 $ONOO^-$ 近红外荧光探针 **16**，分子结构中的苯硒以二价形式存在，与探针骨架之间有 PET 作用，探针本身无荧光。当 $ONOO^-$ 使探针发生氧化后，硒转为四价，阻碍了与探针骨架之间的 PET 作用，在 775 nm 处有很明显的荧光增强。

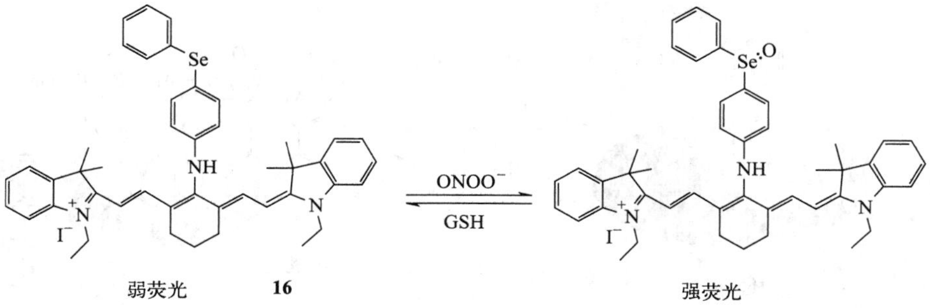

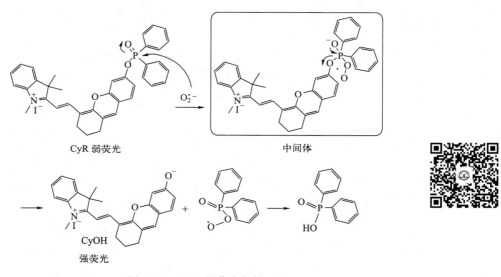

图 3-9 ONOO⁻ 的荧光探针

超氧自由基阴离子（$O_2^{\cdot-}$）在细胞中是大部分 ROSs 和 RNSs 的前体，张海霞课题组合成了特异性识别 $O_2^{\cdot-}$ 的探针（图 3-10）。

图 3-10 $O_2^{\cdot-}$ 的荧光探针

② 识别硫醇类　细胞内含巯基化合物有半胱氨酸（Cys）、谷胱甘肽（GSH）和同型半胱氨酸（Hcy），它们在蛋白质、细胞和生物有机体维持氧化还原平衡过程中扮演着非常重要的角色。当这些物质超出正常水平会导致生长缓慢、肝损伤、皮肤病变等，从而危害人类健康。

杨小峰课题组设计了基于 3-苯基苯并吡喃类近红外比率荧光探针 **17**（图 3-11），利用 Cys 或者 Hcy 中氨基对 3-苯基苯并吡喃独特的串联关环机制，阻断了整个大 π 共轭体系，导致荧光发光蓝移现象（紫外最大吸收波长从 669 nm 转为 423 nm，荧光最大发射波长从 694 nm 到 474 nm）。探针 **17** 对 Cys 和 Hcy 具有选择性识别，对具有相同结构的 GSH 无响应，具有低检测限（Cys 为 0.16 μmol/L；Hcy 为 0.18 μmol/L）。

张海霞课题组也合成了特异识别 Cys 的探针（图 3-12），由于反应动力学的速率差异，探针对 Cys 和 Hcy 响应很快，对 GSH 的响应很慢。

2014 年，朱为宏课题组设计合成了二氰甲烯基苯并吡喃框架的近红外荧光探针 **18**（图 3-13）。其嫁接的 2,4-二硝基苯磺酰基作为识别 GSH 的基团，在 GSH 亲核作用下断开

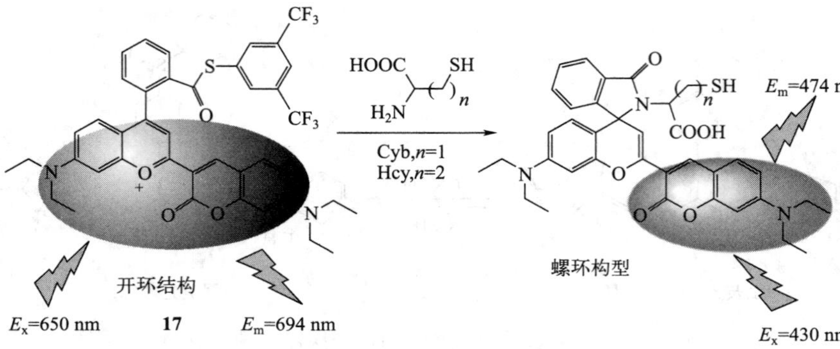

图 3-11　识别 Cys 的荧光探针

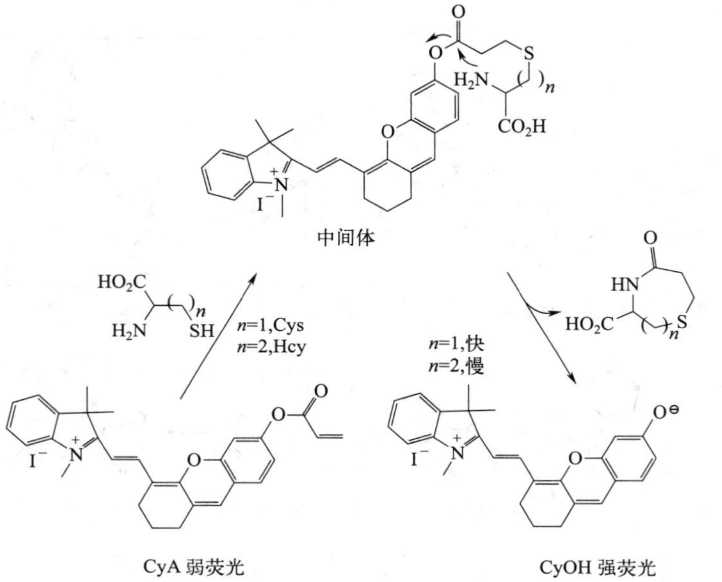

图 3-12　张海霞课题组合成的识别 Cys 的荧光探针

O—S 键释放出荧光基团并伴随着分子内电荷转移（ICT），在近红外区域 690 nm 处有增强的荧光信号。此探针的最大斯托克斯（Stokes）位移将近 130 nm，有助于减少背景荧光的干扰。探针 **18** 识别 GSH，溶液体系由黄色转为粉色，可以通过"肉眼"识别。

　　硫化氢（H_2S）是近年来人们发现的一种新的气体信号分子，是继一氧化碳（CO）和一氧化氮（NO）后气体信号分子家族的新成员，更被认为是近 20 年最受关注的生物分子。但是这个分子可以自由扩散进入细胞，当达到有毒水平可抑制细胞呼吸和扩散。因此检测细胞水平 H_2S 能够更好地了解它的属性和功能。

　　2015 年，彭孝军课题组设计合成了一类新型的近红外比率荧光探针 **19**（图 3-14），它的骨架是"花色基元"即苯并吡喃衍生物，对硫化氢（H_2S）具有选择性识别。H_2S 具有强吸电子性能，其失去一个质子后（HS^-），在苯并吡喃上容易进行亲核迈克尔加成并促进了反应速率，导致了整个共轭体系的破坏，使得在近红外区的信号逐渐减弱，7-二乙胺基香豆素的荧光信号峰出现，并快速增强。这个探针具有灵敏度高（68.2 nmol/L）、响应快速

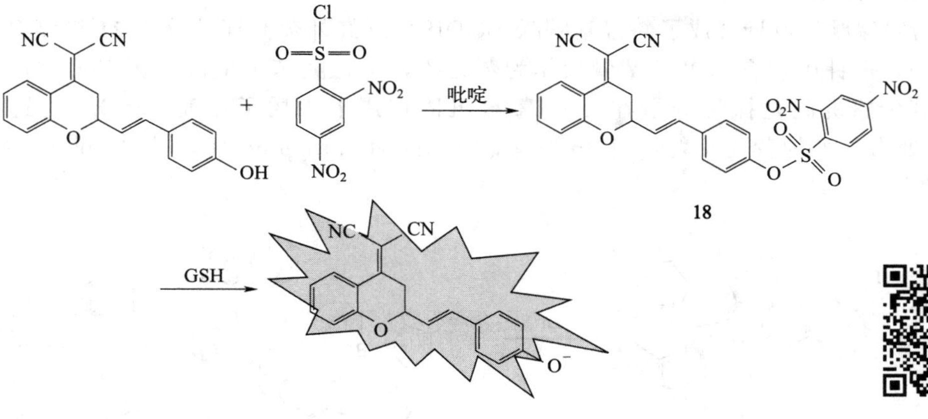

图 3-13　识别 GSH 的荧光探针

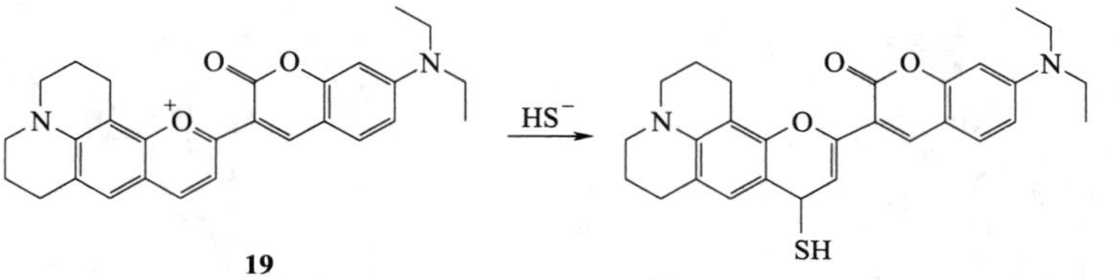

图 3-14　识别 H$_2$S 的荧光探针

（15 s）、Stokes 位移大（220 nm）和荧光信号比高（168 倍）的特点。

③ 识别 pH 变化　酸性环境容易导致炎症和肿瘤的发生，肿瘤微环境中可视化 pH 变化的成像要求推动了近红外 pH 荧光探针的发展。

Nagano 课题组设计了给电子体质子化或去质子化使 PET 抑制或增强的近红外 pH 探针 **20**（图 3-15），其由花菁作为荧光团和由甲基哌嗪作为给电子体。当乙二胺基团或者哌嗪基团与花菁结合得到比率型近红外 pH 荧光探针时，其具有各种 pK_a 值。氨基取代基吸电子能力可以调节探针的激发波长、最大吸收波长，使得探针成为比率型近红外 pH 可逆荧光探针。这种调节取代基吸电子能力来改变探针 pK_a 值的比率型近红外 pH 荧光探针已经广泛用于体内和体外成像。

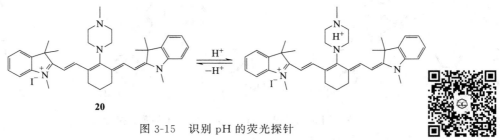

图 3-15　识别 pH 的荧光探针

④ 识别金属离子类　锌离子（Zn^{2+}）是人体内含量第二的过渡金属离子，在许多酶和基因转录的催化过程中扮演着非常重要的角色。在生物体系中，大部分 Zn^{2+} 与蛋白质结构以配合物的形式存在，也有游离 Zn^{2+} 分布在人体各个组织。如果破坏了 Zn^{2+} 在体内的平衡浓度，则会导致阿尔茨海默病、帕金森病、肌萎缩侧索硬化、癫痫和缺血性中风等，游离

Zn²⁺也参与细胞凋亡。

朱为宏课题组设计合成了 6-羟基吲哚-BODIPY 近红外荧光探针分子 **21** 检测 Zn²⁺浓度（图 3-16）。探针中包含 BODIPY 骨架作为荧光团，水杨醛苯甲酰腙作为 Zn²⁺的三齿螯合片段。其传感机制是探针分子在 Zn²⁺螯合巩固作用下去质子化而使荧光增强。探针在680 nm 处有强烈的荧光发射，对 Zn²⁺最低检测限为 0.97 μmol/L，其对 Zn²⁺具有非常好的选择性。

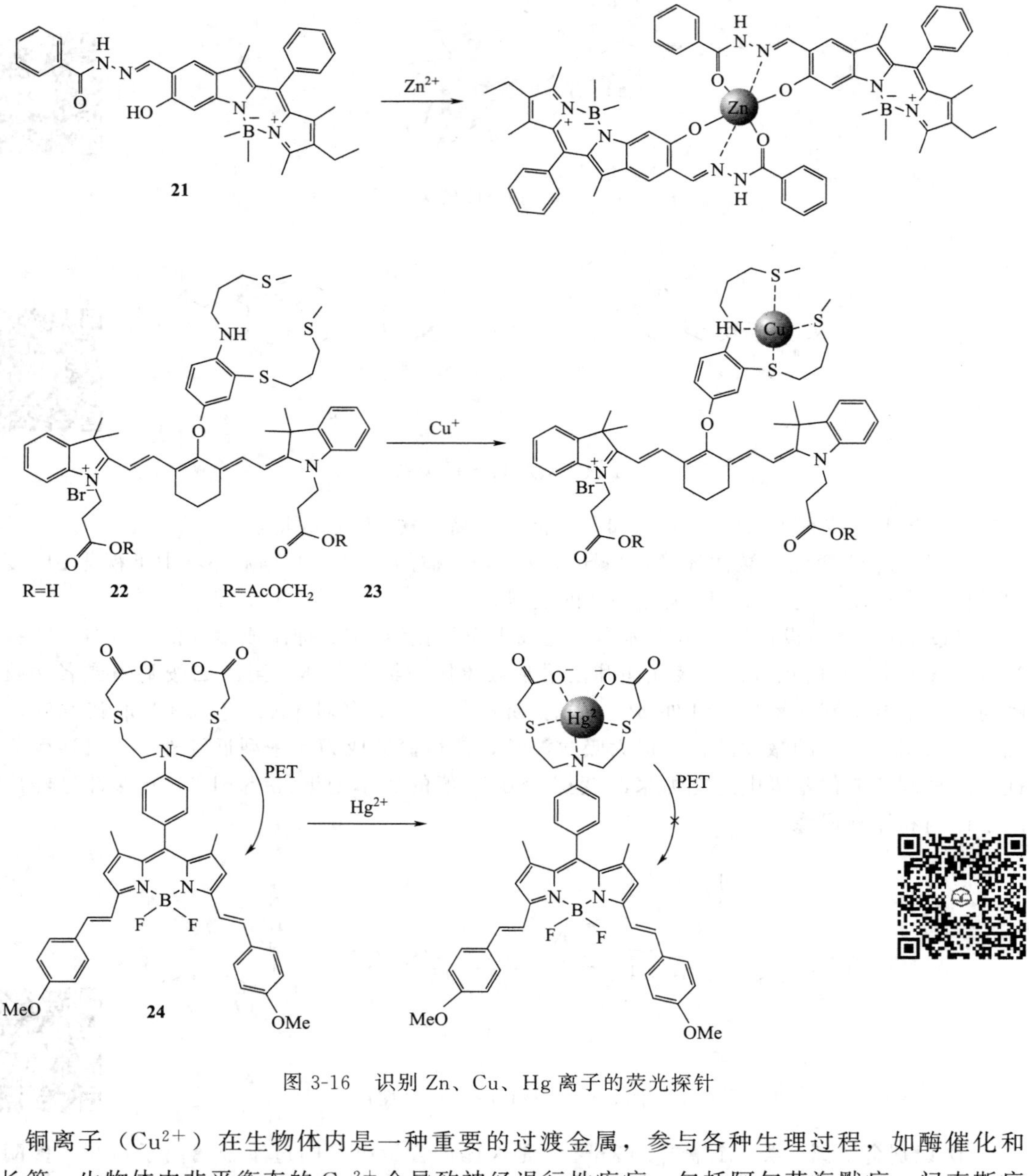

图 3-16　识别 Zn、Cu、Hg 离子的荧光探针

铜离子（Cu²⁺）在生物体内是一种重要的过渡金属，参与各种生理过程，如酶催化和生长等。生物体内非平衡态的 Cu²⁺会导致神经退行性疾病，包括阿尔茨海默病、门克斯病（Cu²⁺缺乏）、威尔逊氏病（Cu²⁺过载）和肌萎缩（脊髓）侧索硬化。Chang 小组研制了检测活体内易变的 Cu⁺近红外荧光探针 **22**。探针识别 Cu⁺后没有发生波长的变化，而是在

790 nm 波长处荧光强度增强为原来的 15 倍，其发光机制为 PET 过程。探针以 1∶1 结合 Cu^+，且解离常数 K_d 为 3.0×10^{-11} mol/L。为了让探针能够用于生物体系中识别 Cu^+，作者将探针稍作修饰合成了新的探针（**23**）。该探针中含有乙酰羟甲基酯，增强了细胞渗透性，一旦进入细胞，在酶的作用下乙酰羟甲基酯离去，成为结构 **22**，而探针 **22** 中的羧基又巩固了探针与细胞的结合。

汞离子（Hg^{2+}）是地球上的有毒金属离子之一，Hg^{2+} 很容易通过生物膜，并在生物体内累积并转化为有机汞，常以甲基汞的形式存在，可以破坏中枢神经系统。郭炜小组报道了识别 Hg^{2+} 的近红外荧光探针 **24**，设计了一个从基态 S_0 间接激发到激发态 S_2 的探针。从吸收光谱上可以看出，在 370 nm 处出现强的 S_0 到 S_2 的过渡态信号，同时在 640 nm 处也观察到了 S_0 到 S_1 的过渡态信号。一般来说，吸收的光子数取决于波长，波长增加，则吸收的光子数减少。当用 370 nm 波长光激发时，直接使探针 **24** 从 S_0 激发到 S_2。如用 640 nm 波长光激发，只能使探针 **24** 从 S_0 激发到 S_1，导致弱荧光信号。当加入 Hg^{2+} 后，探针 **24** 在 655 nm 处荧光信号明显增强（增强 30 倍）并伴随轻微的红移。

三、双光子技术

1931 年 Maria Göeppert-Mayer 提出分子可以同时吸收两个光子被激发至激发态，建立了双光子成像的理论基础。1990 年 Denk 成功地发明了双光子激光扫描显微镜。双光子激光扫描显微镜利用两个同时发射的近红外区段低能量的光子作为激发光源，由于双光子材料要同时吸收两个光子以达到激发态，所以只有光通量最高的区域才能够被成功地激发，这一特性使得双光子显微镜拥有了局域性成像的性质，有效地降低了背景荧光的干扰。图 3-17 解释了双光子机制。

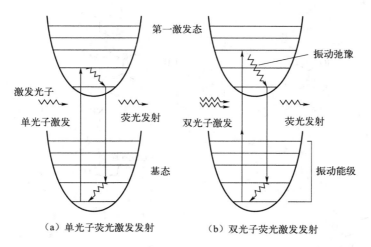

（a）单光子荧光激发发射　　（b）双光子荧光激发发射

图 3-17　双光子机制

（1）双光子吸收分子

具有双光子吸收性能的物质是双光子荧光成像的关键所在，双光子吸收物质有金纳米材料、石墨烯材料、有序纳米硅材料、有机量子点、有机小分子和聚合物。常用的双光子小分子骨架包括：苯并咪唑、香豆素、部花菁、芴、罗丹明、喹啉、吡唑硼、苯并吡喃酮、芘、萘酰亚胺、萘、苯乙烯吡嗪、派洛宁等（图 3-18）。

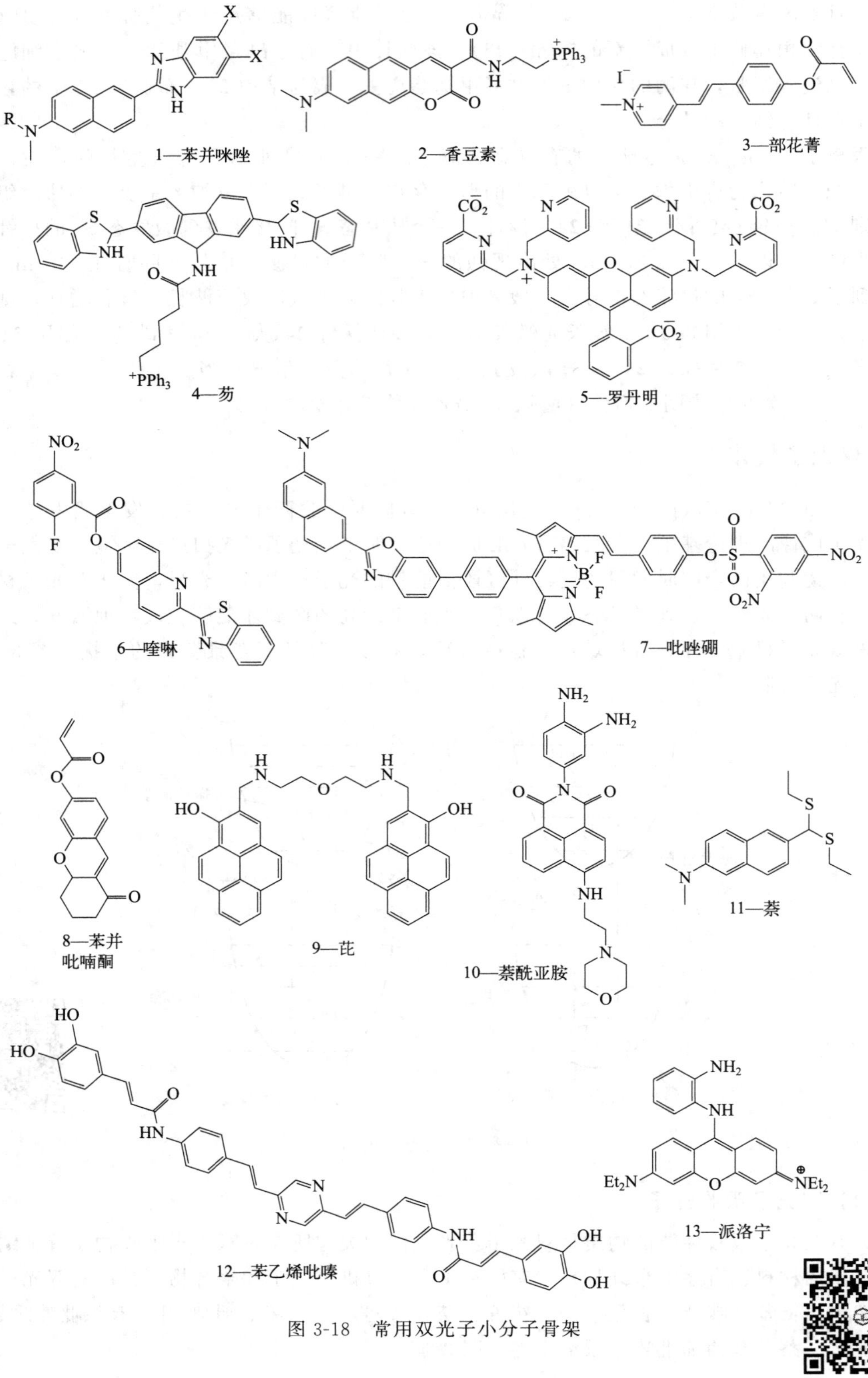

1—苯并咪唑   2—香豆素   3—部花菁

4—芴   5—罗丹明

6—喹啉   7—吡唑硼

8—苯并吡喃酮   9—芘   10—萘酰亚胺   11—萘

12—苯乙烯吡嗪   13—派洛宁

图 3-18　常用双光子小分子骨架

（2）双光子探针设计机制

常用的荧光探针构建机制主要包括光致电子转移（photoinduced electron transfer，PET）、分子内电荷转移（intramolecular charge transfer，ICT）、荧光共振能量转移（fluorescence resonance energy transfer，FRET）、跨键能量转移（through-bond energy transfer，TBET）、聚集诱导荧光发射（aggregation-induced emission，AIE）、激发态质子转移（excited-state intramolecular proton transfer，ESIPT）、碳氮双键异构化（C=N isomerization），共价聚集（covalent-assembly）等。这些机制同样适用于双光子荧光探针的设计。

① 光致电子转移（PET）　光致电子转移体系通常由荧光团（fluorescence）和识别基团（receptor）两部分通过非共轭连接的方式组成。基于前线轨道理论，当分子中识别基团可以提供一个空轨道，而该轨道的能级介于荧光团的最高占据分子轨道（HOMO）和最低未占据分子轨道（LUMO）能级之间，即可实现该过程，基于该机制设计的探针通常具有优异的发射荧光性质，图 3-19 是该机制示意图。

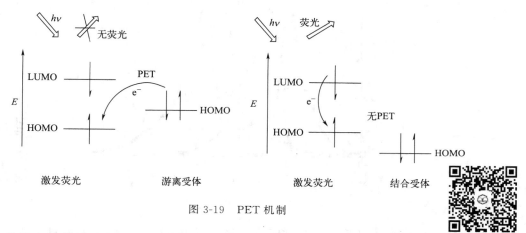

图 3-19　PET 机制

② 分子内电荷转移（ICT）　分子内电荷转移通常发生在同时具有吸电子基团（A，acceptor）和给电子基团（D，donor）的共轭体系中（D-π-A），当外界环境变化导致给电子（吸电子）基团的给电子（吸电子）能力改变时，分子的电荷分布发生变化，其荧光性质也会随之产生相应的变化（图 3-20）。

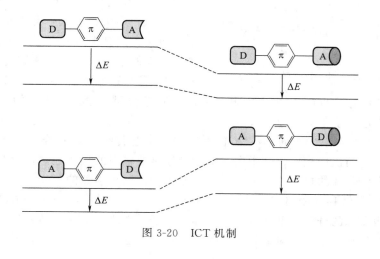

图 3-20　ICT 机制

③ 荧光共振能量转移（FRET）　1948 年 Theodor Förster 建立了荧光共振能量转移过程的理论基础。荧光共振能量转移是荧光团之间的能量传递过程，这种非辐射的能量传递一般发生在分子间距离小于 100 Å 的两个分子之间，图 3-21 以荧光素（fluorescein）和罗丹明（rhodamine）的体系为例，能量供体（donor）荧光素的发射光谱（Em）与受体（acceptor）罗丹明的吸收光谱（Abs）有一定的光谱重叠（spetral overlap），荧光素被激发（excitation）后，罗丹明吸收由供体分子非辐射弛豫所发出的能量，完成该过程的能量传递，同时完成荧光信号的发射（emission）。

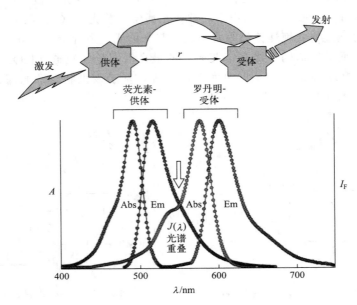

图 3-21　FRET 机制

④ 跨键能量转移（TBET）　跨键能量转移是两个分子间非辐射的能量传递过程，于 1987 年由 Verhoeven 等人首次提出。与传统的 FRET 过程不同，TBET 不要求能量供体和受体之间的光谱重叠，而是通过共轭（congujate）的方式将作为供体（donor）的荧光团和受体（acceptor）连接在一起，并保证供体与受体的空间扭转，使其形成一个能量传递系统，而不是大共轭的平面分子（图 3-22）。

图 3-22　TBET 机制

⑤ 聚集诱导荧光发射（AIE）　聚集诱导荧光发射是 2001 年由唐本忠院士发现的光物理现象。聚集态的 π-π 堆积会引起荧光分子的荧光猝灭，该现象被称为聚集诱导荧光猝灭（aggregation-caused quenching，ACQ）（图 3-23），而具有 AIE 性质的分子与传统的荧光分子不同，在非聚集态下由于分子内苯环的快速旋转，其激发态的能量通过非辐射的形式弛豫，无荧光发射，而当外界环境的改变使苯环的自由旋转被禁阻时，分子会发射出强烈的荧光。

⑥ 激发态质子转移（ESIPT）　激发态质子转移于 1973 年由 Sengupta 和 Kasha 首次提出，是指处于激发态的分子内部邻近质子供体与质子受体之间的质子转移过程，该过程主要发生于羟基上的氢到羧基上的氧或氨基上的氢到亚氨基上的氮之间，通过分子内氢键形成五/

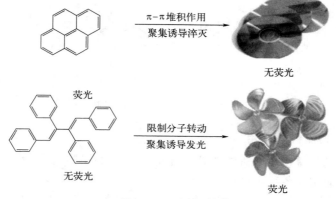

图 3-23　AIE 机制

六元环来实现，激发态质子转移完成后，回到基态的分子再由酮（keto-form）异构化回到醇（enol-form）的结构（图 3-24）。ESIPT 过程的实现，一般要求质子供体和受体之间的距离小于 2 Å，经历了这一过程的分子，通常紫外吸收性质不变，而荧光性质发生巨大变化。质子转移有速度快（1～10 ps）、斯托克斯位移（Stokes shift）大的特点。

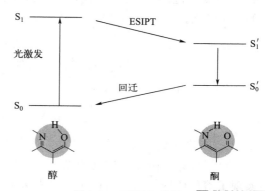

图 3-24　ESIPT 机制

⑦ 碳氮双键异构化（C＝N 异构化）　C＝N 异构化作为一种新型探针设计机制，于 2007 年由汪鹏飞等人首次报道，他们通过对化合物构象受限的光物理过程研究，发现 C＝N 异构化是一个非常重要的激发态弛豫过程，C＝N 快速的异构化，导致含有此官能团的荧光骨架无荧光，而当 C＝N 的异构化被抑制，分子则会恢复原有的荧光发射，见图 3-25。

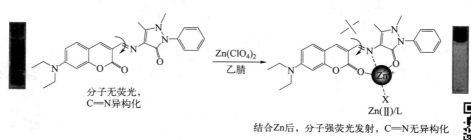

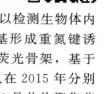

图 3-25　C＝N 异构化机制

⑧ 共价聚集　2010 年 Anslyn 等人首次报道了新型的荧光探针 NO_{550} 用以检测生物体内的一氧化氮（NO），该探针基于共价聚集的机制设计，通过一氧化氮与氨基形成重氮键诱导的荧光信号的改变来完成 NO 的识别。2014 年 Lv X. 等人以氟硼吡咯为荧光骨架，基于这一机制构建了 NO 探针，并将其成功应用于 NO 的细胞成像。杨有军等人在 2015 年分别报道了可以应用于细胞成像的系列荧光染料和检测亚硝酸钠的探针。图 3-26 是共价聚集荧光的示意图。

图 3-26　共价聚集荧光的机制

（3）双光子荧光探针的应用

由于双光子荧光显微镜在生命体系成像研究中的巨大优势，具有各种特殊功能的双光子荧光探针被设计并应用于各种生命物质的检测。

① 双光子 pH 探针　2015 年 Kim 小组基于 ICT 机制，以 2-萘酚的衍生物为荧光骨架合成 pH 响应探针（图 3-27），探针通过酚羟基的去质子化作用实现对 pH 变化的响应，在 pH 6～9 的变化范围内，探针展示了从黄色到红色的发射光谱位移，可以定量地监控线粒体内的 pH 变化。

图 3-27　pH 响应的双光子探针

② 双光子离子探针　2016 年，Ahn 等人报道了基于 PET 机制设计的双光子锌离子探针，该探针以萘酰亚胺作为荧光骨架，N,N-二（2-吡啶甲基）乙二胺为识别基团（配体），实现了溶酶体内锌离子的检测，并成功应用于鼠脑组织中锌离子的双光子成像（图 3-28）。

图 3-28　锌离子响应的双光子探针

钯作为第五周期Ⅷ族铂系元素的成员，是航天、核工业以及汽车制造业不可缺少的关键材料。钯的摄入可以对人体的皮肤和眼睛造成刺激，同时由于钯与生物体内 DNA、蛋白质以及其他的生物大分子间强烈的亲和作用，会造成细胞功能的紊乱。谭蔚泓课题组报道了一种新型的双光子比率型荧光探针用于生物体内的钯离子成像研究，该探针依据 TBET 设计机制，将荧光团萘和罗丹明染料相连接，形成一个 Np－Rh－Pd 的能量传递体系，当钯离子存在时，罗丹明开环与钯离子形成氢键，同时与萘快速地传递能量，完成比率荧光检测过程，探针被成功应用于细胞和组织（90～270 μm）的钯离子成像研究（图 3-29）。

图 3-29　钯离子响应的双光子探针

氟离子与生命体的诸多生理和病理过程息息相关。2012 年 Kim 与 Ahn 等人报道了以萘为荧光骨架的探针，基于氟与硅的亲和作用对氟离子进行特异性的识别。当探针与氟离子作用时，其硅-氧键被切断，脱掉叔丁基二甲基硅基，并合环形成亚胺香豆素的衍生物，实现对氟离子的检测（图 3-30），该探针被成功应用于斑马鱼体内的氟离子的成像。

图 3-30　氟离子响应的双光子探针

张海霞课题组基于该机制使用萘酰亚胺结构也合成了新的 F^- 双光子探针（图 3-31），该探针具有 112 GM 的双光子截面值，组织穿透深度大于 250 μm。

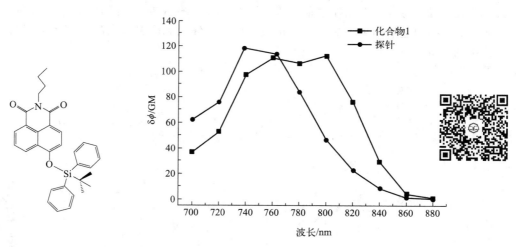

图 3-31　F^- 响应的双光子探针及其双光子截面

③ 双光子巯基小分子、硫化氢探针　2016 年双少敏等人基于 ICT 机制，以部花菁为荧光团，丙烯酸酯为识别基团设计了双光子比率型荧光探针，探针与 Cys 作用后，荧光发射由蓝色红移至绿色，从而实现对 Cys 的特异性识别。该探针已成功应用于细胞和组织线粒体中 Cys 的检测和成像研究（图 3-32）。

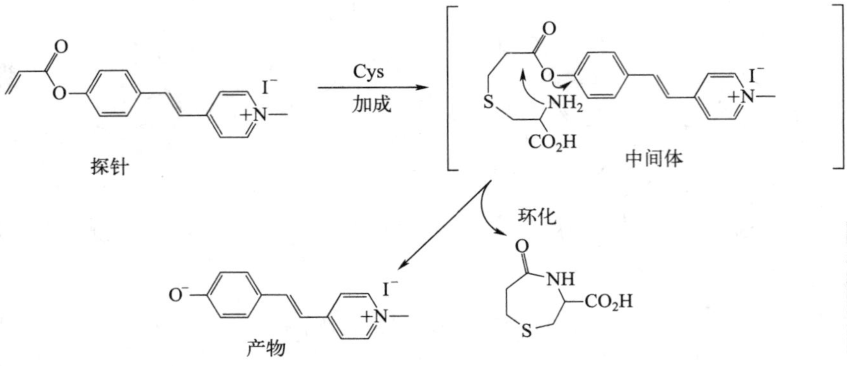

图 3-32　Cys 响应的双光子探针

2015 年 Ahn 等人以萘作为荧光骨架，改进了迈克尔加成机制，设计了对 H_2S 具有高灵敏度和特异性的比率型双光子荧光探针（图 3-33），并将其成功应用于细胞和组织中 H_2S 的成像。

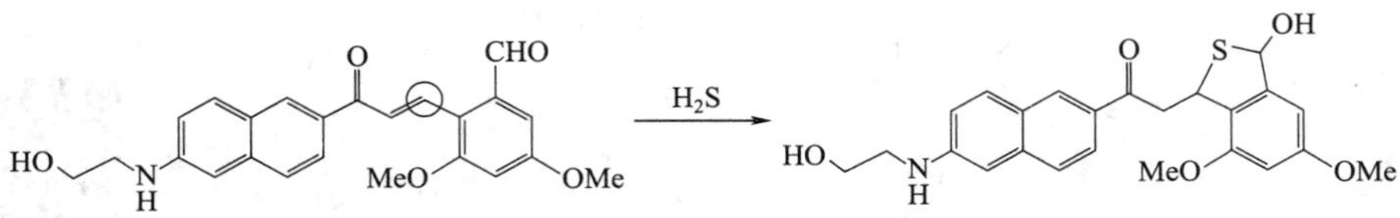

图 3-33　H_2S 响应的双光子探针

④ 双光子活性氧（ROS）探针和活性氮（RNS）探针　2015 年唐波课题组设计了双光子过氧阴离子探针，探针以苯乙烯吡嗪为荧光骨架，在其末端共轭连接两个识别基团二羟基桂皮酸，当探针与过氧阴离子作用后，羟基被氧化为酮羰基，探针的双光子吸收截面明显增大，荧光增强，从而实现对过氧阴离子的检测（图 3-34）。探针可以实现细胞和组织（900 mm）中的过氧阴离子成像，并被成功应用于线虫和小鼠体内的过氧阴离子含量与其寿命关系的研究。

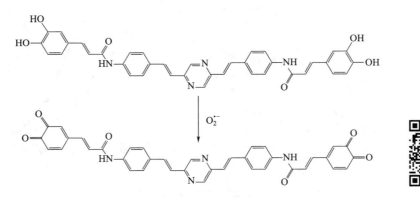

图 3-34　过氧阴离子响应的双光子探针

2016 年 Kim 和 Hong 等人报道了基于 PET 机制设计的双光子过氧亚硝酸根探针（图 3-35），探针以萘为荧光骨架，N-甲基苯酚为识别基团和荧光猝灭基团，当探针与过氧亚硝酸根作用后，苯酚结构被剪切，探针分子的荧光恢复。

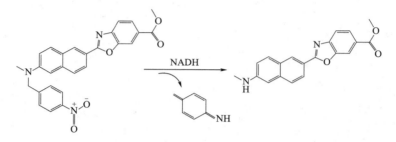

图 3-35　过氧亚硝酸根阴离子响应的双光子探针

⑤ 双光子生物大分子探针　2016 年谭蔚泓课题组基于 PET 机制，以萘为荧光骨架，硝基为响应位点，设计了探针（图 3-36），在还原型烟酰胺腺嘌呤二核苷酸（NADH）存在的情况下，探针的硝基被 NADH 还原成氨基，随后通过 1,6-重排消除释放荧光团，荧光恢复。

图 3-36　NADH 响应的双光子探针

四、聚集诱导荧光发射（AIE）

唐本忠院士提出的聚集诱导荧光在荧光探针的实际应用中发挥着重要作用。常见的 AIE 分子探针设计类型见图 3-37。

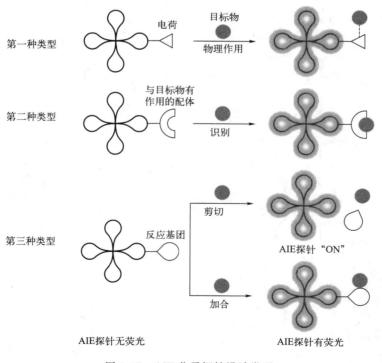

图 3-37　AIE 分子探针设计类型

常见的 AIE 分子探针骨架如图 3-38 所示。

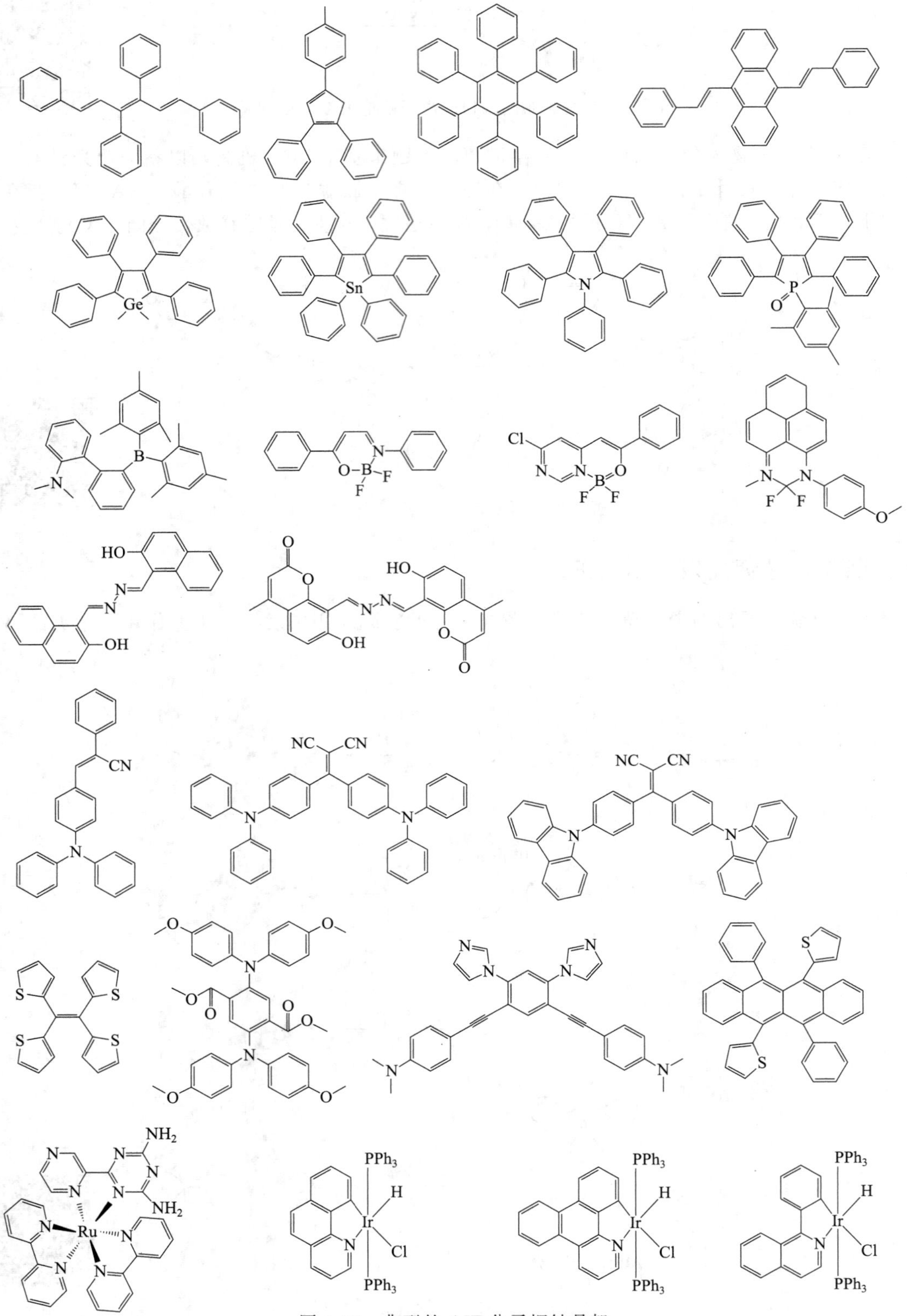

图 3-38 典型的 AIE 分子探针骨架

利用上述骨架可以构建各类 AIE 纳米材料探针和聚合物探针，这里不再赘述，可以查阅相关文献。AIE 分子探针可以用来测定各类活性分子，比如图 3-39 和图 3-40 显示的是碱性磷酸酶 ALP 和溶酶体酶 esterase 的 AIE 探针。

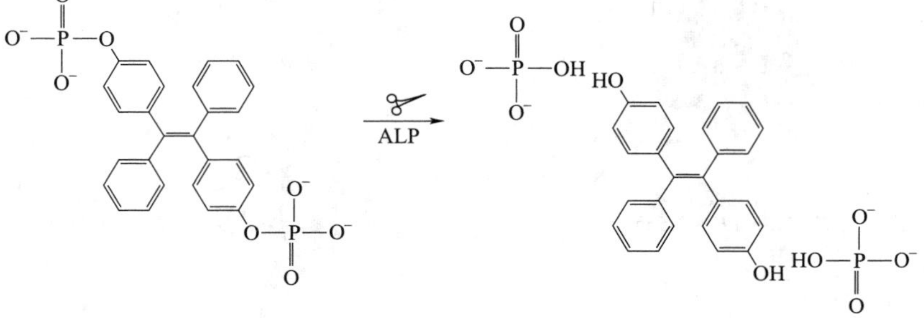

图 3-39 碱性磷酸酶的 AIE 探针

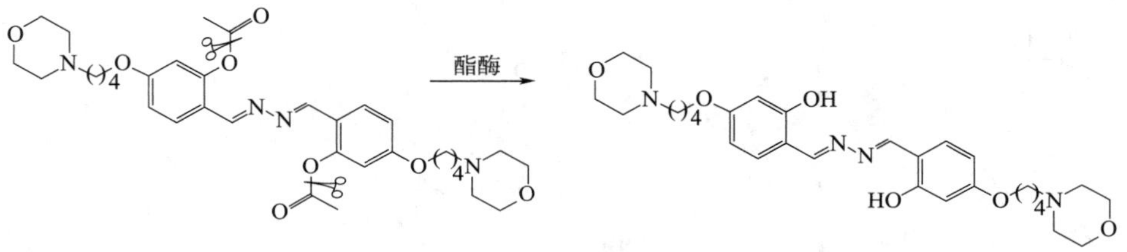

图 3-40 溶酶体酶的 AIE 探针

五、小分子荧光探针发展趋势

为了满足生物成像的要求，人们更倾向于发展近红外区和双光子荧光探针；为了保证原子经济和绿色化学的理念，也越来越多地发展多目标检测探针，即多信息响应探针，比如检测 2 个及以上的物质，或环境黏度、pH 等变化，以发现不同物质与环境在细胞中的相互作用。为了避免检测带来的风险或副作用，也倾向于发展补偿式荧光探针。

纳米荧光探针和聚合物探针设计灵活，有利于实现多组分检测以及检测-治疗一体化，也是荧光探针的发展方向。

张海霞课题组在上述领域均做了一些工作，合成了多目标检测探针测定肼和氰根（图 3-41）、硫化氢与次溴酸（图 3-42），精确定位线粒体测定次氯酸（图 3-43）、识别己糖胺酶与 pH（图 3-44）等，还合成了在检测硫化氢过程中原位酶反应产生硫化氢的补偿式探针（图 3-45，CA 是碳酸酐酶）。国内多个课题组如田禾课题组、彭孝军课题组、唐波课题组、湖南大学、山西大学、中科院北京化学所等的很多老师均在小分子探针有出色工作。唐本忠院士更是开创了聚集诱导荧光的先河，带动了多学科的发展。荧光探针目前正向着多功能、动态检测、组合其他模态等形式发展。

六、碳点探针简介

碳点具有可调控的带隙发光，可进行多种表面功能化修饰，成为发光材料领域的研究焦点。发光碳点可分为石墨烯量子点（GQDs）、纳米点（CNDs）和聚合物点（PDs）。GQDs

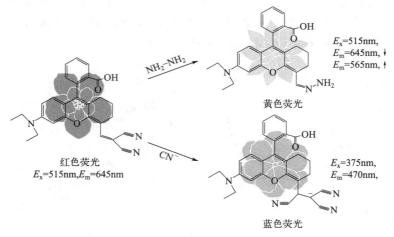

图 3-41　用于识别肼（NH$_2$-NH$_2$）和氰根（CN$^-$）的探针

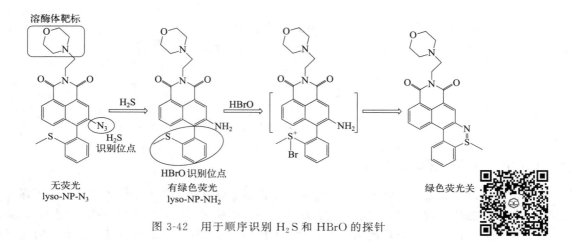

图 3-42　用于顺序识别 H$_2$S 和 HBrO 的探针

图 3-43　用于精确识别线粒体中 HClO 的探针

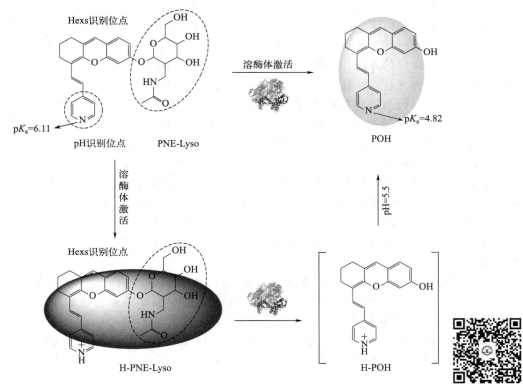

图 3-44　同时识别己糖胺酶与 pH 的荧光探针

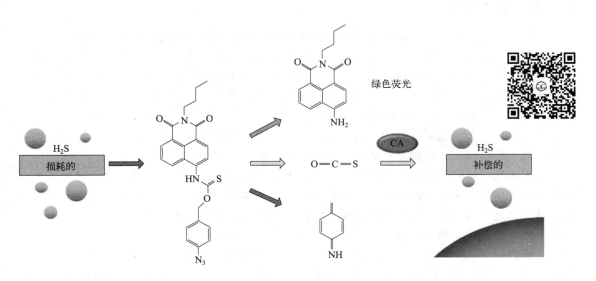

图 3-45　补偿式测定 H₂S 的探针

由一到多层石墨烯组成，通常在边缘修饰有分子基团，具有量子效应。CNDs 多为球形或准球形纳米颗粒，结晶度不同；它们通常表现为激发依赖光致发光。PDs 可以认为是聚集或交联的低聚物/聚合物，并在聚合物网络中包含发射基团。

碳点的合成路线可以分为自上而下和自下而上两种。自上而下方法是通过电弧放电、激光烧蚀、电化学氧化、超声处理等方法分解石墨、碳纳米管、石墨烯、悬浮炭粉末等大片段碳材料制备碳点。在自下而上方法中，有机分子如甘油、柠檬酸、乙二胺、氨基酸和天然物质都可以作为碳源和前驱体，通过水热、溶剂热、热分解和微波实验等方法合成碳点。杂原子掺杂可以调节合成碳点的荧光性质，提供功能选择性。溶剂热法和水热法是合成各种碳点最有效和应用最广泛的方法。上述方法是指在水热釜中，在高的温度和压力下，将前驱体溶液加热数小时的碳化过程，其在合成碳点的尺寸大小方面控制力存在不足。

碳点荧光发射机制仍然存在争议。最被广泛接受的发光机制包括：内部因素主导发射[包括共轭效应、表面态（构型和杂原子）和协同效应]和外部因素主导发射[包括分子态和环境效应（溶剂、温度和压力）以及交联增强发射（聚合物为主）]。基于碳点的荧光传感器的设计主要有三种策略。①通过分析物与碳点的相互作用，导致碳点荧光信号改变，主要是特定金属离子或氧化剂对其荧光的猝灭。②通过碳点的功能化与特定受体结合构建荧光纳米传感器。例如，由于硼酸顺式二羟基化合物具有很强的特异性，利用硼酸基团在碳点表面进行功能化开发传感器。③应用碳点与荧光团、底物和猝灭剂集成。目标样品与猝灭剂结合，加入某些物质后导致猝灭断裂，使猝灭后的碳点络合物恢复荧光，可用于阴离子等多种分析物的传感过程。

碳点有明显的猝灭现象、无特异性检测或发光、检测机制不明确、无法避免干扰，常将其作为参考荧光，与其他荧光信号结合进行比率测定目标分子以提高准确度。吴冰燕等以 N-甲基脲和 2,5-二氨基苯磺酸为原料合成碳点，检测多巴胺；以 DL-酒石酸和中性红为原料制备碳点，检测重金属 Pd^{2+}，进一步利用 Pd^{2+} 与奎宁的配位能力，检测奎宁；以 L-色氨酸（L-Trp）和 N-甲基邻苯二胺盐酸盐（OTD）为原料合成碳点，可以手性识别部分氨基酸。

七、核酸荧光探针

近年来，人们越来越关注于开发分析性能好的生物传感器，实现生物样品中低含量生物标志物的高灵敏检测。荧光分析法具有操作简单、灵敏度高等优点，是生物传感器技术中不可或缺的工具。核酸荧光探针是通过共价键将荧光基团或同时将荧光基团和猝灭基团连接在寡核苷酸（DNA 或 RNA）上，已被广泛应用于生物传感器技术中。核酸荧光探针不仅能够与其互补的单链 DNA 或 RNA 杂交，而且是信号放大的有力工具，可明显增强检测信号。目前用于标记的荧光基团主要包括有机荧光染料、无机纳米颗粒、生物荧光分子等，这些荧光标记具有稳定性好、易激发、荧光量子产率高、耐光漂白等优点。

绝大多数的核酸荧光探针都是基于荧光共振能量转移（FRET）进行设计，荧光供体分子的发射光谱与荧光受体的吸收光谱存在重叠，当供体和受体之间的空间距离合适时，供体的能量将通过偶极相互作用传递给受体，使得荧光供体的荧光猝灭或增强。

下面简要介绍几种不同核酸荧光探针的设计及工作原理。

分子信标（molecular beacon，MB）探针是一段单链寡核苷酸杂交探针，可以形成发夹状的茎-环结构[图 3-46（a）]。MB 的发夹环包括大约 15～25 个核苷酸，可以与靶 DNA 或者 RNA 互补，MB 的茎由 5～7 个核苷酸组成，彼此互补形成双链。一个荧光基团（EDANS）标记在茎的一端，另一个猝灭基团（DABCYL）标记在另外一端。如图 3-46（b）所示，由于 MB 探针的荧光基团和猝灭基团相互靠近，荧光信号猝灭。但是，当 MB 探针与其靶 DNA 或者 RNA 互补配对时，发夹结构被打开，荧光基团和猝灭基团距离增大，荧光信号恢复。

Taq Man 探针是线性单链 DNA 探针，在 DNA 链的两端分别标记荧光基团和猝灭基团，

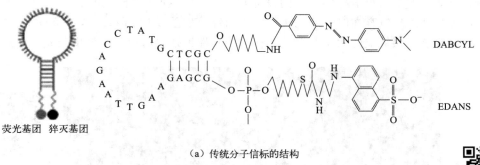

DABCYL

EDANS

（a）传统分子信标的结构

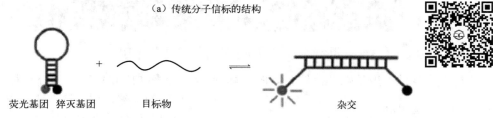

荧光基团 猝灭基团　　　目标物　　　　　　　杂交

（b）分子信标工作原理

图 3-46　传统分子信标的结构及分子信标工作原理

由于荧光基团和猝灭基团距离接近，导致荧光猝灭。如图 3-47 所示，在 PCR 扩增中，Taq Man 探针与模板结合，当引物延伸时，由于 DNA 聚合酶具有 $5'$-$3'$的外切酶活性，可以切断 Taq Man 探针，导致荧光基团与猝灭基团分离，发出荧光。

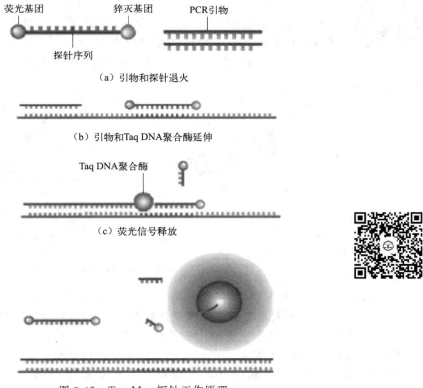

荧光基团　　　　猝灭基团　　　PCR引物

探针序列

（a）引物和探针退火

（b）引物和Taq DNA聚合酶延伸

Taq DNA聚合酶

（c）荧光信号释放

图 3-47　Taq Man 探针工作原理

在等温核酸扩增中，单链核酸探针的设计与 Taq Man 探针类似，但需要在单链上设计酶切位点，当探针以单链存在时，酶无法作用于探针。如图 3-48 所示，当目标 DNA 与信号探针杂交形成双链，探针上的酶切位点就会被酶特异性识别并剪切，释放出荧光信号。

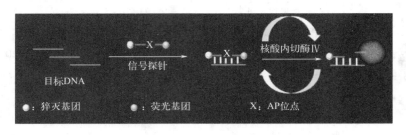

图 3-48　基于等温扩增的单链核酸探针工作原理

链取代探针一般是双链探针，如图 3-49 所示，荧光基团和猝灭基团分别标记在两条核酸链的末端，核酸链彼此杂交，形成稳定的双链探针，荧光基团和猝灭基团彼此接近，导致荧光信号猝灭。当存在目标核酸链时，由于竞争关系，标记猝灭基团的核酸链被释放出来，导致荧光基团和猝灭基团分离，荧光信号恢复。

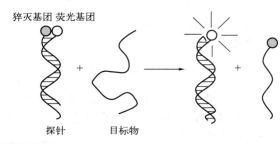

图 3-49　链取代探针检测原理

金纳米粒子（AuNPs）由于具有非常高的摩尔吸光系数和宽的能量带宽，在分析传感器中，常被用作荧光猝灭剂。如图 3-50 所示，荧光基团标记的发夹状核酸探针可以通过金-硫键（Au—S）接到纳米金颗粒表面，由于供体和受体距离靠近，荧光被 AuNPs 猝灭。在与目标 miRNA 结合后，发夹状核酸探针与目标 miRNA 杂交形成双链，荧光团与 AuNPs 距离增大，使得荧光恢复。

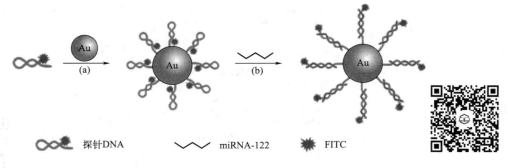

图 3-50　基于 AuNPs 的核酸探针工作原理

单壁碳纳米管（SWNT）和氧化石墨烯（GO）已发展成为 DNA 生物传感器中具有吸引力的纳米材料，它们对单链核酸具有很强的吸附能力，是一种高效的荧光猝灭材料。如图 3-51 所示，SWNT 或 GO 与荧光标记的单链核酸通过 π-π 作用，使得单链核酸探针缠绕或吸附在 SWNT 或 GO 上形成稳定的复合物，从而使单链核酸上标记的荧光被猝灭。当存在目标物时，荧光标记的核酸探针与目标物杂交形成双链，SWNT 或 GO 无法吸附双链 DNA，从而使得核酸探针的荧光信号恢复。

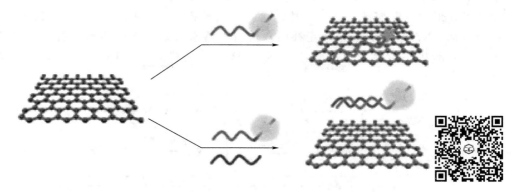

图 3-51　基于氧化石墨烯猝灭平台的核酸探针工作原理

半导体量子点（QD）具有良好的耐光性、宽的吸收光谱和窄的发射峰、更高的荧光量子产率、更长的荧光寿命和更高的光稳定性，已被应用于生物传感器技术中。基于 QD 发展的 DNA 纳米生物传感器包括两个靶特异性的寡核苷酸探针，分别是荧光标记的报告探针和生物素标记的捕获探针，且 QD 表面修饰链霉亲和素。如图 3-52 所示，生物素标记的捕获探针与荧光标记的报告探针同时与含有目标分析物适配体的靶标 DNA 杂交，形成捕获探针-靶 DNA-报告探针三明治杂交体，通过链霉亲和素-生物素相互作用将 QD 与三明治杂交体结合在一起，由于 QD 与荧光基团通过杂交作用相互靠近，QD 充当供体，荧光基团充当受体，在量子点激发光照射下，QD 与荧光基团之间发生 FRET，使得荧光团发射荧光。当存在目标分析物时，目标分析物与靶 DNA 特异性结合，从而释放出荧光标记的报告探针，导致荧光团的荧光猝灭。

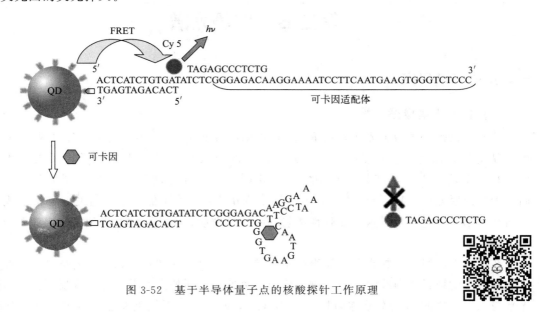

图 3-52　基于半导体量子点的核酸探针工作原理

一些带有荧光的碱基类似物在结构上类似于天然碱基，如 2-氨基嘌呤（2-AP）就是腺嘌呤碱基（A）类似物，但 2-AP 在 365 nm 处的荧光发射强度却是腺嘌呤的 1000 倍。2-AP 可代替天然的碱基插入到核酸序列的任何一个位置，与胸腺嘧啶（T）或者尿嘧啶（U）碱基配对而不会干扰 DNA 和 RNA 的二级结构。如图 3-53 所示，当 2-AP 掺入进寡核苷酸序列时，形成核酸探针，由于碱基之间有效的堆积作用，2-AP 的荧光被猝灭。当核酸探针与目标 DNA 杂交形成完全互补的双链时，酶水解双链上的核酸探针，2-AP 被释放出来，以游离状态存在，其荧光强度显著增强。同样地，吡咯-dC（P-dC）也有类似的性质。

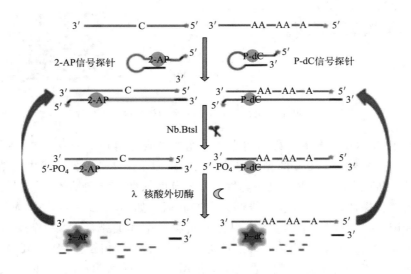

图 3-53 基于碱基类似物的核酸探针工作原理

第三节 拉曼光谱

一、拉曼光谱研究

（1）拉曼光谱概述

拉曼光谱是一种散射光谱，由 Raman 和 Krishnan 于 1928 年在实验中首次观测并记录。当样品受到高强度单色光照射时，一方面，大部分散射光子与样品分子之间没有能量交换，只改变传播方向，其频率与激发光子相同，这样的弹性散射称为瑞利散射；另一方面，少数散射光子（$10^{-10} \sim 10^{-6}$）可以与样品分子之间产生能量交换，此时，散射光子的方向和频率会发生变化，这种非弹性散射称为拉曼散射，由这种散射得到的光谱就是拉曼光谱（图 3-54）。

在非弹性散射中，如果分子获得能量，散射光子就会向波长更长的方向移动，从而产生拉曼光谱中的斯托克斯线，反之，则为反斯托克斯线。斯托克斯散射光（或反斯托克斯散射光）与入射光之间的频率差称为拉曼位移（$\Delta\nu$，cm^{-1}）。斯托克斯散射的强度通常比反斯托克斯散射强得多，因此，如果没有特殊说明，拉曼散射是指斯托克斯散射。

在拉曼光谱中，光谱带对应于拉曼位移，代表目标分析物化学键和官能团的振动特性，可提供特定分子的指纹信息，实现物质结构和成分的定性分析；由于目标分析物的特征拉曼信号峰强度与其浓度具有相关关系，拉曼光谱也可用于定量或半定量分析。

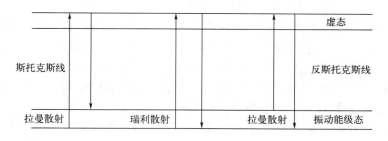

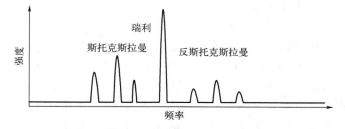

图 3-54　瑞利散射和拉曼光谱能级图

（2）拉曼光谱的应用

① 在材料鉴别方面的应用　拉曼光谱在材料科学中是研究物质结构的有力工具，可对材料组成、界面、晶界等进行分析和鉴别，具体如下。

薄膜结构材料拉曼研究：拉曼光谱已成为化学气相沉积法制备薄膜的检测和鉴定手段，可以研究非晶硅结构以及硼化非晶硅、氢化非晶硅、金刚石、类金刚石等层状薄膜的结构。

超晶格材料研究：通过测量超晶格中的应变层的拉曼频移计算出应变层的应力，根据拉曼峰的对称性确定晶格的完整性。

半导体材料研究：拉曼光谱可测出经离子注入后的半导体损伤分布，可测出半磁半导体的组分、外延层的质量、外延层混晶的组分载流子浓度。

耐高温材料的相结构拉曼研究。

碳材料的拉曼研究。例如，研究碳纳米管探测所得的 G 带、D 带信息，对于研究其结构、晶型及生长缺陷有着重要的作用。

纳米材料的量子尺寸效应研究。

② 在生物研究中的应用　由于水的拉曼光谱很弱，且谱图简单，因而拉曼光谱可用于研究生物大分子，特别是拉曼光谱可以在接近自然状态、活性状态分析生物大分子的结构及其变化，获取生物大分子的许多宝贵的结构与组成等信息，具体有以下几方面。

分析蛋白质二级结构，包括螺旋、折叠、无规卷曲、回转等信息。

分析蛋白质主链构象，如酰胺、C—C、C—N 伸缩振动等信息。

研究蛋白质侧链构象，如苯丙氨酸、酪氨酸、色氨酸的侧链及其构象与存在形式，还能分析出其微环境的变化。

研究对构象变化敏感的羧基、巯基、S—S、C—S 等基团的构象变化。

研究生物膜的脂肪酸碳氢链旋转异构现象。

研究 DNA 分子结构、DNA 与其他分子间的作用。

研究脂类和生物膜的相互作用、结构、组分等。

对生物膜中蛋白质与脂质相互作用提供重要信息。

③ 在中草药成分分析中的应用　中草药因所含的化学成分不同，在所测的拉曼光谱出现相应的差异，从而可以利用拉曼光谱进行中草药成分分析。具体研究应用如下。

中草药化学成分分析：高效薄层色谱（TLC）能对中草药进行有效分离，但无法获得各组分化合物的结构信息，因此 TLC 的分离技术和表面增强拉曼散射（SERS）的指纹性鉴定相结合，已成为一种 TLC 原位分析中草药成分的新方法。

中草药的无损鉴别：鉴于拉曼光谱分析的无损鉴别特性，可对中草药样品进行无损鉴别，这对名贵中草药的研究特别重要。

中草药的稳定性研究：利用拉曼光谱动态跟踪中草药的变质过程，可为中草药的稳定性预测和监控药材的质量提供直接、快速和灵敏的依据。

④ 在食品分析方面的应用　食品的主要成分为蛋白质、脂质、碳水化合物、水和微量元素等。以拉曼光谱为基础建立起来的分子结构表征技术，其信号来源于分子的振动和转动，以提供不同食品成分的信息，是测定固体和液体样品结构信息的有效方法之一。通过拉曼谱图不仅可以定性分析被测物质所含成分的化学结构和化学键的变化，还可以定量检测食品中某些成分的含量。

蛋白质成分的检测：包括蛋白质二、三级结构的定性与定量分析，物理化学因素对蛋白质结构影响的研究，以及蛋白质结构特性与功能特性的关系研究。

脂质成分的检测：通过 $C=C$ 伸缩键对 $C-H$ 键引起的拉曼强度比来证明甘油三酯和游离植物油的碘值呈正相关，通过拉曼光谱监测脂质单分子的结构变化，亚油酸在自氧化过程中，拉曼光谱的谱形和峰强都有变化，可以反映分子内部的结构变化。

碳水化合物的检测：碳水化合物的拉曼光谱较明确，能提供准确的结构信息，尤其 $C=N$、$C=S$、$C-C$、$S-H$ 等基团的拉曼光谱有明显的特征峰。拉曼光谱也是分析糖结构的重要手段，促进了糖化学的深入发展。

微量元素的检测：包括维生素、色素和核酸等的检测。例如，利用拉曼光谱技术可提供完整的维生素分子结构信息，并对其结构做进一步的描述和表征；核酸的拉曼光谱可反映其结构及生化功能的关系。

⑤ 在其他方面的应用　举例如下。

法庭科学：违禁药品检查；区分各种颜料、色素、油漆、纤维等；爆炸物的研究；墨迹研究等。

文物的无损检测：文物科学研究中非常重要的一个研究方向，也是文物科学保护研究不可或缺的前期分析工作。拉曼光谱分析低波数方向的测定范围宽；有利于提供重原子的振动信息；对于结构的变化更敏感；特别适用于生物样品的测定；谱峰尖锐、谱图简单；可直接测定固态试样。

拉曼衍生技术：包括表面增强拉曼散射（SERS）、共振拉曼光谱（RRS）、相干反斯托克斯拉曼光谱（CARS）、受激拉曼光谱（SRS）技术等。

（3）拉曼光谱的特点与不足

近年来，随着仪器和激光器的发展，作为一种新型的光谱分析技术，拉曼光谱具有许多优点：①高特异性，拉曼波段具有良好的信噪比（SNR）且不重叠，可用于实际分析中样品的指纹识别；②与水性体系的相容性好，水的拉曼光谱较弱且不明显，可用作检测溶剂；

③无需特殊样品制备，拉曼光谱仪无需与样品接触，只需用激光照射样品并收集散射光子；④时间跨度短，可在几秒钟内完成分析，能够用于实时监控反应进程；⑤测定范围广，可用于无机物、有机物的检测分析；⑥谱峰窄，有利于定性、定量分析。

尽管如此，拉曼光谱也存在一定的局限性，如：①一些分析物产生的荧光会覆盖物质本身的拉曼信号，影响检测；②拉曼散射效应太弱，无法检测痕量物质。

二、表面增强拉曼散射（SERS）研究

（1）SERS 光谱概述

拉曼光谱自 1928 年被 Raman 和 Krishnan 发现以来，一直是一种重要的分析工具。与傅里叶变换红外光谱、紫外-可见光谱和荧光光谱一样，拉曼光谱获得的数据可以作为复合指纹，它能够在不需要标记的情况下提供分子水平上的化学和生物分子信息，因此在分子传感方面展现出巨大的潜力。然而，与荧光光谱相比，拉曼光谱通常具有非常弱的信号，这是由于拉曼散射横截面比荧光信号小 14 个数量级。这一缺点严重限制了拉曼光谱在痕量分析中的应用，也使得拉曼光谱技术在表界面研究中的应用仍然困难重重。1974 年，Hendra 和 McQuilian 的课题组研究了吡啶分子吸附在电化学粗糙化的银表面上的表面拉曼光谱。1977 年 Jeanmaire 和 Van Duyne 发现当一种拉曼散射物质被放置在粗糙的贵金属表面或附近时，拉曼信号的强度是传统拉曼的百万倍。这种现象克服了传统拉曼散射灵敏度差的缺点，被称为 SERS（surface enhanced Raman scattering）效应，是痕量分析的里程碑事件。

（2）SERS 光谱的基础理论

普通拉曼光谱的工作原理是基于分子与电磁场（EMF）相互作用时产生的非弹性碰撞。在此过程中，产生电动势的光子可以从分子中获得或失去能量，导致散射光频率或能量发生变化。散射光相对于入射光的频率差，称为拉曼位移。通常，拉曼位移用波数（cm^{-1}）表示，相应的数据称为拉曼光谱。

当来自入射光子的电磁场与分子相互作用时，光子被散射，并产生与分子的极化率 α 成正比的感应偶极矩 μ_{ind}。入射 EMF 强度（$E_{incident}$）与感应偶极矩 μ_{ind} 之间的关系可以表示为：

$$\mu_{ind} = E_{incident}\alpha \qquad (3-7)$$

散射过程的效率（efficiency）可以通过微分拉曼散射截面来研究，定义为：

$$efficiency = d\sigma_r/d\Omega \qquad (3-8)$$

式中，σ_r 是横截面的部分，$d\Omega$ 是立体角的部分。对于一个给定的分子，其微分拉曼横截面取决于特定的振动模式；对于一个给定的介质，其拉曼横截面取决于入射光的激发波长和介质的折射率。在典型的拉曼散射过程中显示，分子的横截面通常为 $10^{-31} \sim 10^{-29}$ cm^2/sr（sr 为球面度的单位立体弧度），远低于荧光光谱法得到的当量值（10^{-16} cm^2/sr），因此大多数分子的拉曼散射是微弱的。据估计，入射到样品上的每 $10^9 \sim 10^{12}$ 光子，只有 1 个光子发生非弹性散射，因此拉曼光谱的信号强度非常低。然而，在 SERS 光谱中发现，当 EMF 辐射发生在诸如 Ag、Au、Cu 的金属纳米结构表面附近时，会产生拉曼信号增强。以特定波长照射金属纳米结构时，将表面等离子体激元共振产生的高度集中的"热点"作为信号放大元件，极大增强了拉曼信号。在某些 SERS 实验中计算出的微分拉曼横截面值与荧光中的横截面值非常接近，这表明 SERS 光谱检测甚至可在单分子水平上进行。

目前普遍认可的 SERS 增强机制主要有两种：一种是电磁增强（EM）机制，另一种是化

学增强（CM）机制。电磁增强和存在于金属表面的等离子体激元共振激发有关，而化学增强则取决于吸附在金属表面的分析物分子极化率。如式(3-7)所示，表征拉曼散射过程的物理参数是诱导偶极矩，其中两个主要参数是局部电磁场强度和分子极化率。这就可以理解为什么SERS检测中拉曼信号的增强是由电磁（EM）和化学（CM）这两种主要的增强机制作用的结果。

① 电磁增强（EM）机制　电磁增强机制中，当金属表面存在的局部表面等离子体激元共振（即处于相同波长）的光照射金属纳米结构表面时，入射电磁场和散射拉曼场被放大。通过外加电场中的金属纳米球，可以方便理解这种电磁增强背后的物理原理。当电磁场（如激光照射）入射到金属纳米颗粒上，照射产生的振荡电场（振幅 E_0 和角频率 ω_{inc}）激发金属中的电子，导致电荷极化的现象称为偶极局域表面等离子体共振。这种极化产生的诱导偶极矩 μ_{ind} 由金属的极化率 α_{met} 和入射电场的振幅 $E_0(\omega_{inc})$ 决定，可以表示为：

$$\mu_{ind} = \alpha_{met} E_0(\omega_{inc}) \tag{3-9}$$

在典型的拉曼散射过程中，入射光在分子上引起偶极矩，然后被散射并记录为拉曼信号。因此，拉曼散射涉及双重过程，包括激发和入射光的散射。SERS同样也是一个双重过程，主要区别在金属纳米粒子上存在"热点"使SERS中的局域电磁场增强，即金属纳米粒子上入射电场 $E_0(\omega_{inc})$ 的非弹性散射会在金属表面附近产生增强的局部电场 $E_{loc}(\omega_{inc})$。该局部电场与吸附在金属表面的分子相互作用产生的偶极矩可表示为：

$$\mu_{ind} = \alpha_{mol} E_{loc}(\omega_{inc}) \tag{3-10}$$

式中，α_{mol} 是分子的极化率，$E_{loc}(\omega_{inc})$ 是增强的局部电场。在经典拉曼散射理论中，分子振动时的非弹性散射可以用两个参数来解释，即分子入射的局部电场 $E_{loc}(\omega_{inc})$ 和分子的角本征频率 ω_{vib}。这种非弹性散射的结果是出现三个偶极子分量：$\mu_{ind}(\omega_{inc})$，$\mu_{ind}(\omega_{inc}-\omega_{vib})$ 和 $\mu_{ind}(\omega_{inc}+\omega_{vib})$，分别对应三个散射分量：瑞利（Rayleigh）散射、斯托克斯（Stokes）散射和反 Stokes 散射。

Stokes 散射（或反 Stokes 散射）场的增强与存在于金属球表面的等离子体激元共振频率有关。考虑到入射电磁场和 Stokes 散射场的强度，总体 SERS 增强强度可以表示为：

$$I_{SERS} = I_{inc}(\omega_{inc}) I(\omega_s) \tag{3-11}$$

其中 $\omega_s = \omega_{inc} - \omega_{vib}$。

将式(3-11)改用电场 E_{inc} 和电场 E_{loc}，则表示为：

$$I_{SERS} = |E_{inc}(\omega_{inc})|^2 |E(\omega_s)|^2 \tag{3-12}$$

式中，$E_{inc}(\omega_{inc})$ 是频率为 ω_{inc} 的局部电场增强因子，$E(\omega_s)$ 为 Stokes 位移频率 ω_s 处的电场增强因子。如果这两个值接近，则 SERS 强度增强变为：

$$I_{SERS} = |E(\omega_{inc})|^4 \tag{3-13}$$

从这个关系可以看出，在 Stokes 位移频率 ω_s 处 EM 机制的 SERS 增强值等于电场增强值 $E(\omega_{inc})$ 的四次方。

② 化学增强（CM）机制　化学增强机制是 SERS 增强的第二个主要机制，其基本前提是 SERS 活性金属与被分析物分子直接接触。化学增强通常被称为"第一层"效应，其主要现象是形成吸附表面络合物作为分子和金属之间的电子耦合结果。在这种相互作用中，电子从金属的费米能级转移到分子的最低未占据轨道，形成的电荷转移中间体的拉曼横截面高于自由分子。当入射光子的频率 ω_{inc} 与新形成络合物的电荷转移跃迁共振时，Stokes 散射光强包含分子振动态的信息。一般而言，化学增强效应的幅度为 $10^0 \sim 10^2$，远弱于电磁增强。

③ 电荷转移（CT）效应　大量研究表明等离子体激元共振在观察到的拉曼增强中起重

要作用。但是，仅靠公认的等离子体激元理论还不能解释有关分子和底物的所有 SERS 种类。例如，对于具有相似拉曼横截面的分子，那些具有化学吸附在金属表面上能力的分子显示出明显增强。根据 CT 理论，金属的导带轨道介于最高占据分子轨道（HOMO）和最低未占据分子轨道（LUMO）之间。CT 效应可以从金属簇到分子，也可以从分子到金属簇，这取决于金属费米能级的相对能量以及被吸附分子的 HOMO 和 LUMO 能级。

半导体在价带（VB）和导带（CB）之间存在一个能隙，因此半导体纳米材料和分子之间的 CT 依赖于导带和价带之间的电子耦合。简单地说，在半导体-分子体系中，CT 可以通过以下五种途径发生（图 3-55）。

（ⅰ）分子的 HOMO 到 CB。占据分子基态的电子直接被 HOMO 的入射光激发到半导体中导带的能级。随后，被激发的电子立即跃迁回分子的某个基态振动能级并释放出一个拉曼光子［图 3-55（a）］。

（ⅱ）CT 复合物到 CB。分子和半导体之间的化学键减少了电荷转移络合物的形成，从而增强了极化能力，并产生吸附分子的原始拉曼信号［图 3-55（b）］。

（ⅲ）VB 到分子的 LUMO。半导体的价带中的电子被激发到分子中的高能级 LUMO，然后迅速过渡回价带并释放拉曼光子［图 3-55（c）］。

（ⅳ）表面态到分子的 LUMO。电子从半导体的价带被激发到表面缺陷并形成表面态。随后，电子进一步从表面态激发到分子的 LUMO 并转移回表面态而释放拉曼光子［图 3-55（d）］。

（ⅴ）CB 到分子的 HOMO。一些染料分子很容易被可见光激发到更高的 LUMO 能级，通过共振隧穿将电子注入半导体导带中的匹配能级。电子最终转换回分子的最低振动能级，并释放出拉曼光子［图 3-55（e）］。

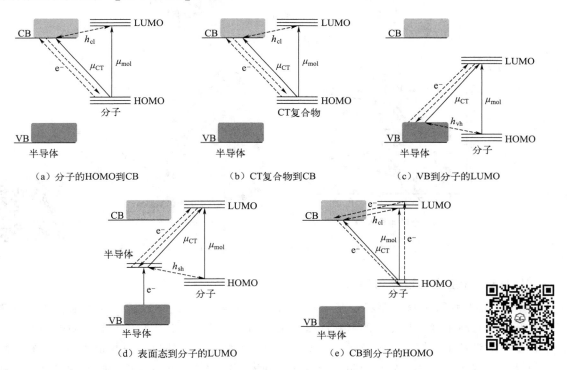

图 3-55　半导体-分子体系中的 CT 途径

分子的拉曼增强十分依赖于金属的性质、探针分子和组装方式，这将影响 CT 的方向和随之而来的附加电磁场效应。在金属-半导体异质结构中总结了以下三种 CT 途径。

（ⅰ）半导体-分子-金属：在三明治 TiO_2-MBA-Ag 胶体结构中，除了固有的 TiO_2 分子电荷转移和来自 Ag 的表面等离子体共振（SPR）效应 EM 外，额外的 CT 和 EM 增强还通过 Ag 的组装实现，有助于此过程中 4-MBA（4-巯基苯甲酸）分子获得更高的 SERS 增强。该体系中，电子受体为具有高电负性的 Ag NP（银纳米颗粒），使从 TiO_2 到由 4-MBA 桥接 Ag 的电荷转移途径形成 [图 3-56(a)]。

（ⅱ）金属-半导体-分子：在 Cu-ZnO-PATP（氨基苯硫酚）膜中观察到激光驱动的光诱导界面 CT 效应。SERS 光谱结合材料形态表征结果表明，多声子共振拉曼散射的强度在紫外线激发下会进一步增强 [图 3-56(b)]。此外，半导体（TiO_2 或 ZnO）与金属（Ag 或 Au）的直接连接会产生从金属到半导体桥接分子（4-MBA 或 PATP）的 CT 途径。

（ⅲ）金属-分子-半导体：在自组装金属-分子-半导体结构中提出从金属到由分子桥接的半导体的 CT 途径。Ag-MPH-TiO_2 组装薄膜体系中，4-MPH 分子的 b_2 模式增强与 Ag NP 和 4-MPH-TiO_2 络合物之间的 CT 相关，并且取决于入射光的能量能否激发从 4-MPH 分子到 TiO_2 的 CT 电子跃迁 [图 3-56(c)]。

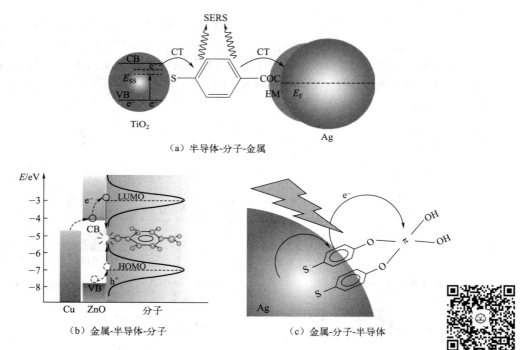

（a）半导体-分子-金属

（b）金属-半导体-分子

（c）金属-分子-半导体

图 3-56　金属-半导体异质结构中的 CT 途径

（3）SERS 基底的设计与制备

SERS 信号增强的首要要求是在金属表面存在高度密集的"热点"，因此很多研究都集中在开发具有高密度"热点"的材料和基底上，用于检测各种分析物的材料有贵金属纳米粒子、复合纳米粒子、核壳纳米粒子、金属氧化物、单元素半导体以及一些杂化纳米材料。材料的尺寸、取向、形状、粒子间距、介电性能和表面特性等因素极大地影响所观察到的增强幅度，目前已有几篇综述详细介绍了不同基底材料在 SERS 传感中的应用。

金（Au）、银（Ag）、铜（Cu）等金属是 SERS 传感器的传统基底材料，金、银具有较高的空气稳定性，而铜如预期的那样更具活性。各种纳米材料在 SERS 传感中的应用正在被开发和研究，例如包括纳米棒和纳米线的一维纳米结构，包括纳米片、纳米棱柱和纳米盘的二维纳米结构，包括纳米星、纳米笼、纳米花和纳米树枝状晶体的 3D 纳米结构。图 3-57 显示了用于 SERS 传感的各种形态金、银基纳米结构的扫描电子图像。

（a）金纳米棱柱　　　　　　（b）银纳米花　　　　　　（c）金纳米棒

（d）银纳米线　　　　　　（e）银纳米星　　　　　　（f）银纳米枝晶

图 3-57　用于 SERS 基底制备的各种金、银基纳米结构的 SEM 图像

　　一般来说，SERS 基底的制备可以采用以下三种方法：（a）悬浮状态下合成 SERS 活性金属纳米颗粒；（b）将金属纳米结构固定在固体基底上；（c）使用薄膜沉积和光刻工艺在合适的基底上直接制造金属纳米结构。

　　同时，典型的 SERS 传感器的构建，必须考虑四个重要方面：（a）基底必须容易制造并具有良好的重现性；（b）分析物分子必须有效吸附在 SERS 基底的表面（在纳米颗粒表面或附近）；（c）必须根据所用材料的激发特性来调节激发激光的波长、强度以及照射时间；（d）为了定量分析被分析物，还必须监测对照样品的 SERS 信号以去除背景噪声/信号。这些特征的任何微小变化都可以显著改变 SERS 信号强度。因此，表面增强拉曼散射基底的制备是 SERS 传感器开发的最大挑战之一。

　　过去二十年里，由于纳米科学、纳米制造、材料和表面科学的融合，科学家们开发出了广泛的 SERS 基底。本质上，SERS 基底的制造需要将贵金属纳米粒子或其复合物以可复制的方式组装在 2D/3D 表面，从而获取优异的 SERS 性能。因此，如何采用简单的制备方法获得灵敏度高、均一性好和稳定性强的拉曼活性基底已经成为研究人员的工作重心。对于基底构造，主要介绍贵金属基底、半导体金属氧化物基底和贵金属/半导体复合基底。

　　① 贵金属基底　在早期的 SERS 探索中，以 Au、Ag 等贵金属的胶体悬浮物作为活性SERS 基底。结果表明，Ag 纳米粒子 SERS 增强强度大于 Au 纳米粒子，但在生理条件下的

稳定性不如 Au 纳米粒子。胶体金属悬浮液非常适合液相 SERS 研究，可以使用简单的化学方法制备，在使用中遇到的主要限制是由颗粒大小和形状分布不均匀而引起的共振能级的扩大。此外，胶体溶液有聚集的趋势，在 SERS 测量中表现出较高的不稳定性。对于固体传感材料，由于包含金属岛基亚稳态纳米结构的扰动，采用金属岛状薄膜作为基底材料的方法被认为是不可靠的。与胶体和金属岛状薄膜相比，贵金属纳米粒子表现出非常大的 SERS 增强，目前已有许多关于金属纳米颗粒在 SERS 传感中应用的报道。金属纳米颗粒的大小和形状对 SERS 增强有很大的影响。在贵金属基底中，Ag 基纳米材料由于其 SERS 增强性能和制备成本综合因素影响，最受研究人员关注。例如，Liu 等通过 $[Ag(NH_3)_2]OH$ 和商业铝箔的简单置换反应合成卷心菜状（111）晶面 Ag 纳米晶，实现了对罂粟碱的高灵敏检测（图 3-58）。通过分子动力学模拟，将高的 SERS 活性归因于（111）晶面的优势生长。最近，He 课题组设计了一种易于制备、成本低廉的三维银微球（Ag MSs），用于定量检测茶叶中的多菌灵。与普通的单分子层 SERS 基底相比，由具有精细纳米结构的自组装 Ag MSs 所形成的三维图案可以提供更多的聚集诱导"热点"，产生较强的三维协同效应。

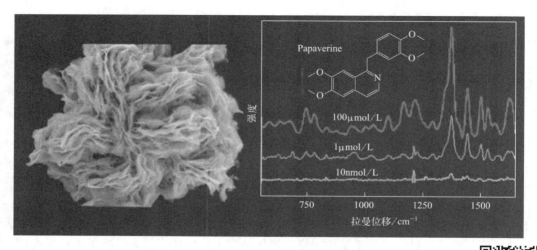

图 3-58　卷心菜形貌的银纳米晶体及罂粟碱 SERS 检测光谱

　　② 半导体金属氧化物基底　纳米结构半导体金属氧化物（NSMOs）具有丰富的表面性质及高的化学和热稳定性，在许多领域都有潜在的应用前景，包括化学传感器、光伏、光电子学和能量存储与转换。NSMOs 在 SERS 应用中也被广泛地用作活性基底材料，因其成本低、稳定性高而具有特别的吸引力。然而，其拉曼信号的增强比贵金属低，因为这种增强来自化学增强，而不是金属的电磁增强机制。尽管如此，NiO、Cu_2O、CuO、ZnO、TiO_2、α-Fe_2O_3 和 Fe_3O_4 等多种 NSMOs 都表现出了明显的非晶态 SERS 活性。NiO 和 TiO_2 已经被证明在吸附吡啶后提供 SERS 增强，其激发曲线与使用单金属（如 Ag、Au、Ni、Pd、Ti 和 Co）时获得的激发曲线不同。通过将 NSMOs 与贵金属纳米粒子结合，可以克服 NSMOs 较低的增强因子。例如，Ag 纳米粒子修饰的 NiO 纳米薄片已被用作 SERS 检测多氯联苯的基底，其检测限低至 5×10^{-6} mol/L。在各种 NSMOs 中，二氧化钛（TiO_2）已广泛用于 SERS。在大多数报告中，裸露的 TiO_2 可以提供非常小的 SERS 增强，但是与 Ag 或 Au 纳米颗粒组合使用时，发现其 SERS 强度大大提高。最近才有专门针对贵金属-TiO_2 纳米复合材料用于 SERS 研究的综述发表。例如，纳米银包覆的 TiO_2 纳米纤维对 4-MPy（4-巯基吡啶）的 SERS 传感表现出非常高的增强因子（图 3-59）。

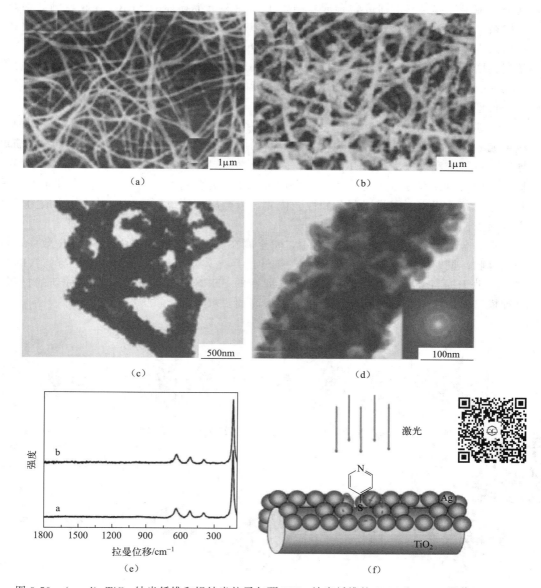

图 3-59 （a～d）TiO_2 纳米纤维和银纳米粒子包覆 TiO_2 纳米纤维的 SEM 和 TEM 图像；
（e）4-MPy（0.1 mol/L）存在下 TiO_2 纳米纤维和银纳米粒子包覆 TiO_2 纳米纤维基底的
SERS 数据测量；（f）激光激发下 Ag 包覆 TiO_2 纳米纤维的 SERS 传感机理示意图

ZnO 高折射率提供的强光约束有助于增强 SERS 信号，在 SERS 基底开发中得到广泛研究。ZnO 纳米结构可制备为纳米球、纳米线、纳米棒等形态。最近，对各种基于 ZnO 纳米材料作为 SERS 基底的应用进行了综述，并着重强调了两种改善增强效果的方法：重元素掺杂和贵金属-ZnO 纳米复合材料。

基于上述背景信息，科学家对半导体材料的表面增强进行了深入研究。通常，无机半导体的 SERS 活性主要被认为是化学增强，即通过 CT 贡献增强了分子的信号。一些研究人员专注于通过半导体材料中的 CT 效应研究 SERS 增强机制。许多研究表明，从载流子分布、密度和运动趋势研究 SERS 机制的策略是有效的，这丰富了基于半导体的 SERS 理论解释。

基于对纯半导体材料的研究，合成并制备了几种掺杂半导体的 SERS 基底，例如掺杂 TiO_2 和掺杂 ZnO。通过改变掺杂种类和离子含量以改变半导体纳米粒子的表面缺陷浓度和带隙，掺杂的半导体容易获得令人满意的 SERS 活性。研究了过渡金属离子掺杂半导体作为 SERS 基底的增强机制，同时，在离子掺杂半导体材料中使用 CT 状态来解释 SERS 机制。此外，氧气的引入和提取过程会导致 SERS 增强，可能是由增强的 CT 共振和对半导体基底中氧植入的合理控制引起的激子共振所致。

③ 贵金属/半导体复合基底　相比于单一纳米材料性能的局限性，由两种或两种以上材料组成的复合材料性能大大提升，具有更高的应用价值和更为广泛的应用领域。用简单的半导体材料很难实现极大的 SERS 增强。因此，贵金属和半导体复合材料的开发对于 SERS 的理论和应用研究都是有益的。新型复合材料 SERS 活性基底的设计和开发有助于 SERS 理论和应用的深入研究。因易于制备和性能优异，贵金属与传统半导体材料的复合成为 SERS 研究的热点。

在贵金属/半导体复合纳米材料中，贵金属在可见光区表现出强烈的 SPR 效应，可以扩大光吸收。同时，贵金属的费米能级一般低于半导体，可以促进光生电子与空穴的分离效率，有助于提高金属间 CT 效应。为了发展新的 SERS 基底，需要开发一种新的材料模型，这种模型对应用材料的设计和制备提出了很高的要求（图 3-60）。

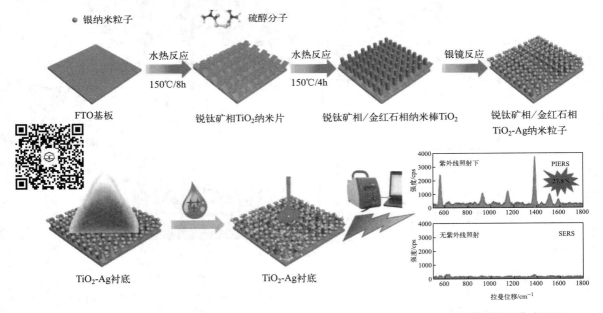

图 3-60　用于光诱导增强拉曼光谱检测的锐钛矿纳米片/金红石纳米棒 TiO_2 异质结构的合成过程

近年来，为了拓展 SERS 的适用领域，研究人员利用金属/半导体复合材料作为 SERS 基底，观察探针分子吸附在半导体表面上的 SERS 信号。设计了一系列用于研究 CM 的系统，包括 Ag/ZnO、Ag/TiO_2、Au/ZnO/PATP/Ag 和 TiO_2-MBA-Au 等 CT 复合物。在 Au/ZnO/PATP/Ag 组装体系中通过调节能级变化，可以基于与材料特性有关的 SERS 光谱差异得出可靠的实验结论。当激光照射系统时，如果各种材料之间的能级匹配，则会产生从半导体到分子或从分子到半导体的 CT 共振效应，从而增加拉曼散射强度。所制备的基底不仅成为医学检测的高活性 SERS 基底，还可以在光学性质、磁性、光降解和太阳能电池等研究领域应用。

研究人员使用 SiO_2、Al_2O_3、石墨烯和半导体 ZnO 等材料来修饰传统 SERS 活性材料的表面，以避免待测物质与金属材料直接接触。在界面效应研究中，SERS 比其他方法更具通用性和实用性，因为这种结构可用于检测各种形态材料的表面化学成分。Zhao 等人通过金属与半导体（TiO_2、ZnO、CuO 等）之间的直接接触界面研究了 SERS 效应，通过调节金属/半导体异质结引起的 CT 行为，为研究金属/半导体复合系统中的 SERS 机制提供了新的策略。金属-半导体异质结具有改善可见光响应和光激发电子-空穴寿命的特性。金属与半导体之间的直接接触界面为系统提供了一个光耦合器界面通道，提高了电荷分离效率。

（4）SERS 检测应用

生物化学传感中对可靠和稳定方法的需求不断增长，这就要求传感器技术不断进步。近二十年来，表面增强拉曼散射（SERS）已成为生物医学、农业食品和环境监测领域中最具发展前景的敏感和痕量分析检测技术之一。SERS 克服了拉曼光谱固有的灵敏度限制，可以提供分子的振动"指纹"光谱，使其在众多光谱技术中具有独特性和通用性。

① 在生物医学中的应用　生物传感是传感科学的一个重要分支，在药物研发、医学诊疗和法医检测等方面起着十分重要的作用。与化学传感相比，生物传感对传感器提出了更高的要求。目标分析物常以非常小的浓度存在，需要极高的灵敏度。例如，癌症生物标志物的早期检测需要在浓度低至 10^{-12} mol/L 时具有敏感性，以确保获得准确的医学判断。检测的选择性也是挑战之一，在复杂生物介质中的传感装置可能很快被非目标分子所污染。传感器还应具有生物兼容性，这就排除了可能破坏生物过程的有毒或高反应性物质的使用。

SERS 在生物传感中具有很大的优势，因为它结合了单分子灵敏度、分子指纹和快速测量等诸多优点。将金纳米颗粒（Au NPs）阵列 SERS 基底与 DNA 适配体结合，研制出一种无标记、高灵敏度、高选择性的生物传感器，用于检测白细胞介素-6（IL-6）（图 3-61）。当血清中靶标 IL-6 被识别后，适配体改变其构象，导致相应的输出拉曼强度比（I_{660}/I_{736}）发生变化，从而实现 IL-6 在 $10^{-12}\sim10^{-7}$ mol/L 范围内的定量评价。

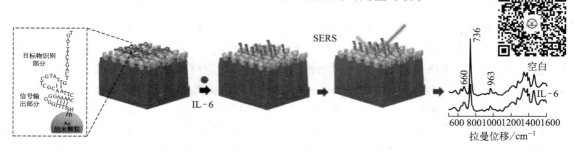

图 3-61　用 IL-6 适配体功能化制备的 Au NPs 阵列（通过改变适配体 SERS 信号检测 IL-6）

② 在食品安全分析中的应用　分析物检测的金标准方法是基于色谱的"湿化学"技术，如气相色谱（GC）、高效液相色谱（HPLC）和质谱（MS）。这些方法需要专用的实验室、昂贵的实验装置和高昂的维护费用，以及训练有素的操作人员。此外，涉及繁琐的分析物提取和耗时的样品制备步骤。SERS 方法较经济，可以借助便携式手持拉曼仪器，样品处理时间短、操作简单，可进行微创的现场检测。基于此，SERS 技术已成功应用于食品安全分析中，获得可靠的定性和定量数据。

利用简单的光还原方法，在花状 ZnO 微晶上沉积银纳米粒子，构建了半导体/贵金属异质结构（图 3-62），具有优异的分析增强因子、灵敏度和均一性，可实现罗丹明 6G、日落黄（SY）和酒石黄（TZ）等多种食用色素的定量检测。可靠、准确的检测结果显示出 SERS 分析技术在食品安全检测中的良好应用前景。通过有机纳米银溶液在柔性 PDMS（聚二甲基硅氧烷）表面的自组装，制备了新型 Ag NPs/PDMS 复合材料，并将其用于食品表面污染物结晶紫（CV）和农药福美双的原位 SERS 检测。此外，对从鱼皮中提取的 CV 和从水果表面提取的福美双进行高灵敏定量检测，显示出 SERS 复合材料在食品安全分析中的实用性。

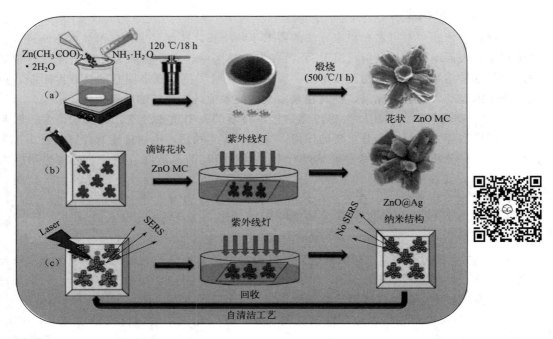

图 3-62　花状 ZnO@Ag 纳米结构的合成、SERS 传感和自恢复过程

③ 在环境监测中的应用　随着社会经济的飞速发展，环境污染已成为世界范围内日益严重的问题。环境中存在的各种含有高毒性物质的污染物，即使其浓度很低也对人类健康和生态环境构成严重威胁。因此，开发灵敏的分析技术以检测痕量和超痕量环境污染物至关重要。SERS 由于其固有的分子指纹特异性和高灵敏度，已成为环境监测领域痕量目标物检测的一种有竞争力的分析工具。例如，基于未修饰的可控刻蚀 Au@AgNPs 的比色法和 SERS 双模测定 Hg^{2+}（图 3-63），成功实现中药和真实水样中的 Hg^{2+} 的定量检测。选择性和实用性研究表明，该方法具有出色的特异性和敏感性，适用于现场快速检测环境污染物 Hg^{2+}。利用激光标记修饰的三维结构金纳米粒子（L-Mark SERS 芯片）SERS 活性基底，用于亚甲蓝和百草枯等除草剂的定量测定，检测限可低至 2.7 ppb。研究表明，L-Mark SERS 芯片可以检测到涝渍体、农业水（稻田水和蔬菜地水）、土壤提取物等复杂水基质中的百草枯残留。L-Mark SERS 芯片是检测真实复杂基质中除草剂的合适基底，在环境分析领域具有潜在的应用价值。

④ 在疾病诊断方面的应用　目前，血液样本常见的生物分析技术包括免疫测定、酶联免疫测定（ELISA）、蛋白质印迹、荧光原位杂交和聚合酶链反应（PCR）。同样，SERS 技

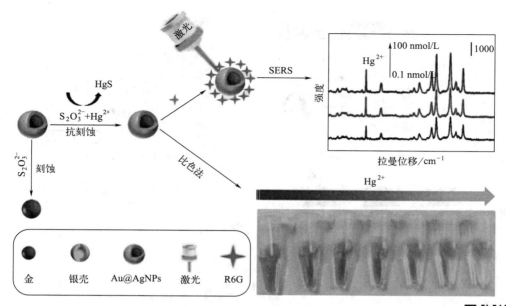

图 3-63 基于未修饰的可控刻蚀 Au@AgNPs 的比色法和
SERS 双模测定 Hg^{2+} 的原理图

术也是离体生物样本中多种疾病生物标志物检测的优选方法，特别是将 SERS 技术与免疫组化相结合，提高当前技术的灵敏度和多路复用能力，为诊断患者活检的组织样本提供技术支撑，正逐渐成为一个重要的研究领域。

体液样品的检测：SERS 光谱技术可以在单分子水平上研究蛋白质，是很有前景的技术之一。例如，使用基于 SERS 的夹心法检测患者血清中胰腺癌的标志物 MUC4（黏蛋白 4），与金标准技术相比，其检出限低约 1000 倍，而需要样品体积仅为金标准技术的 1/10。基于 SERS 的多重免疫测定，能够检测小鼠 IgG（免疫球蛋白 G）和人 IgG 两种不同的抗原，包括基于具有不同染料的相同纳米颗粒以及基于具有相同染料的不同纳米颗粒。通过 SERS 检测定量了四种靶抗原（小鼠 IgG、人 IgG、兔 IgG 和大鼠 IgG），进一步证实了其多路复用能力。固定在固体基质上的抗原与另一种用过氧化物酶标记的抗体结合，该免疫复合物在 37 ℃下与邻苯二胺和过氧化氢反应，会生成偶氮苯胺，获得很强的表面增强共振拉曼散射（SERRS）信号；该方法的检测限约为 10^{-15} mol/mL，比先前报道的采用 SERRS 的方法低 1 个数量级。具体如图 3-64 所示。

组织样品的检测：SERS 纳米探针因其高光稳定性、高空间分辨率和多路复用能力成为组织成像优选探针。为此，可以设计将特定抗体与 SERS 探针偶联而开展 SERS 检测。例如，使用复合有机-无机纳米粒子（COIN）靶向两种不同的抗体：细胞角蛋白 18（CK-18）和前列腺特异性抗原（PSA），实现 SERS 组织成像，具有开创性意义；还引入多变量数据分析方法，进而分离和量化多路光谱信号，为建立 SERS 的组织学成像方法奠定基础。利用免疫 SERS 的单个纳米颗粒的高灵敏度，实现 p63（一种抗原标记物）和 PSA 在非肿瘤性前列腺组织中的共定位，表明免疫 SERS 的多路复用能力。

在组织的特定抗原方面，SERS 检测也有成功的应用。例如，研究肿瘤异种移植标本和人类乳腺癌肿瘤的异质性特征，将多种纳米颗粒探针应用于切除肿瘤的多种癌症生物标志物，进行定量检测（图 3-65）。

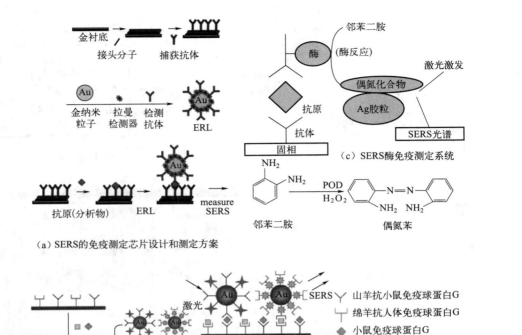

（a）SERS的免疫测定芯片设计和测定方案

（c）SERS酶免疫测定系统

（b）基于三明治结构的多种分析物免疫测定

图 3-64 基于三明治结构的多分析物免疫分析

体内成像应用：SERS 具有优异的多路复用能力，相较于其他方法更适宜在体内进行多重成像。2008 年首次报道了将 SERS 探针用于体内应用的开创性工作。金纳米粒子用拉曼染料、PEG（聚乙二醇）和能够靶向 EGFR（表皮生长因子受体）的单链可变抗体片段功能化。与非靶向探针相比，靶向探针对肿瘤块与肝脏均显示出更强的结合能力。对于小鼠模型中的两种非目标探针的同时检测的策略被扩展为在不同的部位注射 10 个探针，静脉注射后在肝脏中同时检测 5 个探针信号，发现肝脏的多个标签 SERS 信号强度与注入的探针浓度呈线性关系。在 EGFR 和 HER2（人类表皮生长因子受体 2）表达不同的两种肿瘤类型上进行了 3 种抗体功能化探针种类（抗 EGFR、抗 HER2 和同种型对照）的局部应用，并用 DCLS（直流电平变换）对拉曼数据进行处理，确定两种肿瘤类型和对照组织中的生物标志物比率——抗 EGFR/同种型、抗 HER2/同种型和抗 EGFR/抗 HER2（图 3-66）。

SERS 的成像速度是制约 SERS 成像技术发展的最大阻碍。为了提高 SERS 成像速度，需要开发灵敏度更高的纳米颗粒、成像技术以及检测速度更快、操作更方便的设备。例如，设计了一种小动物专用的拉曼成像（SARI）仪器，在不牺牲灵敏度或光谱信息的情况下，最大限度地提高了采集速度和空间分辨率。SARI 系统可以在体内快速、高灵敏度、多路复用绘制一个大的样本区域（图 3-67）。

利用一种 AuNR（金纳米棒）@void@mTiO$_2$ 进行 SERS 成像，并成为化学光热治疗的治疗诊断工具。SERS 探针由作为 SERS 活性底物和光热剂的 NIR（近红外）光吸收

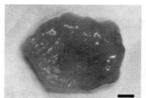

（a）四名患者的四个组织标本的照片：两个HER2阳性标本，包含肿瘤
和正常组织区域，以及两个HER2阴性标本(一个肿瘤和一个正常组织)

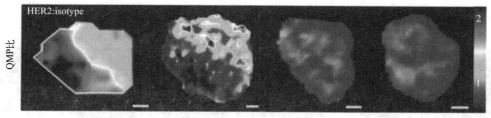

（b）四名不同患者标本的QMP图像

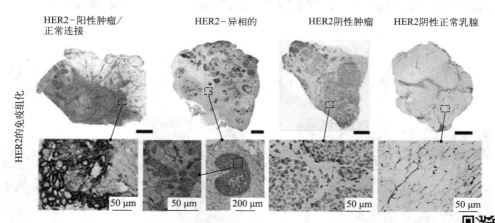

（c）抗HER2单克隆抗体IHC染色

图 3-65　人乳腺组织的定量分子表型（QMP）成像

AuNR 核心和用于载药的 mTiO$_2$ 外壳组成。AuNRs 的近红外光吸收的特性用于药物释放调节和光热处理。当负载 DOX（阿霉素）的 NPs 被 NIR 激光照射时，MCF-7 细胞（人乳腺癌细胞）的活力显著降低。

　　将 SERS 与 PAI（光声成像）和 MRI（核磁共振成像）相结合，使用三模态纳米颗粒成像脑肿瘤。该三模态纳米颗粒由拉曼活性分子和钆（Gd）螯合物功能化的二氧化硅包覆的金纳米颗粒组成［图 3-68(a)］。使用二氧化硅包覆金纳米颗粒，用 ^{68}Ga 对 SERRS 纳米颗粒进行无螯合剂放射性标记实现了 PET（正电子发射型计算机断层显像）-SERRS 纳米颗粒对肝癌进行术前分期和术中成像［图 3-68(b)］。以 DNA 作为 AuNP 和荧光团之间的连接物实现了荧光和 SERS 的高灵敏度同时成像，并结合光热疗法（PTT），实现了肿瘤消融［图 3-68(c)］。

　　SERS 光谱技术在生物分析方面显示出独特的优势，不仅在溶液检测中表现出超高的表面灵敏度，甚至可达到单分子水平，且不受水信号的干扰；在组织学检测中 SERS 技术具有

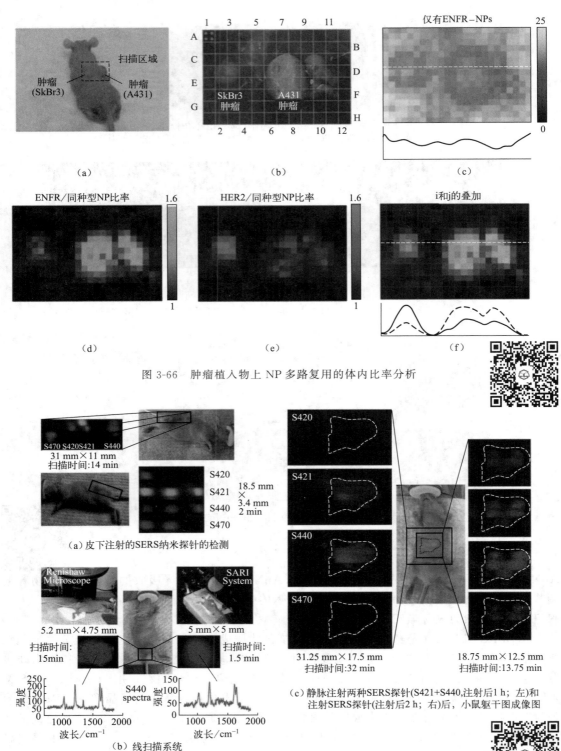

图 3-66　肿瘤植入物上 NP 多路复用的体内比率分析

（a）皮下注射的SERS纳米探针的检测

（b）线扫描系统

（c）静脉注射两种SERS探针(S421+S440,注射后1 h；左)和注射SERS探针(注射后2 h；右)后，小鼠躯干图成像图

图 3-67　活体小鼠 SERS 纳米颗粒分布的快速广域成像

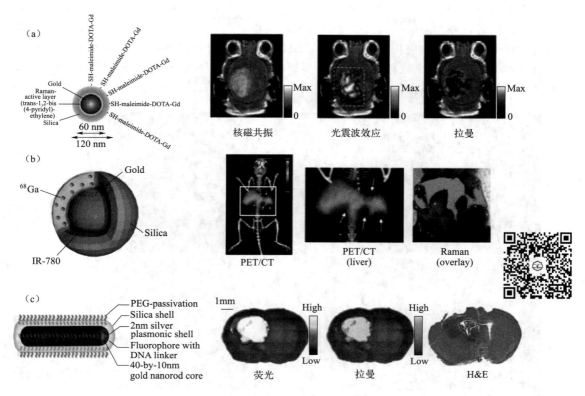

图 3-68　SERS 多模式成像纳米颗粒的开发

（a）三模态 MRI/光声/拉曼纳米颗粒。金纳米粒子提供光声对比，表面螯合的钆提供 MRI 对比；（b）PET/拉曼纳米颗粒。嵌在二氧化硅外壳内的 ^{68}Ga 发射正电子，允许术前全鼠成像；（c）基于荧光团 DNA 连接体的荧光/拉曼纳米颗粒可通过荧光快速定位术中肿瘤，并通过拉曼成像实现高度精确的边缘界定。（注：gold：金；raman active layer：拉曼活性层；silica：二氧化硅；maleimide：马来酰亚胺；DOTA：有机多齿配体；Ga：镓；PEG-passivation：聚乙二醇-钝化；silica shell：二氧化硅壳层；sliver plasmonicshell：等激元银壳；fluorphore with DNA linker：DNA 连接的荧光团；gold nanorod core：金纳米棒芯）

抗光漂白和光降解的能力，适合长期监测。此外，SERS 谱峰的带宽通常很窄，比有机染料或量子点的荧光发射窄，有利于在单波长激发下方便地进行多路检测；在体内成像中，SERS 探针的纳米结构可以设计成不同尺寸、形状和涂层，还可以优化 SERS 基底实现近红外活性，避免生物样品中的自发荧光，最大限度地减少可见光激光对活细胞的光损伤。当然，SERS 技术应用于实际样品的检测还存在许多问题，比如信号可靠性、成像速度等问题，有待进一步解决。

（5）SERS 光谱相关拓展技术

① 壳层隔绝纳米粒子增强拉曼（SHINERS）光谱　毋庸置疑，SERS 光谱是一种具有极高表面灵敏度的技术，但它受材料限制，需要纳米结构的等离子体基底材料，产生表面等离子体共振（SPR）效应，以增强拉曼信号。为克服这一不足，厦门大学田中群教授课题组在 *Nature* 发表论文 ［Z. Tian, et al., Nature 2010，464（7287），392-395］，其开发了一种新型涉及拉曼增强的新技术——壳层隔绝纳米粒子增强拉曼光谱（shell-isolated nanoparticle-enhanced Raman spectroscopy，SHINERS），即等离子体金属（Au，Ag）为内核，外层为惰性、超薄且无针孔的二氧化硅层。其中，等离子体内核产生强烈的电磁场，增强靠

近其表面的分子拉曼信号；二氧化硅外壳隔绝内核，阻止分析物分子与内核的物理作用（图 3-69）。同时，外壳还能提高内核金属的长时间稳定性，尤其对于 Ag。通常，如将壳层隔绝纳米粒子（SHINs）应用到探针表面，SHINERS 光谱可以适用于任何类型的基底表面，增强因子可达 5～8 个数量级。经过十多年的发展，SHINERS 光谱涉及的应用范围广，如电化学、分析化学、催化、能源、生命科学，甚至人们的日常生活等领域。

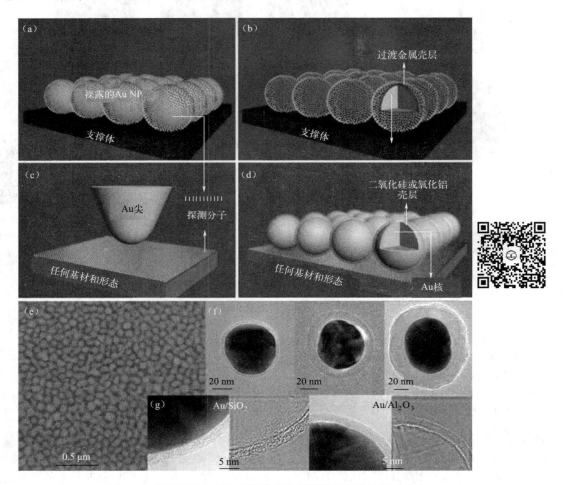

图 3-69　SHINERS 光谱工作原理及壳层隔绝粒子的纳米结构

　　SHINERS 最主要应用之一是探测单晶表面的界面特性，这种单晶需要有清晰的原子结构和强的 EM 效应。而传统的 SERS 光谱本身具有材料限制带来的缺陷，难以应用于这种界面分析。将 SHINERS 与电化学联用，可原位探测分子（如 H_2、CO、吡啶等）在 Au(hkl)、Pt(hkl)、Rh(hkl) 电极上的吸附行为；并可进一步原位分析催化机制。如酸性介质 ORR 反应，在 Pt (111) 上可以观察到催化 OOH 中间体，而在 Pt(110) 和 Pt(100) 晶面则观察到 OH 中间体。然而，对于碱性介质 ORR 反应，这三种 Pt(hkl) 晶面所对应的中间体为 O_2^-。显然，在不同晶面和介质中产生不同的关键中间体，可以更好地理解催化机制，为纳米材料的选择和优化提供依据。

　　相比于上述有清晰晶面的催化剂，应用于工业催化的更多是纳米催化剂，而这些纳米催化剂不是仅有一个晶面，而是有复杂多样的表面结构，也常常分散在载体表面，如氧化物、炭黑等。由于这些纳米催化剂与 SHINs 层缺乏耦合效应，将 SHINERS 应用于纳米催化剂的催化行为研究很困难。为此，研究者开发一种 SHINERS-卫星策略，用于原位跟踪纳米催化过程。首先纳米催化剂通过电荷诱导自组装负载在 SHINs 粒子表面，形成 SHINERS-卫星结构（如 $Au@SiO_2@$纳米催化剂卫星结构），吸附在纳米催化剂的分子拉曼信号显著增强。应用这一 SHINERS-卫星策略，在 Pt 基、Pd 基催化剂表面的 CO 氧化反应机制和结构与性能的构效关系得到很好的分析和确证。SHINERS 光谱也成功应用于很多基底材料，涉及多方面应用领域，达到增强拉曼信号的目的。例如，应用 SHINERS 光谱分析原子级平整的单晶 Si 表面，成功得到 Si 表面清洁过程中产生的 Si—H 键拉曼信号。对于金属和非金属基底材料，SHINERS 光谱也能用于探测复杂生物体系。通过 SHINERS 光谱检测甘露糖蛋白和其他与蛋白质分泌和运动相关的活性成分，得到活细胞的膜结构。结合便携式拉曼光谱仪，SHINERS 光谱还能进一步应用于食品安全领域，包括快速检测水果、蔬菜的农药残留。

可见，SHINERS 光谱能克服传统 SERS 光谱的材料和形貌所带来的缺陷，还能显著提高拉曼光谱的微量分析能力。SHINERS 光谱与针尖增强拉曼结合，可以实现在纳米尺度上的空间分辨能力，使其能够在单分子水平、单原子尺度上实时监测生物和能量转换过程，从而更好地理解反应过程。

② 墨盒式 SERS 器件　作为芯片（lab-of-chip）SERS 的替代检测，墨盒式 SERS 用于不需要在一定时间内监控分析物浓度变化的应用场所，例如，检测地表水药物污染情况，以决定是否启动污染防治措施。其应用过程是：将 SERS 基底材料嵌入到一个墨盒中，然后与分析液孵化，最后测量记录 SERS 光谱。每次新测试，需要不同的 SERS 活性表面，这种墨盒可回收再利用。开发一次性墨盒式 SERS 片，要求其具有很强 SERS 活性基底，且制作成本价廉，有望应用于食品分析、环境监测等领域（图 3-70）。

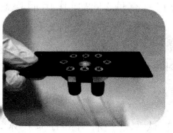

（a）墨盒式SERS器件的示意图　　　（b）墨盒式SERS器件的实物图

图 3-70　墨盒式 SERS 器件的示意图及实物图

③ 微流控-SERS 器件　利用磁珠在连续流动区域开展 SERS 芯片免疫分析，虽得到成功应用，但流体腔壁沉积的纳米粒子产生记忆效应，对检测的重复性和灵敏度都有很大的影响。为此，开发液-液两相分段流动的微流控-SERS 系统，用于 SERS 检测（图 3-71），有效克服了这一问题。这一系统能够在不混溶的载体流体中产生和操纵单分散、纳升级且高流量的液滴。相比于单相流体，试剂有利于固定在离散、包封液滴里，提高试剂混合效率，缩减停留时间分布，得到超高的分析效率。集成微流控系统，包括液滴生成、传输、混合和分裂等模式，已发展形成可用于高效免疫反应和免清洗两类。其中，免疫反应可通过多个缠绕通

道传输实现。包括磁性免疫复合物的大液滴可被分成小液滴，用于免清洗的免疫分析。由于所有的免疫反应和分析过程仅需纳升体积，且自动化进样，微流控集成 SERS 器件能用于快速、灵敏、安全分析危险分析物。

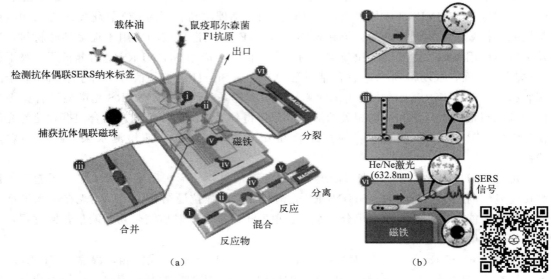

图 3-71　（a）微流控-SERS 器件示意图，包括六个微滴室：（ⅰ）液滴产生；（ⅱ）液滴混合；（ⅲ）液滴溶合；（ⅳ）二次免疫反应的液滴混合；（ⅴ）免清洗免疫分析的液底裂分；（ⅵ）上清液液滴中未结合 SERS 纳米标签的拉曼检测；（b）所对应微滴室的放大图

　　近来，SERS 光谱结合微流控用于免疫分析和细胞分析有很深入的研究和应用。同时这一技术在 DNA 分析中也有很多的研究工作发表。当前常见的 DNA 分析需要 PCR 扩增和通过荧光信号放大来检测。而对微流控-SERS 技术，有可能不需要 DNA 扩增也能实现极低浓度的检测，因为它具有信号增强作用而提高检测灵敏度。它还可能实现多目标物的同时检测，因为 SERS 光谱信号比荧光信号的谱峰要窄得多。小型化是当前光谱分析的发展趋势。微流控-SERS 器件与便携式拉曼系统的集成对开展实时、现场分析是很有必要的，有望成为下一代医学诊断工具（图 3-72）。

三、总结与展望

　　SERS 光谱被认为是强有力的检测技术，可检测接触或靠近等离子体金属基底的单一分子与混合分子，而这些 SERS 基底不仅包括金属表面，也包括最近发展起来的半导体及其杂化材料。基于 SERS 光谱的应用涉及物理、化学和分析检测，已应用于材料、环境科学、生物、医学等多领域。SERS 光谱具有巨大的发展潜力，再加上相关仪器、技术的发展，SERS 应用将越来越广泛。

　　对于 SERS 增强机制，除了传统的电磁增强（EM）机制和化学增强（CM）机制，从相关的二次过程和量子效应进行考虑，有助于精确描述和预测 SERS 增强效应，高增强因子产生源于纳米粒子间或纳米粒子与平坦金属间的纳米/亚纳米级间隙。近来 SERS 研究蓬勃发展的动力之源是能有效构筑高质量和特定形貌的纳米材料，包括二维/三维纳米间隙的精准设置。这些纳米材料制备的策略和技术使得基底和纳米标签能够快速、低成本、可重复及批量制备，进而获取优异的 SERS 响应。

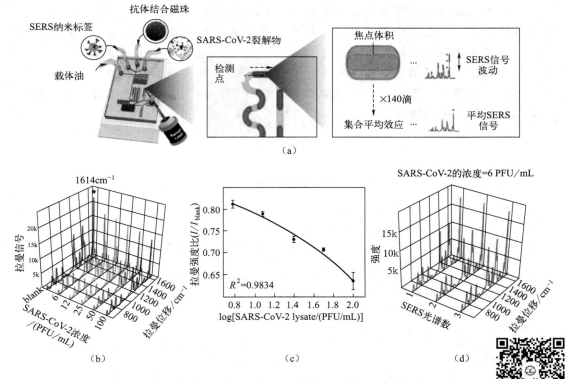

图 3-72　微流控-SERS 系统在新冠病毒检测的应用

从分析应用目的来看，SERS 基底的高活性、高效率和可重复性是当前讨论的关键因素。设计和制备特殊检测平台是为了瞄准各种分析传感策略，如关联到 SERS 纳米标签、化学传感器、手性选择系统、SHINERS 体系、核壳结构和遥感 SERS 部分，进而实现单分子检测；进一步应用统计分析方法，有助于对复杂体系中多组分多种分子的量化检测和识别，这些都是生物医学和环境检测应用的关键性进展成果。对多种生物标记物如适配子和抗体的同时检测能力，对许多涉及生物样品、毒性环境样品以及个性化医疗的应用是非常重要的。而免标记的 SERS 生物传感器只需一步杂化即可实现 DNA 检测，无需二次杂化和杂化后洗涤过程，这有利于缩短检测时间和减少试剂用量。SERS 生物成像应用表明该技术可成为长时间成像分析技术，既有高灵敏和多组分分析能力，又能避免光漂白损伤。免疫分析平台结合高级即时（POC）检测装置，对生物样品的快速分析至关重要。这些 SERS 检测技术都将会成为未来个性化和基因组医学发展的方向。

SERS 技术被认为是一种有用的检测工具，用来监测细菌污染/生态系统中无机/高毒性有机污染物。这也依赖于水凝胶基与金属有机框架材料（MOFs）基检测平台的应用，检测需求在 ppb 级。SERS 应用于食品分析中的质量控制和营养成分分析，检测要求在 nmol/L 级。在不久的将来，具有性能优异和稳定的 SERS 基底材料的盒式检测器件，会成为商业 SERS 传感器的发展方向。

对 SERS 信号多重放大关注的重点在于不断对基底材料的改进、控制。这些技术的应用也促进了与 SERS 相关技术的发展，推动了空间分辨率的提高，还可给予更丰富的光谱信息。SERS 发展方向：商业化 SERS 产品的快速开发，包括有设计的基底材料结构和高效成像技术等。

光谱在生物体的成像应用，让光谱焕发了新的生机。聚集诱导荧光（AIE）是唐本忠院士首创，我国已经在该领域占据了世界领先地位，习近平在二十大报告中强调"实践没有止境，理论创新也没有止镜"。AIE现象的发现与应用很好诠释了这一句话，在传统上均是以"聚集淬灭"为"正确方法"，提出截然不同的理论是需要勇气的，所以在科学研究中，大家不能放弃、忽视任何一个不符合常规的现象，要印证是"错误"还是新现象，以防错过新的理论产生。

参考文献

[1] Wang YY, Li AQ, Zhu XY, et al. A novel H_2O_2 activated NIR fluorescent probe for accurately visualizing H_2S fluctuation during oxidative stress. Analytica Chimica Acta, 2022, 1202: 339670.

[2] Zhang JL, Mu S, Wang YY, et al. A water-soluble near-infrared fluorescent probe for monitoring change of hydrogen sulfide during cell damage and repair process. Analytica Chimica Acta, 2022, 1195: 339457.

[3] Han YX, Wang YX, Zhang HX, et al. Facile synthesis of yellow-green fluorescent silicon nanoparticles and their application in detection of nitrophenol isomers. Talanta, 2023, 257: 124347.

[4] Li SQ, Zhao RY, Ma MR, et al. A novelty self-assembly nanosensor based on bimetallic doped quantum dots and peptides for monitoring tyrosinase and herbicide. Sensors and Actuators B: Chemical, 2022, 370: 132438.

[5] Wang YY, Li SQ, Zhu XY, et al. A novel H_2O_2 activated NIR fluorescent probe for accurately visualizing H_2S fluctuation during oxidative stress. Analytica Chimica Acta, 2022, 1202: 339670.

[6] Wang YY, Gao H, Gong C, et al. N-quaternization of heterocyclic compound extended the emission to NIR with large Stokes shift and its application in constructing fluorescent probe. Spectrochimica Acta Part A: Molecular and Biomolecular Spectroscopy, 2022, 267: 120566.

[7] Mu S, Zhang JL, Gao H, et al. Sequential detection of H_2S and HOBr with a novel lysosome-targetable fluorescent probe and its application in biological imaging. Journal of Hazardous Materials, 2022, 422: 136898.

[8] Wang YY, Mu S, Li SQ, et al. Afluor escent probe for bioimaging of Hexosaminidases activity and exploration of drug-induced kidney injury in living cell. Talanta, 2021, 228: 122189.

[9] Wang JX, Zhou C, Zhang JJ, et al. A new fluorescence turn-on probe for biothiols based on photoinduced electron transfer and its application in living cells. Spectrochimica Acta Part A: Molecular and Biomolecular Spectroscopy, 2016, 166: 31-37.

[10] Zhang Y, Ma CM, Ma C, et al. Ratiometric fluorescent detection and imaging of microRNA in living cells with manganese dioxide nanosheet-active DNAzyme. Talanta, 2021, 233: 122518.

[11] Zhang Y, Zhang YD, Ma CM, et al. Gelatin nanoparticles transport DNA probes for detection and imaging of telomerase and microRNA in living cells. Talanta, 2020, 218: 121100.

[12] Li HH, Yang CL, Zhu XY, et al. A simple ratiometric fluorescent sensor for fructose based on complexation of 10-hydroxybenzo [h] quinoline with boronic acid. Spectrochimica Acta Part A: Molecular and Biomolecular Spectroscopy, 2017, 180: 199-203.

[13] Li HH, Zhu L, Zhu XY, et al. Glucose detection via glucose-induced disaggregation of ammonium-modified tetraphenylethylene from polyanion. Sensors and Actuators B: Chemical, 2017, 246: 819-825.

[14] Ma CM, Ma Y, Sun YF, et al. Colorimetric determination of Hg^{2+} in environmental water based on the Hg^{2+}-stimulated peroxidase mimetic activity of MoS_2-Au composites. Journal of Colloid and Interface Science, 2019, 537: 554-561.

[15] Mu S, Gao H, Li SS, et al. A dual-response fluorescent probe for detection and bioimaging of hydrazine and cyanide with different fluorescence signals. Talanta, 2021, 221: 121606.

[16] Zhang FY, Ma C, Jiao ZJ, et al. A NIR Turn-on Fluorescent Sensor For Detection of Chloride Ions in vitro and invivo. Spectrochimica Acta Part A: Molecular and Biomolecular Spectroscopy, 2020, 228: 117729.

[17] Chen W，Zhang HG，Zhang YN，et al. Construction of dual exponential amplification accompanied by multi-terminal signal output method for convenient detection of tumor biomarker FEN1 activity. Analytica Chimica Acta，2023，1263：341275.

[18] Yan L，Zhou J，Zheng Y，et al. Isothermal amplified detection of DNA and RNA. Molecular BioSystems 2014，10：970-1003.

[19] Wang LL，Zhang HG，Chen W，et al. Recent advances in DNA glycosylase assays. Chinese Chemical Letters 2022，33：3603-3612.

[20] Saha K，Agasti SS，Kim C，et al. Gold nanoparticles in chemical and biological sensing. Chemical Reviews 2012，112：2739-2779.

[21] Zhang Y，Li CC，Tang B，et al. Homogeneously sensitive detection of multiple DNA glycosylases with intrinsically fluorescent nucleotides. Analytical chemistry 2017，89：7684-7692.

[22] Wang Z Y，Yuan HM，Li DL，et al. Hydroxymethylation-specific ligation-mediated single quantum dot-based nanosensors for sensitive detection of 5-hydroxymethylcytosine in cancer cells. Analytical chemistry 2022，94：9785-9792.

[23] Fleischmann M，Hendra PJ，McQuillan AJ. Raman spectra of pyridine adsorbed at a silver electrode. Chemical Physics Letters，1974，26：163-166.

[24] Kneipp K，Kneipp H，Itzkan I，et al. Surface-enhanced Raman scattering and biophysics. Journal of Physics：Condensed Matter，2002，14：R597.

[25] Langer J，de Aberasturi DJ，Aizpurua J，et al. Present and future of surface-enhanced Raman scattering. ACS Nano，2020，14：28-117.

[26] Zong C，Xu MX，Xu LJ，et al. Surface-enhanced Raman spectroscopy for bioanalysis：Reliability and challenges. Chemical Reviews，2018，118：4946-4980.

[27] Jones RR，Hooper DC，Zhang LW，et al. Raman techniques：Fundamentals and frontiers. Nanoscale Research Letters，2019，14：231.

[28] Smith E，Dent G. Modern Raman spectroscopy：A practical approach. John Wiley & Sons，2019.

[29] Le Ru EC，Etchegoin PG. Single-molecule surface-enhanced Raman spectroscopy. Annual Review of Physical Chemistry，2012，63：65-87.

[30] Son WK，Choi YS，Han YW，et al. In vivo surface-enhanced Raman scattering nanosensor for the real-time monitoring of multiple stress signalling molecules in plants. Nature Nanotechnology，2023，18：205-216.

[31] Fan M，Andrade GFS，Brolo AG. A review on the fabrication of substrates for surface enhanced Raman spectroscopy and their applications in analytical chemistry. Analytica Chimica Acta，2011，693：7-25.

[32] Wang CD，Xu XH，Qiu GY，et al. Group-targeting SERS screening of total benzodiazepines based on large-size (111) faceted silver nanosheets decorated with zinc oxide nanoparticles. Analytical Chemistry，2021，93：3403-3410.

[33] Liu CY，Xu XH，Hu WX，et al. Synthesis of clean cabbagelike (111) faceted silver crystals for efficient surface-enhanced Raman scattering sensing of papaverine. Analytical Chemistry，2018，90：9805-9812.

[34] Kim W，Lee SH，Kim JH，et al. Paper-based surface-enhanced Raman spectroscopy for diagnosing prenatal diseases in women. ACS Nano，2018，12：7100-7108.

[35] Zhang HD，Lai HS，Wu XR，et al. CoFe$_2$O$_4$ @HNTs/AuNPs substrate for rapid magnetic solid-phase extraction and efficient SERS detection of complex samples all-in-one，Analytical Chemistry，2020，92：4607-4613.

[36] Kang H，Jeong S，Park Y，et al. Near-infrared SERS nanoprobes with plasmonic Au/Ag hollow-shell assemblies for in vivo multiplex detection. Advanced Functional Materials，2013，23：3719-3727.

[37] Campion A，Ivanecky III JE，Child CM，et al. On the mechanism of chemical enhancement in surface-enhanced Raman scattering. Journal of the American Chemical Society，1995，117 (47)：11807-11808.

[38] Luo JJ，Wang ZK，Li Y，et al. Durable and flexible Ag-nanowire-embedded PDMS films for the recyclable swabbing detection of malachite green residue in fruits and fingerprints. Sensors and Actuators B：Chemical，2021，347：130602.

[39] 王畅鼎. 新型银基纳米材料的可控合成及其 SERS 定量分析研究. 兰州：兰州大学，2021.

[40] 罗娟娟. 嵌入式柔性基底与半导体/贵金属复合物的制备及其 SERS 定量分析. 兰州：兰州大学，2022.

第四章
电化学基本原理及应用

导学

- 掌握电化学基本原理
- 理解各种电化学方法的异同
- 了解各类电化学应用的电极制备、测试方法

电化学应用范围广泛，涉及能源、环境、生物、医药、材料制造、电子信息等诸多关乎国计民生的重要领域。电化学与物理学、电子学、生物学、材料学等学科有密切的联系，形成了许多学科交叉。在化学各学科中经常用到电化学的理论知识和研究方法。通过学习本章内容，进一步认识电化学，亦可为进一步应用电化学理论和研究方法进行科学研究奠定基础。

第一节　电化学简介

一、发展简史

电化学是研究物质的化学性质或化学反应与电的关系的科学。电化学历史久远。20世纪30年代人们在伊拉克巴格达的库胡特拉布发现了帕提亚时期（公元前250～公元224年）称为"巴格达电池"的发掘物。该物是将铜制圆筒固定在陶制广口瓶中，并在它的中心插有铁棒，加入柠檬汁、醋或葡萄酒即可得到电流。1791年，意大利生理学家 Luigi Galvani 在解剖青蛙时发现，不同金属的两端接触青蛙的肌肉时会有电流通过，该工作被看作是电化学与生物学之间存在某种联系的开始。该现象引起了物理学家 Alessandro Volta 的关注，经深入研究后他于1800年发明了 Volta 电堆（亦称为伽伐尼电池），可用于电动势和电流领域的研究。1800年，William Nicholson 和 Anthony Carlisle 首次利用 Volta 电堆开展了电解水的研究工作；1807年，Humphry Davy 开展了电解制取碱金属的工作。1820年，丹麦物理学家 Haris C. Oersted 发现了电流的电磁作用。1831年，Michael Faraday 发现了电磁感应现象，并于1833年提出："电化学分解发生时，人们有足够的理由相信，被分解物质的量不与

电流强度成正比，而与通过的电量成比例"。由此建立了电化学的基本定律——法拉第定律；然而受限于当时的科学水平，在此后半个多世纪中这一定律未被当时的化学界所接受；他还与科学史学家 William Whewell 一起制定了有关电化学的术语（如阴离子、阳极、阳离子、阴极、电极、电解等）。1839 年，Alexandre Becquerel 发现了溶液中电极的光电动势，为光电化学的发展奠定了基础。1879 年，Hermann V. Helmholtz 基于对电极界面电荷分布的研究，提出了亥姆霍兹（Helmholtz）双电层模型，由此开启了电极界面双电层结构的研究。后期由 Louis G. Gouy 和 David L. Chapman 提出了扩散双电层模型（1909 年），Otto Stern 拓展出紧密扩散双电层模型（1924 年），David C. Grahame 在双电层中发现了特异吸附现象（1947 年），M. A. V. Devanathan、J. O'M. Bockris、Klaus Müller 提出了具有特异吸附的双电层模型（1963 年）。1883 年，瑞典物理化学家 Svante A. Arrhenius 提出了电解质溶液的电离学说。与此同时，William R. Grove 就电解水生成氢气和氧气，研究了氢氧燃料电池。1900 年，Hermann W. Nernst 对该电池的电动势进行了理论推导，并根据能斯特（Nernst）方程式进行了计算。1907 年，P. Henderson 提出了液体间电位的理论式。1911 年，Frederick G. Donnan 利用 Nernst 方程求解了高分子离子膜的平衡电位，即 Donnan 平衡。1923 年，Peter J. W. Debye 和他的学生 Erich Hückel 提出了有关离子活度系数的 Debye-Hückel 理论。1924 年，W. R. Hainsworth 和 D. A. Macinnes 就压力对可逆性电压的影响等问题进行了大量研究。1952 年，Wendell M. Latimer 从热力学角度计算了水溶液体系中各种离子的标准氧化还原电位。热力学的发展和完善无疑是 19 世纪自然科学中最重大的成就之一，同时也为电化学理论的发展作出了重要的贡献。热力学是有关平衡的理论，于电化学而言，电化学体系中的电流必须为零才能符合热力学的要求，能斯特方程才能成立。然而，许多实际的电化学体系，无论是电池还是电解池，都是在远离平衡的条件下工作。此外，人们总认为从动力学方面考虑电化学体系太复杂、太困难，这严重阻碍了从动力学角度研究电化学，这也造成了电化学在发展过程中，经历了继法拉第定律受冷遇后的第二个曲折。

1905 年，Julius Tafel 确定了过电位与电流密度的关系，从而提出了 Tafel 公式。1924 年，John A. V. Butler 根据 Boltzman 统计及速度论的平衡条件，提出了可逆电极电位理论，Max Volmer 通过证实，确立了电流-过电位曲线的一般关系式，即 Butler-Volmer 方程式（1930 年）。1933 年，Aleksandr N. Frumkin 从电极反应速度论的立场出发，论述了双电层对电荷移动过程的影响；他还与 Carl Wagner 提出了混合电位的速度论的研究方法。1935 年，Jaroslav Heyrovsky 与 Dionyz Ilkovič 一起推导出了有关扩散电流的 Heyrovsky-Ilkovič 方程式。尽管早在 1905 年 J. Tafel 便建立了电极过程动力学中最基本的经验规律——Tafel 定律，但遗憾的是，在随后的研究发展过程中，电化学并未沿着这条路前进。一直到 20 世纪 50 年代，电极过程动力学才得到应有的重视和较快的发展。到了 20 世纪 60 年代，电化学的发展又进入了一个新的阶段，逐渐将电化学的理论建立在现代固体物理和量子力学的基础之上。John O'M. Bockri 曾把电化学体系分为电子相和离子相，并将电化学定义为"电化学就是研究带电界面上所发生现象的科学"，他强调将量子力学引入到电极反应过程中，旨在使电化学成为一门超领域学科而开展量子电化学领域的研究。从此以后，国际上对电化学的认识也有了很大发展，对能量转换与储存、环境保护与检测、生命健康分析新材料的开发等领域的研究也愈发关注。

二、电化学基本原理

在电化学体系中，人们关心的是电荷在化学相界面之间，例如，电子导体（电极）和离子导体（电解质）之间，输运的过程和影响因素，即关注电极/电解质界面的性质以及施加电势和电流通过时该界面上所发生的情况。电极上的电荷迁移是通过电子（或空穴）运动实现的，典型的电极材料包括固体金属（如铂、金）、液体金属（如汞、汞齐）、碳（如石墨、玻碳）和半导体（如铟-锡氧化物、硅）；在电解液中，电荷迁移是通过离子运动来进行的，最常用的电解质溶液是含有如 H^+、Na^+ 和 Cl^- 等离子物质水溶剂或非水溶剂的液态溶液。就电化学池而言，所研究的电化学实验体系中，电解质溶液必须有较低的电阻（即有足够高的导电性）。

单个界面这种孤立的界面在实验上是无法处理的，实际上，人们通常研究的是由多个界面集合体组成的电化学池（亦简称为电池）的性质，最普遍的体系是两个电极被至少一个电解质相隔开。电池中所发生的化学反应，是由两个独立的半反应（half-reaction）构成的，它们反映了两个电极上真实的化学变化。每一个半反应及电极附近体系的化学组成与相应电极上的界面电势差相对应。大多数情况下，人们所研究的仅仅是这些反应中的某一个，该反应发生的电极称为工作电极或指示电极（working electrode 或 indicator electrode）。为研究工作电极，会使用由一个组分恒定的相构成的电极，即参比电极（reference electrode），与其组成电池来开展工作。由于参比电极的组成固定不变，因而它的电势是恒定的，进而通过电池中的电势变化可以计算工作电极的电势。观测或控制工作电极相对于参比电极的电势，也就是观测或控制工作电极内电子的能量。当电极达到更负的电势时，电子的能量就升高。当此能量高到一定程度时，电子就从电极迁移到电解液中物质的空电子轨道上。在这种情况下，就发生了电子从电极到溶液的流动。同理，通过外加正电势使电子的能量降低，当达到一定的程度时，将会发现在电极上有一个更合适的能级存在，从而发生电解液中溶质上电子的转移，电子从溶液流动到电极。这些过程发生的临界电势与体系中特定的化学物质的标准电势有关。

在此考察一个典型的电化学实验，其中工作电极和参比电极浸入电解质溶液中，电极之间的电势差通过外加电源来调节。电势 E 的变化，能够在外电路上产生电流流动，这归功于氧化还原反应的发生及电子穿过电极/溶液界面。以电流和电势作图时，可得到电流-电势曲线（current-potential curve）。该曲线可提供相关溶液和电极的性质，以及在界面上所发生反应的非常有用的信息。

在电极上通常有两种过程发生。一种是在这些反应中有电荷（如电子）在电极-溶液界面上转移。电子转移引起氧化反应或还原反应发生。这些反应遵守法拉第定律，所以被称为法拉第过程（Faradaic processes）。在某些条件下，对于一个给定的电极-溶液界面，在一定的电势范围内，由于热力学或动力学因素限制，不会发生电荷转移反应。另一种情况下，在像吸附-脱附这样的过程中，电极-溶液界面的结构可以随电势或溶液组成的变化而改变。这类过程称为非法拉第过程（Non-Faradaic processes）。尽管电荷并不通过界面，但电势、电极面积和溶液组成改变时，至少在瞬间，外部电流可以流动。当电极反应发生时，法拉第和非法拉第过程两者均发生。虽然在研究一个电极反应时，通常主要关注法拉第过程（研究电极-溶液界面本身性质时除外），但在应用电化学数据获得有关电荷转移及相关反应的信息时，必须考虑非法拉第过程的影响。

三、电化学基本问题

电化学是研究两类导体（电子导体和离子导体）形成的带电界面及其上所发生变化的科学。为了深入理解两类导体界面上所发生的与电荷转移等各种变化有关的问题，电化学还对构成界面的各相进行研究。因此，电化学研究对象通常包括三个部分：电子导体、离子导体和两类导体的界面及其上所发生的一切变化。有关电子导体结构和性质的研究，主要属于物理学范畴，在电化学中以引用其结论为主。电解质溶液理论则是离子导体研究的主要组成部分，是经典电化学的重要研究领域。两类导体的界面性质及界面上所发生的变化则是近代电化学的研究主体。

两类导体界面上所发生的电极过程是一种极为复杂的过程，包含诸多步骤。在复杂事物的发展变化过程中，会存在许多矛盾，但其中必然有一种是主要矛盾。由此，对研究电极过程而言，必须先分析电极过程所含有的各种矛盾以及它们之间的联系，以期抓住主要矛盾。电极总过程一般包括下列几种基本过程：①电化学反应（电荷传递反应）过程；②反应物和产物的传质过程；③电极界面双电层的充放电过程；④溶液中的离子及电子导体中的电子的电迁移过程。此外，还可能有发生在电极表面的吸（脱）附过程、晶体生长过程以及伴随电化学反应而发生的一般化学反应等。这些基本过程有各自的矛盾和影响因素。过程①的主要矛盾为反应物分子能量对活化能的矛盾，影响因素有电极界面电场、反应物的活度及电极实际面积等；过程②的主要矛盾是浓度差对扩散阻力的矛盾，影响因素为电流密度及持续时间和反应物的活度等；过程③的主要矛盾是电流对双电层电容的矛盾，影响因素为电流密度及持续时间和表面活性物的吸附等；过程④的主要矛盾是溶液中的电场对电迁移阻力的矛盾，影响因素为溶液中的电位差、电迁移距离和离子浓度等。电极过程中上述各种基本过程的矛盾地位随具体条件而变化，因此电极总过程的主要矛盾也会随之变化。为了高效研究某个基本过程，就必须创造条件使该过程在电极总过程中占主导或主要地位，成为电极总过程的主要矛盾，决定性地影响总过程的发展。例如，为了测量溶液的电阻或电导，必须创造条件使过程④占主导地位，人们采用的办法是把电导池的铂电极镀上铂黑，以增大电极面积，加速电化学反应速度和加大双电层电容，提高交流电频率，使过程①、②和③都退居次要的地位。再如，要测定电化学反应速度，则必须创造条件使过程④退居次要地位，采用的办法是使用卢金（Luggin）毛细管以及加入支持电解质。各种现代电化学研究方法便是以前述原则为依据，或正朝着这个原则指示的方向发展。

显然，人们必须从理论上深刻地理解构成电极总过程的各个基本过程，掌握其自身的主要矛盾和影响因素，以及它们之间的相互联系。这样才能把握在电极总过程中占主导地位的基本过程，或者创造条件使所研究的某个基本过程在电极总过程中占主导地位。电化学发展至今，在理论上人们已对上述各基本过程有了相当的了解，但尚待深化。

第二节 电化学应用

一、电分析化学

（1）电分析化学概述

电分析化学是利用物质的电学和电化学性质进行表征和测量的科学，它是电化学和分析化学学科的重要组成部分，与其他学科有着密切的关系。过去几十年以来，基于各种伏安技术的发展，各种电化学理论的不断完善，电化学分析法从实验技术逐渐发展成为一门具有较强独立性的学科——电分析化学。目前，电分析化学已经建立了比较完整的理论体系。电分析化学既是现代分析化学的一个重要分支，又涉及表面科学，在研究表面现象和相界面过程中发挥着越来越重要的作用。电分析化学的内容至少应包括成分和形态分析、动力学和机制分析，以及表面和界面分析等方面的内容。

电分析化学法是一种公认的快速、灵敏、准确的微量和痕量分析方法，测定浓度可以低至 10^{-12} mol/L（如金属离子），而且仪器简单、价格低廉，特别是在有机、生物和药物分析中显示出越来越大的潜力和优越性。此外，在一些苛刻的环境条件下，如流动的河流、非水化学流动过程、熔盐及核反应堆芯的流体中，电分析化学法也展现出极大的应用潜力。按IUPAC 的建议，电分析化学的实验方法可分为 5 大类：①不考虑双电层和电极反应，如电导测定等；②有双电层现象，但不考虑电极反应，如表面张力测定等；③有电极反应，且向工作电极施加恒定的激励信号，如电势分析法、计时电流法、计时电位法、电解分析法等；④有电极反应，且向工作电极施加可变的大振幅激励信号，如线性扫描伏安法等；⑤有电极反应，且向工作电极施加可变的小振幅激励信号，如脉冲极谱、交流极谱、方波极谱等。

（2）电分析化学实例

阳极溶出伏安法（anodic stripping voltammetry，ASV）在重金属离子检测中具有快速、灵敏和准确度高等优点，可同时检测多种重金属离子，易于实现重金属离子的现场检测。由于汞和汞薄膜电极具有高灵敏度、高稳定性和良好的再现性等优点，是重金属检测的常用电极。然而，汞及其相关化合物有剧毒，所以需要寻找其他电极替代汞电极。铋膜电极于 2000 年首次被提出作为汞膜电极的替代品。铋是一种无毒的环保材料，且在室温下稳定存在，不与氧气或水发生反应；且铋电极在测试中不易被溶解氧干扰，基线稳定，相邻峰易分辨；铋还能够溶解其他金属元素，与之形成二元或多元合金，即铋齐，有利于重金属离子的沉积；同时由于汞在常温下为液态，相比于以固态形式沉积的铋来说，铋膜的机械性能比汞膜更稳定。但是铋膜电极也存在一些不可避免的缺点，即铋离子的自身溶出有阳极电位局限，且由于氢离子还原反应的存在而有阴极电位局限，同时其电势窗口的范围窄且受 pH 的影响较大。本节以铋膜电极为例，对利用阳极溶出伏安法检测重金属离子相关内容进行介绍。

① 铋膜电极的制备　采用预镀铋法制备铋膜电极。分别以玻碳电极、氯化银电极和铂电极为工作电极、参比电极和对电极，一定浓度（如 200 mg/L）的硝酸铋溶液为镀铋液，在三电极系统中，－1 V 富集电位下镀铋一定时间（如 600 s）。之后，将镀铋的玻碳电极用去离子水洗净、晾干，即制得铋膜电极。

② 铋膜电极电化学测试方法　借助电化学工作站，采用三电极体系，分别以铋膜电极、氯化银电极和铂电极为工作电极、参比电极和对电极，一定浓度的硝酸铅溶液为待测液（使用醋酸-醋酸钠缓冲溶液调节 pH），选择差分脉冲溶出伏安法（differential pulse voltammetry，DPV）进行检测。

③ 铋膜电极检测金属离子 Pb^{2+}　在预富集电位为－1 V，预富集时间为 500 s，pH＝4.5（NaAc-HAc 缓冲液）的检测条件下，采用差分脉冲溶出伏安法在铋膜修饰的玻碳电极上对 10～800 nmol/L 浓度范围内的 Pb^{2+} 进行检测。由前述研究结果已知铋膜电极的检测重现性较好，但稳定性较差，故对不同浓度溶液均使用新制备的铋膜电极进行检测。由

图 4-1可知，在 $10\sim800$ nmol/L 的范围内，峰值电流随 Pb^{2+} 浓度的增加而增加，溶出峰值电流与 Pb^{2+} 的浓度线性相关，线性方程为 $I_p=0.00414C-0.19123$（I_p 的单位为 μA，C 的单位为 nmol/L），线性相关性系数为 0.96878；灵敏度为 0.00414 $\mu A/(nmol/L)$；基于 3 倍的信噪比（$S/N=3$），计算得到铋膜电极对 Pb^{2+} 的检出限为 30.45 nmol/L。

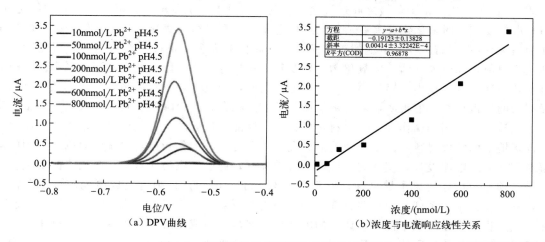

（a）DPV曲线   （b）浓度与电流响应线性关系

图 4-1　铋膜电极检测不同浓度铅离子溶液

此外，对裸铋膜电极的抗干扰能力做了初步评价，如图 4-2 所示，在裸铋膜电极同时检测含 200 nmol/L Cd^{2+}、Pb^{2+} 的溶液时，可以观察到两个独立的溶出峰（-0.74 V 和 -0.54 V 处分别为 Cd^{2+} 和 Pb^{2+} 的溶出峰），且峰间距较宽，具有良好的可区分能力，即说明裸铋膜电极对铅离子和镉离子的检测具有良好的选择性。

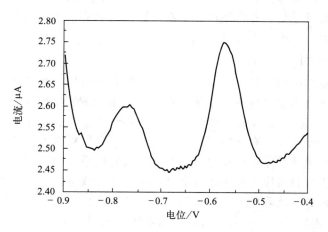

图 4-2　裸铋膜电极同时检测 200 nmol/L Cd^{2+}、Pb^{2+}

二、化学电源

（1）化学电源概述

电池是储存电能并可输出电能的装置。将化学能转变为直流电能的装置称为化学电池或化学电源。把光能或热能等转变为电能的装置称为物理电池（如太阳能电池）。

也就是说，化学电源是通过电化学氧化还原反应将活性材料内储存的化学能直接转换成电能的装置。

电池通常由三部分构成：①正极或阴极，它从外电路接受电子，通过电化学反应被还原；②负极或阳极，它将电子传给外电路，自身则通过电化学反应被氧化；③电解质（离子导体），它在电池内正、负极之间通过离子移动，实现电荷的传输。正极应是有效的氧化剂，但与电解质接触时应稳定并具有适用的工作电压。如氧气可以直接从环境空气中引至电池中作为正极材料，如锌/空气电池的工作模式。然而目前大多数正极材料为金属的氧化物，其他正极材料，如卤素气体、卤氧化物、硫及其氧化物等，则应用于特殊电池体系中。负极应是有效的还原剂，输出比容量高，电子导电性良好，稳定性好，容易制备，成本低。氢是有吸引力的负极材料，但很明显它必须借助某种方法贮存，因而降低了它的有效电化当量。实际上电池中多采用金属作为负极材料，而在综合性能最优异的金属负极材料之中，金属锌是占优势地位的负极材料。锂是最轻的活泼金属，具有高的电化当量，由于已研制出适用的电解质和适当的电池设计，使锂的活性得到有效控制，锂已经成为非常具有吸引力的负极。电解质必须显示良好的离子导电性，但不应具有电子导电性，否则将造成电池内部短路。此外，它还应具备一系列其他重要特性，如不与电极材料发生反应、其性能随温度变化较小、在处理过程中安全与成本低等。典型的电解质是将盐、酸或碱溶解在水或其他溶剂中，以提供离子电导，或使用固体电解质。在实际电池中，负极和正极应是绝缘隔开的，以避免内部短路。在电池中常采用隔膜材料把负极和正极分开，该隔膜应能使电解质穿透，保持期望的离子电导。

电池本身可以制成各种形状和结构，如圆柱形、扣式、扁平和方形。按可否再充电分类，电池可分为原电池（一次电池或不可再充电电池）和蓄电池（二次电池或可再充电电池）。原电池不易用电的方法进行再充电，因此，只能被用来放电一次就得废弃。采用吸收剂或隔膜吸收电解质的原电池多数被称为"干电池"。蓄电池在放电之后，可以用与放电电流方向相反的电流通过电池，使电池再充电恢复到原来状态。蓄电池是一种电能储存装置，因而又称为"储能电池"或可再充电电池。

（2）化学电源实例

化学电源，如铅酸电池、锂离子电池、超级电容器等，是高效存储和利用电能的重要方式之一。其中，超级电容器（也称为电化学电容器）由于兼有传统电容和电池的双重功能、充电速度快、放电电流大、效率高、体积小、循环寿命长、工作温度范围宽、可靠性好、免维护和绿色环保等优点，在汽车（特别是电动汽车、混合燃料汽车和特殊载重车辆）、电力、铁路、通信、国防、消费性电子产品等方面有着巨大的应用价值和市场潜力，成为当前国际性的研究热点。电极材料是决定超级电容器高效存储和释放电能的核心因素。由于多孔碳材料（如活性炭等）具有高比表面积、良好的导电性和物理化学稳定性，且来源丰富、成本较低，因此当前80%以上的商业化超级电容器均以多孔碳材料为电极材料。本节以生物质衍生碳材料为例，对超级电容器相关内容进行介绍。

① 超级电容器活性材料的制备　以超级电容器常用碳材料为例。采用水热炭化和氢氧化钾活化法制备麦麸质衍生炭（GC）。将 6 g 麦麸质与 60 mL 蒸馏水混合后置于 100 mL 反应釜中，加热至 200 ℃恒温 12 h 后冷却至室温。经抽滤和蒸馏水洗涤后获得水热炭。随后将水热炭烘干，将其与氢氧化钾（质量比为 1:3）混合研磨均匀后置于管式炉中加热至目标温度，升温速率为 5 ℃/min，全过程氮气保护，活化 1 h。经活化后的水热炭用 1 mol/L HCl 和蒸馏水洗至中性后烘干。在不同活化温度下制备的样品标记为 GC-X（X = 600、700、

800），X 是活化温度。

②　超级电容器电极及器件制备方法　电极的制备：混合研磨均匀 GC(约 5 mg，质量分数为 85%)、乙炔黑（AB，质量分数为 10%）和聚四氟乙烯水溶液（PTFE，质量分数为 5%）后，将其均匀涂敷在泡沫镍集流体上，随后使用真空干燥箱（60 ℃）烘干备用。

器件的组装：2032 型纽扣电池由两个近似相同的 GC 电极分别作为阴极与阳极，聚丙烯膜作为隔膜，6 mol/L KOH 作为电解液组装而成。

③　超级电容器电化学性能测试方法　三电极体系由 GC(工作电极)、Hg/HgO(参比电极)、Pt 片（对电极）和 6mol/L KOH(电解液)组成。GC 的电化学性能主要通过循环伏安（CV）、恒电流充放电（GCD）和电化学阻抗谱图（EIS，在开路电位下以 5 mV 为振幅，频率范围从 10^5 到 10^{-2} Hz）评价。通过使用 ZView 软件（Scribner associates，Inc.）完成 EIS 数据的拟合与确定等效电路的相关参数。

④　超级电容器电化学性能分析　为了研究 GC 作为超级电容器电极材料的电化学性能，首先在三电极体系中进行了各种电化学测试。GC 电极的 CV 曲线如图 4-3（a）所示，所有 CV 曲线的矩形特征表明 GC 具有理想的电容行为。此外，在 -0.8 V 和 -0.3 V 之间能清晰地观察到氧化还原过程，这主要是由 N、O 官能团的氧化还原反应所致。如图 4-3（b）所示，GCD 曲线呈现出略为扭曲的三角形特征，也表明了 GC 具有典型的电容行为，且有来自表面官能团的赝电容贡献。此外，在不同的活化温度下，GC-700 电极拥有最大的 CV 面

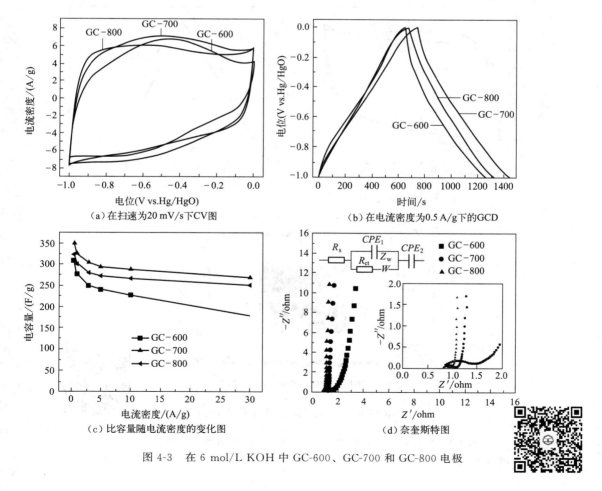

（a）在扫速为20 mV/s下CV图　　　　（b）在电流密度为0.5 A/g下的GCD

（c）比容量随电流密度的变化图　　　　（d）奈奎斯特图

图 4-3　在 6 mol/L KOH 中 GC-600、GC-700 和 GC-800 电极

积和最长的放电时间，这表明 GC-700 有最大的比容量。图 4-3（c）是比容量随电流密度的变化图。虽然电流密度从 0.5A/g 增到 30 A/g，GC 的比容量有所下降，但总体来看，GC 仍然具有高比容量和良好的倍率性能。尤其是在 0.5 A/g 下，GC-700 的比容量为 350 F/g；当电流密度增至 30 A/g 时，容量保持率可达 77%。GC 的电化学电容行为可进一步借助电化学交流阻抗谱研究，其电极的奈奎斯特图和等效电路图如图 4-3（d）所示。在高频区，较短的实轴截距表明 GC 具有较低的等效串联内阻（R_s，约为 0.8 Ω），这包括电极材料与电解液的电阻和接触电阻；中频区的半圆直径随活化温度的增加而减少，表明电荷转移电阻（R_{ct}）逐渐减小；在低频区，GC-700 和 GC-800 呈现出近似垂直的线，表明其具有典型的电容行为。较短的韦伯电阻（Z_w，曲线上斜率为 45°的部分）表明电解液离子能够有效地进入电极材料。

为全面评价 GC 的电化学电容性能，组装了 GC-700 超级电容器，并与 TF-B520（市售产品）超级电容器进行了比较。如图 4-4（a）和图 4-4（b）所示，其 CV 曲线的矩形与 GCD 曲线的三角形特征表明 GC 超级电容器典型的电容行为。此外，GC 超级电容器的 CV 曲线与 GCD 曲线分别大于和长于 TF-B520，表明 GC 超级电容器拥有高比容量。例如，GC 超级电容器的比容量为 65 F/g（0.5 A/g），而 TF-B520 电容器的比容量为 55 F/g。此外，GC 超级电容器在循环 10000 次后的容量保持率为 99%，其库仑效率为 100%。GC 超级电容器的能

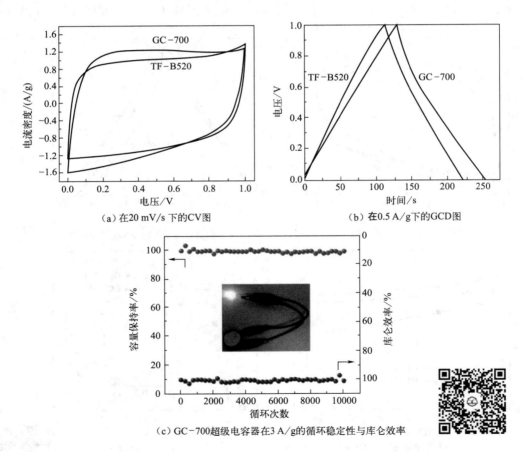

（a）在20 mV/s 下的CV图　　　　　　　　（b）在0.5 A/g下的GCD图

（c）GC-700超级电容器在3 A/g的循环稳定性与库仑效率

图 4-4　在 6 mol/L KOH 中 GC-700 和 TF-B520 超级电容器的比较

插图表示以 6 mol/L KOH 为电解液的三个串联的 GC-700 超级电容器点亮一个 2 V LED

量密度（8.3 W·h/kg）是 TF-B520(7.3 W·h/kg）的 1.1 倍（在功率密度为 240 W/kg）。图 4-4(c) 中插图表示以三个串联的 GC 超级电容器可以轻松地点亮一个 2V LED。因此，与 TF-B520 超级电容器相比，GC 超级电容器表现出更优异的电化学电容性能。

三、电催化

（1）电催化概述

电极可以显著地影响某些电极反应的速度，而电极本身不发生任何净变化的作用称为电催化，电极则是电催化剂。电催化与异相化学催化不同之处在于：电催化与电极电位有关；溶液中不参加电极反应的离子和溶剂分子常常对电催化有明显的影响；电催化通常在较低温度下即可起作用。常用的电催化剂材料有：①金属，如铂、铱和镍等；②合金，如铂-锡合金、镍-钼合金等；③半导体型氧化物，如尖晶石型镍钴氧化物等；④金属配合物，如过渡金属的酞菁化物和卟啉等。由于电极电位会影响电极反应速度，因此在评价不同电催化剂的性能时，须在相同的过电位下比较。通常选用平衡电位下的交换电流密度来衡量电极的催化能力。

电催化剂通常须具备以下特点：①适宜的电子导电性，可为电子转移反应提供不引起严重电压降的电子通道；②良好的电化学稳定性，可在能实现目标反应的电位范围内，不因电化学反应而过早地失去催化活性；③优秀的催化活性，包括实现目标反应和抑制副反应，以及能耐受中间产物与杂质的作用而不致较快地中毒失活。

影响电催化活性的主要因素有两方面：①能量因素，即如何在电催化剂的作用下使目标反应具有较低的活化能；②空间因素，即电催化剂表面与反应粒子之间，应有对实现目标反应和减少副反应最有利的空间对应关系。两类因素并不是单一影响电催化活性，两者之间存在一定联系。此外，催化剂制备方法亦会影响电化学活性，可体现在催化剂的比表面积和表面状态，如缺陷性质和表面浓度，各种晶面的暴露程度等。利用形貌工程、异质结构工程、缺陷工程等来增加活性位点数量、优化电子结构、增强导电性是提升材料催化性能的有效策略。

对于可用于工业生产的电催化剂，要求能在一定时间内具有良好的稳定性。电解工业上一般要求电极在过电位小于 100 mV 时能产生 $0.1 \sim 1$ A/cm^2 的电流密度，并有一年以上的寿命。电催化剂失活的原因通常有：使用中的剥落和磨损；电解液的腐蚀；副反应或吸附杂质导致的中毒；电极表面微粒的重结晶引起的反应活性面积减小。新的电催化剂在应用于工业生产前必须充分考虑该问题。

目前，在电解工业中急需性能优异的电催化剂，如电解冶炼铝、大规模电解水制氢和氯酸盐生产等，微小地降低过电位都将有效节约大量电能。在化学电源和燃料电池等电化学能量转换器中，使用电催化剂可以减小电极极化作用，从而提高电池的输出功率。在有机电合成工业中，采用电催化剂可提供优良的选择性而显著减少副产物的生成量，进而大幅提升产品品质。

（2）电催化实例

能源危机和环境问题日益严峻，而氢能作为一种新兴可持续能源受到了广泛的关注。制氢方式中，电催化水分解具有简便高效、安全可靠等优点。水分解反应中，因阴极氢析出反应（hydrogen evolution reaction，HER）动力学过程缓慢；阳极氧析出反应（oxygen evolution reaction，OER）复杂的四电子-质子耦合过程，实际的水分解电压远高于 1.23 V 的理论值。目前商业的 HER 催化剂主要是 Pt 基贵金属材料，OER 催化剂主要是 Ir、Ru 及其氧化物。这些贵金属储量匮乏、价格高昂，限制了其大规模应用。研究发展高活性兼具稳定性的廉价过渡金属水分解催化剂迫在眉睫，是"氢经济"时代一个颇具前景的研究课题。氧化铈（CeO_2）因其转变灵活的 Ce^{3+}/Ce^{4+} 氧化还原电对而具有了高的氧离子电导、氧交换能力等独特的物理化学特性，在热催化载体材料及电催化助催化剂领域发挥着重要作用，成为替代贵金属催化剂的研究热点。本节以氧化铈基电催化剂为例，对电催化 OER 相关内容进行介绍。

氧化铈基电催化剂的制备如下。

（a）碱式碳酸钴（CoCH）前驱体的制备。将 2.0335 g $Co(NO_3)_2 \cdot 6H_2O$、2.1000 g 尿素、0.0257 g 柠檬酸钠依次完全溶解在 70 mL 去离子水中，装入 100 mL 聚四氟乙烯高压反应釜，垂直放入一片经亲水处理的 3 cm×4 cm 碳纤维布（CFP）基底，超声 15 min 至 CFP 完全均匀浸润。装入不锈钢高压釜后转移至烘箱，升温至 95 ℃保持 8 h 后自然冷却至室温。用大量去离子水冲洗，50 ℃过夜烘干即可得到 CoCH 前驱体。

（b）CeO_2 基底的制备。以新配制的 2 mmol/L $Ce(NO_3)_3$、10 mmol/L NaCl 水溶液作为沉积电解液，放入一片经亲水处理的 CFP（2 cm×3 cm），超声 15 min 至 CFP 完全均匀浸润。将 CFP 直接用作工作电极，以铂片为对电极在 70 ℃恒温、0.25 mA/cm² 电流密度下电沉积 10 min。将沉积好的 CFP 取出，用大量去离子水冲洗，过夜烘干即可得到 CeO_2 基底。

（c）CeO_2-$CoS_{1.97}$ 的制备。类似于 CoCH 的合成，只是将 CFP 基底更换为 CeO_2 基底，重复（a）中操作即可得到 CeO_2-CoCH。而后在磁舟中准确称取 0.3000 g 升华硫粉，将 CeO_2-CoCH 置于其上装入管式炉，保持 100 sscm 的 Ar 载气流速，3 ℃/min 升温至 450 ℃ 保持 2 h，自然降温至室温。将硫化后的材料用 CS_2 冲洗掉表面残余硫，而后用乙醇去除多余 CS_2，于 50 ℃真空过夜干燥即可得到 CeO_2-$CoS_{1.97}$。

（d）$CoS_{1.97}$-CeO_2 的制备。类似于 CeO_2 基底的合成，只是将 CFP 更换为 CoCH，重复（b）中操作即可得到 CoCH-CeO_2。而后类似于 CeO_2-$CoS_{1.97}$ 的硫化过程，只是将 CeO_2-CoCH 更换为 CoCH-CeO_2 重复（c）中操作即可得到 $CoS_{1.97}$-CeO_2。

（e）Ir/C 电极的制备。称量 0.0020 g Ir/C（质量分数为 20%）于 250 μL DMF、700 μL 乙醇和 50 μL Nafion（质量分数为 5%）中，超声至少 30min 至形成均匀墨水。将 100 μL 电化学墨水均匀涂覆在 0.5 cm×2 cm 的 CFP 基底即可制备得到 Ir/C 电极。

氧化铈基电催化剂性能测试方法：所有电化学测试使用经典的三电极测试体系并在 CHI 760E 双恒电位仪上进行，电解液为氧气饱和的 1 mol/L KOH 溶液，对电极为铂片电极，参比电极为 Hg/HgO 电极（内部填充 1 mol/L KOH 溶液），工作电极为负载催化剂的玻碳电极（如 Ir/C 对照电极）或 CFP 负载的氧化铈异质结电极。使用线性扫描伏安法（LSV）测试，扫速 5 mV/s；电化学循环活化测试使用计时电流法；为了补偿溶液电阻的影响，对电位使用以下公式进行校正：$E_{iR\ corrected} = E - iR$，其中 R 为在 CHI 760E 中通过 iR 补偿模块测量的未补偿的溶液欧姆电阻，补偿水平为 95%。电位测试数据换算为可逆氢电极（RHE）数据。EIS 测试选用 0.01～100 kHz 频率区间，10 mV 扰动振幅。

氧化铈基电催化剂性能分析：在 1mol/L KOH 溶液中测试拟合的 LSV 曲线来评估材料的 OER 性能。如图 4-5（a）所示，CeO_2-$CoS_{1.97}$ 仅需 264 mV 即可达到 10 mA/cm² 的 OER 电流密度（j），与 $CoS_{1.97}$-CeO_2 的 270 mV 接近，远小于 $CoS_{1.97}$ 材料的 310 mV，甚至超越了 Ir/C 标杆催化剂的 290 mV。更重要的是，对于动力学标准，如图 4-5（b）所

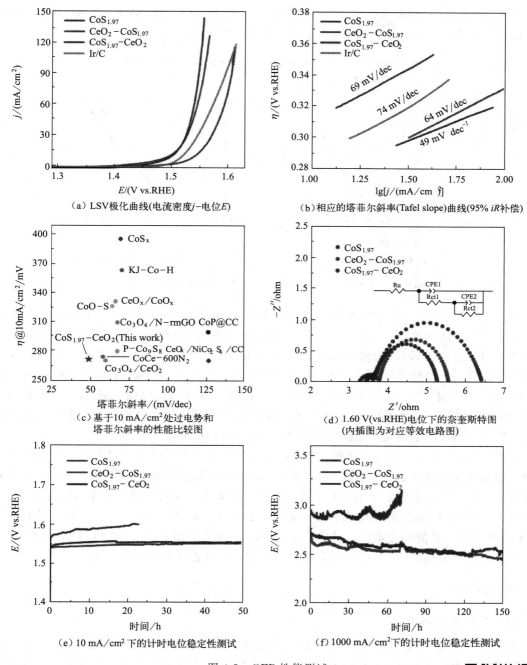

（a）LSV极化曲线（电流密度j-电位E）

（b）相应的塔菲尔斜率(Tafel slope)曲线（95% iR补偿）

（c）基于10 mA/cm² 处过电势和塔菲尔斜率的性能比较图

（d）1.60 V（vs.RHE）电位下的奈奎斯特图（内插图为对应等效电路图）

（e）10 mA/cm² 下的计时电位稳定性测试

（f）1000 mA/cm² 下的计时电位稳定性测试

图 4-5　OER 性能测试

示，$CoS_{1.97}$-CeO_2 表现出最小的塔菲尔斜率值 49 mV/dec，而 $CoS_{1.97}$、CeO_2-$CoS_{1.97}$ 和 Ir/C 分别为 69 mV/dec、64 mV/dec 和 74 mV/dec。与之形成对比的是，如图 4-6 所示 CeO_2 几乎没有 OER 催化活性，其驱动 10 mA/cm² 电流密度的过电势（η）高达 554 mV，塔菲尔斜率也近 442 mV/dec，说明异质结材料的高活性来源其独特的 $CeO_2/CoS_{1.97}$ 空间构象。值得注意的是，Ir/C 的活性比文献报告值要好，这可能源自高负载量导致其具有超高的电化学活性面积值。快速的 OER 动力学

赋予了 $CoS_{1.97}$-CeO_2 材料优异的大电流性能，其仅需 323 mV 过电势即可达到 100 mA/cm² 的 OER 电流密度，而 CeO_2-$CoS_{1.97}$ 在相同条件下只能达到 65 mA/cm²。

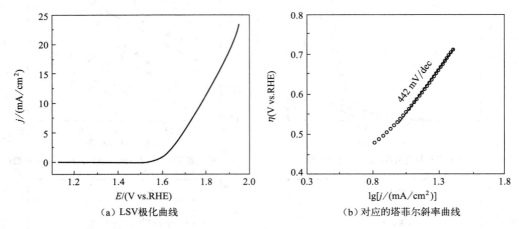

(a) LSV 极化曲线　　　　　　　　(b) 对应的塔菲尔斜率曲线

图 4-6　CeO_2 的 LSV 极化曲线及对应的塔菲尔斜率曲线

如图 4-5（c）所示，综合考虑 10 mA/cm² 时的过电势和塔菲尔斜率这两大重要性能指标，具有不同空间构象的 CeO_2-$CoS_{1.97}$ 异质结材料甚至可以媲美大多数目前已报道的钴基硫化物材料和过渡金属/氧化铈复合材料。如图 4-5（d）所示，EIS 谱图证实 $CoS_{1.97}$-CeO_2 具有最小的界面电荷转移阻抗 1.6 Ω，小于 CeO_2-$CoS_{1.97}$ 的 1.8 Ω，远小于单相 $CoS_{1.97}$ 的 2.7 Ω。这与材料的塔菲尔斜率（Tafel slope）趋势是一致的，说明 $CoS_{1.97}$-CeO_2 具有比 CeO_2-$CoS_{1.97}$ 略好，均优于 $CoS_{1.97}$ 的界面电荷转移动力学。设计合成同时兼有长期稳定性而不是仅有高活性的电催化剂是推向实际生产应用的必由之路。

如图 4-5（e）所示，异质结材料在 10 mA/cm² 恒电流测试中保持了高达 50h 的稳定性并没有出现明显的电压提高，而 $CoS_{1.97}$ 在 24 h 内便出现了明显的性能衰退。工业水分解对大电流条件下材料的性能和结构稳定性提出了更高要求，同时使用生长在 GP 基底上的材料进行了 1000 mA/cm² 的大电流密度 OER 性能测试。如图 4-5（f）所示，异质结材料在 150 h 内均表现出良好的稳定性，其中 CeO_2-$CoS_{1.97}$ 表现出比 $CoS_{1.97}$-CeO_2 略好的稳定性。而对于单相材料 $CoS_{1.97}$，仅 60 h 后便出现了明显性能衰退导致的电压激增。

四、光电化学

（1）光电化学概述

光作用下的电化学过程，即分子、离子及固体等因吸收光使电子处于激发态而产生电荷传递的过程。光电化学（photoelectrochemical，PEC）的历程较为复杂，通常有：①半导体光电化学过程；②半导体光催化过程；③光激发后粒子的电荷迁移过程；④分子或离子的光催化过程；⑤光伽瓦尼过程；⑥电化学发光过程；⑦光合成模拟过程。光电化学体系与通常的化学体系的不同在于其必须考虑到光学系统。以金属或半导体作为电极固定于电解池中，为了对电解池中的电极进行光照，应具备供光通过的"窗"，可用硬质玻璃或石英作为"窗"材料。同时应根据光照射对象（半导体或色素）的光吸收灵敏度，选择适当的光源。例如，用紫外线进行照射时应使用高压汞灯；用可见光进行照射时，应使用氙灯。此外，亦可使用钨灯、卤素灯以及各种激光灯。由于光源发出的光并非单一波长的光，因此在进行波长选择时应使用适宜的分光部件，如玻璃滤光片（应与透过光的半幅值相当）、溶液滤光片（半幅值为几十纳米左右）、干涉滤光片（半幅值大约在 10 nm 以上）、干涉单色器（半幅值约在 0.1 nm 以上）等。

目前 PEC 体系主要分为三类，p 型半导体作为光阴极（或 n 型半导体作为光阳极）的单个光电极体系，两个独立的串联光电极体系以及接触型串联光电极体系。

（2）光电化学实例

光电化学分解水是模拟自然界光合作用实现对太阳能的高效利用，在光照的条件下，半导体产生的光生电子（或空穴）在外电场的作用下迁移至阴极（或阳极）参与水的还原（或氧化）反应。以光阳极为例，其过程为：在光照条件下，半导体光阳极价带电子被激发至导带产生光生电子与空穴对（e^-/h^+），由于半导体的费米能级与电解液氧化还原电位之间的差别会造成半导体表面处能带弯曲并产生空间电荷区，光生电子及空穴对会在空间电荷区电场力的作用下迅速分离。价带的 h^+ 会迁移至光阳极/电解液界面（semiconductor/liquid junction，SCLJ）参与水的氧化过程。而导带的 e^- 会被电场力驱使远离 SCLJ 至光阳极导电基底，并在电场力的作用下被转移至阴极参与水的还原反应，完成整个 PEC 过程。

实验室常用单个光电极体系研究其 PEC 性能，理想的半导体光电极需要具有较好的稳定性和合适的能带位置。水的理论分解电压为 1.23 V，考虑到过电势的存在，理论上半导体材料的禁带宽度要大于 1.23 eV，同时要满足宽的光谱范围的吸收，因此较理想的半导体禁带宽度介于 1.6～1.9 eV 之间（且导带位置负于理论析氢电位，价带位置正于理论析氧电位），处于这个范围的半导体可吸收 650～750 nm 波长的光。在此基础上，光电分解水的能量转换效率（太阳能制氢效率，STH）主要取决于光捕获效率（η_{abs}）、光生载流子分离效率（η_{sep}）以及光生载流子注入效率（η_{inj}）。因此，有效的 PEC 过程需要同时满足以下指标：①较高的太阳能利用率，对太阳能光谱具有宽的吸收范围；②较快的电荷转移速率，光生电子（或空穴）需及时从本体转移至半导体表面或对电极表面；③较快的表面电荷利用率，半导体表面反应动力学过程较快，可显著降低过电位；④较高的稳定性。

$\alpha\text{-Fe}_2\text{O}_3$ 是一种典型的窄带隙氧化物半导体，本节以基于 $\alpha\text{-Fe}_2\text{O}_3$ 的光阳极为例，对光电催化水分解相关内容进行介绍。

① 光电化学光阳极的制备　非金属 P 掺杂 $\alpha\text{-Fe}_2\text{O}_3$ 纳米棒表面包裹了薄层的金属 Mg 掺杂的 $\alpha\text{-Fe}_2\text{O}_3$ 光阳极（$\text{Mg-Fe}_2\text{O}_3/\text{P-Fe}_2\text{O}_3$ NRs）的制备采用水热再生长的方法，过程如下：首先，将已制备的 $\text{P-Fe}_2\text{O}_3$ 光阳极（导电面朝下）置于体积为 25 mL、含有 1.2 mmoL $\text{FeCl}_3 \cdot 6\text{H}_2\text{O}$、0.3 mmol MgCl_2 和 1.5 mmoL 尿素混合液（10 mL）的聚四氟乙烯内衬中；之后将水热釜置于烘箱中 100 ℃保持 5 h 生长 Mg 掺杂的 FeOOH 薄膜，待降温后用去离子水冲洗晾干后置于管式炉中，最后在 N_2 氛围中 550 ℃煅烧 2 h，700 ℃煅烧 10 min（升温速率 3 ℃/min）。即可得到 $\text{Mg-Fe}_2\text{O}_3/\text{P-Fe}_2\text{O}_3$ NRs。

② 光电化学光阳极测试方法　光阳极的 PEC 析氧性能测试采用典型的三电极体系，通过 CHI 760E 电化学工作站和泊菲莱 300 W 氙灯光源实现。光照强度采用 AM 1.5 G 滤光片校准至 100 mW/cm²。其中参比电极和对电极分别为 Ag/AgCl 电极和 Pt 电极。工作电极面积 1 cm²。所有 PEC 性能测试除载流子分离效率和注入效率测试外，均采用 1 mol/L KOH(pH＝13.6) 溶液为电解液。光电流采用线性扫描伏安曲线（LSV）记录，电位窗口为 0.5～1.6 V vs. RHE，扫速 5 mV/s。电化学阻抗谱（EIS）在光照条件下，1.2 V vs. RHE 电位下测试，并施加 5 mV 交流电压扰动，测试频率范围 0.1 Hz～100 kHz。EIS 数据采用 ZView 软件拟合。莫特肖特基（M-S）曲线测试在黑暗条件下进行，电位区间为

0.3 V～1.4 V vs. RHE（电位增速 20 mV/s，测试频率 1 kHz）。所有电化学测试电位均以可逆氢电极电势（RHE）为基准。

③ 光电化学光阳极性能分析　首先采用 LSV 曲线对电极的 OER 活性进行测试。图 4-7（a）表明，对于光电极，在黑暗条件下观察到的电流可忽略不计，但是在模拟太阳光照射下，$Mg\text{-}Fe_2O_3/P\text{-}Fe_2O_3$ NRs 光阳极具有优异的 OER 催化活性和更大的光电压（950 mV，$0.1\ mA/cm^2$）。同时，该电极的起始析氧电位降至 0.68 V vs. RHE，该值已经比较接近 $\alpha\text{-}Fe_2O_3$ 光阳极的理论平带电位值（0.45 V vs. RHE）。与 $\alpha\text{-}Fe_2O_3$ 光阳极相比负移了 110 mV。值得注意的是，在电位为 1.23 V vs. RHE，经过 P 掺杂和同相结的生成，$Mg\text{-}Fe_2O_3/P\text{-}Fe_2O_3$ NRs 和 $P\text{-}Fe_2O_3$ NRs 两种光阳极的电流密度是 $\alpha\text{-}Fe_2O_3$ 光阳极的 4.7 倍和 2.5 倍 [图 4-7（b）]。此外，前两种电极在低电位下的电流密度增长也非常明显，在 1.0 V vs. RHE 电位下，$Mg\text{-}Fe_2O_3/P\text{-}Fe_2O_3$ NRs 光阳极的太阳能转换效率（applied bias photon to current conversion efficiency，ABPE）达到 0.23%。这归因于 $Mg\text{-}Fe_2O_3$ 和 $P\text{-}Fe_2O_3$ 之间形成内置电场的作用，以及水热再生长过程消除了大量的 $\alpha\text{-}Fe_2O_3$ 表面态，这些表面态通常为载流子复合中心，并因此导致了高的 OER 反应过电位。因为具有表面态的 $\alpha\text{-}Fe_2O_3$ 载流子复合为非辐射复合，在表面态被消除后，非辐射复合路径被阻断，将表现出辐射复合。随着 P 掺杂和表面 $Mg\text{-}Fe_2O_3$ 薄层的负载，$P\text{-}Fe_2O_3$ NRs 和 $Mg\text{-}Fe_2O_3/P\text{-}Fe_2O_3$ NRs 两种光阳极

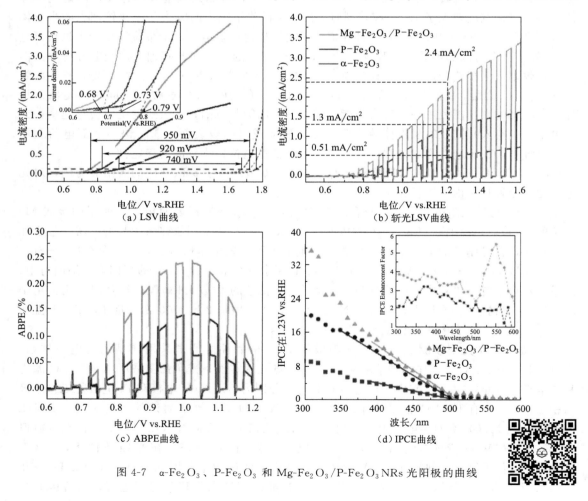

图 4-7　$\alpha\text{-}Fe_2O_3$、$P\text{-}Fe_2O_3$ 和 $Mg\text{-}Fe_2O_3/P\text{-}Fe_2O_3$ NRs 光阳极的曲线

具有更显著的 PL 响应，证明上述过程对于表面态的消除有着明显的作用。此外，通过测量入射光电流转换效率（incident photon to current conversion efficiency，IPCE）来比较每个光阳极的量子效率。图 4-7（d）是在 1.23V vs. RHE 电位下每个光阳极在特定波长下的 IPCE 值 [图 4-7（d）的插图为特定波长下的 IPCE 增长因子]。图 4-7（d）中直观地表现出 P-Fe_2O_3 NRs 和 Mg-Fe_2O_3/P-Fe_2O_3 NRs 两种光阳极在 300~500 nm 波长范围内具有更高的 IPCE 值。

五、生物电化学

（1）生物电化学概述

生物电化学是利用电化学的基本原理和实验方法，在生物体和有机组织的整体以及分子和细胞两个不同水平上研究或模拟研究电荷（包括电子、离子及其他电活性粒子）在生物体系和其相应模型体系中分布、传输和转移及转化相关的化学本质和规律的学科。生物电化学涉及不同领域的生物学问题，包括：①在生物体内进行的绝大部分化学反应都是氧化还原反应，如组织生长、再生等进行的新陈代谢；②光合作用，包括吸收分子的电子激发过程、膜上产生的电子和质子转移过程和代谢化学反应；③膜现象，其几乎完全控制着离子和分子等物质从活细胞外部向内部或反方向的传输，离子有方向性的运动造成了跨膜电位差，调节着一系列的物质运输；④生物体所需的信息过程几乎都是通过电信号方式发生，如包括视觉、动作、痛觉、饥饿和干渴感等电生理现象；⑤用一定周期和幅度的适当电脉冲在膜中生成微孔，使物质更容易跨膜转移等；⑥生物电化学方法对各种疾病的治疗涉及生物传感器、燃料电池、电刺激和电麻醉等。

具体如：在生物体系中控制遗传信息的物质是核酸，而核酸的基本组成单位是核苷酸。含氮的杂环化合物嘌呤或嘧啶衍生物的碱基物质（如腺嘌呤、胞嘧啶）与糖结合而形成核苷，再经磷酸酯化得到核苷酸。因此，研究核苷酸中电活性部分，即碱基腺嘌呤还原的电极过程是极其重要的。碱基腺嘌呤在汞电极上还原时，必须预先质子化，因此溶液的 pH 必须低于 7。电极过程的第一步是其嘧啶环中的双键获得 2 个电子和 1 个质子，这一步是控制步骤；随后再得到 2 个电子和 2 个质子的脱氨基过程很慢，只有在相当长的电解时间内，脱氨基才能充分进行。此外，尿酸是腺嘌呤的代谢产物，在人和其他哺乳类动物中仅含少量尿酸。若出现尿酸病理学沉积，将会形成尿结石等而引起痛风等疾病。借助电化学方法可以分析和测定尿酸的浓度，进而有助于对相关疾病的诊断与治疗。对尿酸及其衍生物的伏安法研究，可提供酶氧化机制的重要信息，即证实酶氧化和电化学氧化的中间产物是相同的，说明生物反应与电极反应的相似性，因而有可能把酶反应从外界控制转化为电化学控制。

伏安法在生物电化学中有许多应用。例如通过对有生物学意义的有机物质和生物多聚体的分析和物理化学表征，可研究药物代谢及效果，亦可研究酶氧化还原反应和光氧化还原反应，进而对药物和食品进行监控等。

（2）生物电化学实例

过氧化氢（H_2O_2）又称双氧水，是细胞内酶代谢反应的主要副产物之一，例如葡萄糖氧化酶、赖氨酸氧化酶、乳酸氧化酶、酒精氧化酶、尿酸氧化酶等，它们通过代谢反应生成的 H_2O_2 在生物学上被归类为活性氧簇，其在生物细胞内的含量对生物体的生命活动、生理机能等具有重要影响。因此，H_2O_2 的准确、快速、可靠、低成本的检测对于生物学研究、临床诊断、疾病预防等而言至关重要，具有重大意义。

传统的 H_2O_2 检测方法很多，包括滴定法、分光光度法、荧光光谱法、化学发光法等。迄今为止，这些分析方法都已发展得比较成熟，其中还有一些已经作为经典的测试方法而被规范化、标准化。然而，现代生物学研究以及临床诊断等领域的不断发展，对 H_2O_2 的检测提出了更高的要求，迫切需要能对 H_2O_2 进行痕量、实时检测的方法，而这些传统的测试方法面临着检测限不足、耗时费力、操作复杂繁琐等缺点，因此新型的 H_2O_2 测试方法引起了研究者们的广泛兴趣。其中，电化学传感器由于具有灵敏度高、稳定性好、响应速度快和构造简单等特点而受到了研究者的重点关注。电化学传感器是一种能将化学信号转化为电信号的检测装置，它们把化学反应中的变化量如浓度等以电信号的形式表达出来，电信号在经过电子电路的进一步放大后便被显示在输出系统中。根据电化学传感器所用电极材料的类型，可以将它们分为两类：一类是以酶作为主要活性物质的酶基电化学传感器，另一类则是以无机材料为基础的无酶电化学传感器。而根据被检测物质，则可将其分为过氧化氢电化学传感器、葡萄糖电化学传感器、无机盐类电化学传感器等。本节以基于金属有机框架材料的无酶电化学传感器为例，对过氧化氢电化学传感器的相关内容进行介绍。

① 过氧化氢电化学传感器电极材料的制备　将 100 mL 的 DMF 与 0.2039 g $ZrCl_4$ 混合并超声 5 min，制得 8.75 mmol/L 的 $ZrCl_4$ 的 DMF 溶液。取上述溶液 5 mL，与 5 mL 8.01 mmol/L 的对苯二甲酸（H_2BDC）的 DMF 溶液混合，置于一个玻璃小瓶中。加入 1.2 mL 的冰醋酸，再加入不同体积（0 mL、0.05 mL、0.1 mL 以及 0.2 mL）的 Pt 纳米颗粒溶液，混合均匀。将小瓶密封后静置于烘箱中（120 ℃下保温 48 h），自然冷却至室温。用离心机进行离心分离，得到的产品用 DMF 洗涤 3 次。将所得的产品置于 60 ℃ 的乙醇中，乙醇每 24 h 换一次，以置换产品中残存的 DMF。最后，使用离心机离心分离得到产品后，在 80 ℃下干燥 10 h，将其研磨成粉。将加入不同体积 Pt 纳米颗粒制得的样品分别标记为 UiO-66、Pt NPs@UiO-66-1、Pt NPs@UiO-66-2 以及 Pt NPs@UiO-66-3。

② 过氧化氢电化学传感器电极的制备　将玻碳电极（GCE，直径 3 mm）用粒径分别为 1.0 μm、0.3 μm 以及 0.05 μm 的氧化铝抛光粉进行打磨处理，使电极表面光亮，然后再在二次水和无水乙醇中分别超声 2 min，干燥。将 2 mg 制备的样品粉末置于 1 mL 的无水乙醇中，超声 10 min，制得样品悬浮液。取不同体积（5 μL、10 μL 以及 15 μL）的上述悬浮液，滴涂在玻碳电极的表面，干燥后再滴涂 3 μL 的 Nafion 溶液（质量分数为 0.5%），室温下干燥备用。

③ 过氧化氢电化学传感器电化学测试方法　电化学测试在 CHI 760E 电化学工作站上进行。采用三电极体系，以制备电极为工作电极，以 Hg/HgO 电极为参比电极，铂片电极为对电极，电解液为 0.1 mol/L 的 NaOH。分别用循环伏安法和计时安培法进行相关电化学测试。

④ 过氧化氢电化学传感器性能分析　如图 4-8(a) 所示，在加入 2 mmol/L 过氧化氢后，UiO-66 传感器所产生的响应电流很小，这表明 UiO-66 对 H_2O_2 进行电催化氧化的活性非常有限。相对于单一的 UiO-66，Pt 纳米颗粒的引入对 H_2O_2 具有更高的催化能力。最强的氧化电流响应来自于 Pt NPs@UiO-66-2 传感器，并且它还具有最小的响应起始电位（0.32 V）。这说明 Pt NPs@UiO-66-2 电催化氧化过氧化氢的能力最强，拥有更好的催化动力学。同时注意到，Pt NPs@UiO-66-3 传感器对过氧化氢的电化学响应仅略微好于 UiO-66 传感器。造成各传感器对 H_2O_2 电化学响应能力不同的因素主要有两个：（a）被封装于 UiO-66 MOFs 内部的 Pt 颗粒的数量；（b）UiO-66 MOFs 的结晶形貌。当 Pt 颗粒的数量增加时，H_2O_2 氧化的催化活性中心会增加，从而产生更高的电流响应。由于 Pt NPs@UiO-

66-2 内具有数量最多的 Pt 纳米颗粒，所以其响应电流也最高。此外，UiO-66 的结晶形态对响应电流也具有很大影响。由于在 Pt NPs@UiO-66-3 中发生了较为严重的 Pt 纳米颗粒堆积和团聚现象，其内部孔道结构必然会随之变化甚至被堵塞，进而导致 H_2O_2 分子难以从电解液中通畅地到达催化活性中心，最后导致电极产生的电流响应较小。

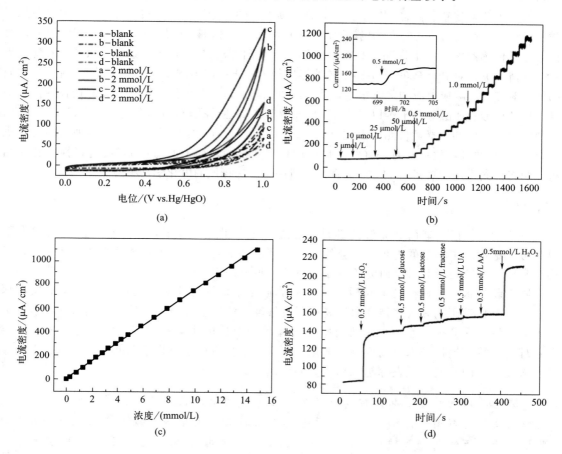

图 4-8　UiO-66(a)、Pt NPs@UiO-66-1(b)、Pt NPs@UiO-66-2(c) 及 Pt NPs@UiO-66-3(d) 传感器在未加 H_2O_2（虚线）和加入 2 mmol/L H_2O_2（实线）下的循环伏安曲线（电解液：0.1 mol/L NaOH，扫速：20 mV/s）；(b) 在 0.85 V 电位下 Pt NPs/UiO-66-2 传感器对连续滴加不同浓度 H_2O_2 的 I-t 响应曲线（插图为滴加 H_2O_2 后电极电流响应的放大图）；(c) 根据图 (b) 得到的响应电流与 H_2O_2 浓度的标准曲线；(d) Pt NPs@UiO-66-2 传感器在加入 0.5 mmol/L 过氧化氢、葡萄糖、果糖、乳糖、尿酸、抗坏血酸和过氧化氢时的电流响应曲线

　　图 4-8(b) 是每隔 50 s 向电解液中加入不同浓度的 H_2O_2 时，Pt NPs@UiO-66-2 传感器的 I-t 电流响应。由图可知，在每次加入 H_2O_2 后，其电流响应到达 95% 的稳定电流值约需 3 s。这表明 H_2O_2 分子从电解液渗透至催化中心确实需要一定的时间。由图 4-8(c) 可知该传感器对 H_2O_2 表现出相当宽的线性范围：5 μmol/L~14.75 mmol/L，线性拟合方程为 $I(\mu A/cm^2) = 75.33\ C + 7.63$，相关系数达 0.999，这说明其响应电流与 H_2O_2 浓度之间具有极好的线性相关性。传感器的检测上限往

往与被检测对象在电极材料活性表面上的饱和吸附有关。UiO-66 在一定程度上会阻碍 H_2O_2 的扩散过程，从而延迟了 H_2O_2 分子在 Pt 催化中心的饱和，因此提升了该传感器的检测上限。该传感器的灵敏度为 75.33 $\mu A/[\text{mmol}/(L \cdot cm^2)]$，最低检测限达到 3.06 $\mu mol/L(S/N=3)$。即该传感器表现出优异的 H_2O_2 电化学传感性能。

对于电化学传感器而言，抗干扰能力是一项重要的性能指标。在实际检测环境中存在如尿酸（UA）、抗坏血酸（AA）等共存物质，它们均可能会对 H_2O_2 的检测造成干扰。因此，对该电化学传感器进行抗干扰测试是非常重要的。如图 4-8(d)，在干扰物质与 H_2O_2 浓度比为 1∶1 的情况下，对 Pt NPs@UiO-66-2 传感器进行了抗干扰能力测试。结果表明，5 种干扰物质的加入对传感器响应电流的影响很小，几乎可以忽略。这说明该传感器具有良好选择性。葡萄糖、抗坏血酸、尿酸等分子难以进入 UiO-66 狭窄的渗透性孔道，而仅允许透过 H_2O_2，从而实现了对 H_2O_2 的选择性检测。由此可见，Pt NPs@UiO-66 复合材料实现了两种功能的有机组合，即 Pt 纳米颗粒具有对 H_2O_2 的良好催化氧化能力，而 UiO-66 则具有选择性的孔道结构，两者协同作用实现了对 H_2O_2 的宽线性范围、高选择性的电化学传感检测。

六、展望

电化学是一门古老而又年轻的学科。经过 2 个多世纪的发展，与之相关的成就举世瞩目，极大地推动了科学的进步与社会的发展。其在基础研究和应用领域的不断发展完善，对国民经济、国防建设和科学研究等方面有着至关重要的意义。

随着新技术、新材料的不断涌现，电化学研究体系将持续从宏观向分子、原子尺度深入；传统电化学研究方法将持续向提高检测灵敏度、适应各种极端条件及采用新的数学方法的方向发展；在分子、原子水平研究电化学体系的原位电化学技术将不断创立、发展和应用；理论计算等模拟技术将高度融入电化学研究。这都将促使电化学在能源、环境、生命等关乎人类命运的重要领域发挥越来越重要的作用。

光电方法的结合让电化学分析在生物体的应用更加便捷，让很多无电化学信号的物质变得可以用电化学检测。习近平总书记在二十大报告中提出"必须坚持系统观念，万事万物是相互联系、相互依存的"，此观点指导人们进行交叉学科的研究，通过解决具体问题，将不同方法套用、组装到一起，为解决问题而建立方法，而不是为了建立方法而建立方法。

参考文献

[1] 邵元华，朱果逸，董献堆，张柏林，译. 电化学方法——原理和应用（第二版）. 北京：化学工业出版社，2022.
[2] 杨绮琴，方北龙，童叶翔. 应用电化学. 广州：中山大学出版社，2001.
[3] 吴继勋，译. 现代电化学. 北京：化学工业出版社，1995.
[4] 田昭武. 电化学研究方法. 北京：科学出版社，1984.
[5] 蒲国刚，袁倬斌，吴守国. 电分析化学. 合肥：中国科技大学出版社，1993.
[6] 汪继强，译. 电池手册. 北京：化学工业出版社，2013.
[7] Xu SW, Zhao YQ, Xu YX, et al. Heteroatom doped porous carbon sheets derived from protein-rich wheat gluten for supercapacitors：The synergistic effect of pore properties and heteroatom on the electrochemical performance in different electrolytes. Journal of Power Sources. 2018，401：375-385.
[8] Xu SW, Zhang MC, Zhang GQ, et al. Temperature-dependent performance of carbon-based supercapacitors with water-in-salt electrolyte. Journal of Power Sources. 2019，441：227220.

[9] Zhao YQ, Lu M, Tao PY, et al. Hierarchically porous and heteroatom doped carbon derived from tobacco rods for supercapacitors. Journal of Power Sources. 2016, 307: 391-400.

[10] Dai TY, Zhang X, Sun MZ, et al. Uncovering the promotion of $CeO_2/CoS_{1.97}$ heterostructure with specific spatial architectures on oxygen evolution reaction. Advanced Materials. 2021, 33: 2102593.

[11] An L, Huang BL, Zhang Y, et al. Interfacial defect engineering for improved portable zinc-air batteries with a broad working temperature. Angew. Chem. 2019, 131: 9559-9563.

[12] Hu Y, Zheng Y, Jin J, et al. Understanding the sulphur-oxygen exchange process of metal sulphides prior to oxygen evolution reaction. Nature Communications. 2023, 14: 1949.

[13] Li F. Li J, Li F, et al. Facile regrowth of $Mg-Fe_2O_3/P-Fe_2O_3$ homojunction photoelectrode for efficient solar water oxidation. Journal of Materials Chemistry A. 2018, 6: 13412-13418.

[14] Li F, Li J, Gao L, et al. Construction of efficient hole migration pathway on hematite for efficient photoelectrochemical water oxidation. Journal of Materials Chemistry A. 2018, 6: 23478-23485.

[15] Li F, Li J, Zhang J, et al. NiO nanoparticles anchored on phosphorus-doped $\alpha-Fe_2O_3$ nanoarrays: an efficient hole etraction p-n heterojunction photoanode for water oxidation. ChemSusChem, 2018, 11: 2156-2164.

[16] Xu ZD, Yang LZ, Xu CL. Pt@UiO-66 heterostructures for highly selective detection of hydrogen peroxide with an extended linear range. Analytical chemistry. 2015, 87: 3438-3444.

[17] Huo HH, Xu ZD, Zhang T, et al. $Ni/CdS/TiO_2$ nanotube array heterostructures for high performance photoelectrochemical biosensing. Journal of Materials Chemistry A. 2015, 3: 5882-5888.

[18] Li RM, Guo WW, Zhu ZJ, et al. Single-atom indium boosts electrochemical dopamine sensing. Analytical Chemistry. 2023, 95: 7195-7201.

[19] Chen J, Li SY, Chen Y, et al. L-cysteine-terminated triangular silver nanoplates/MXenenanosheets are used as electrochemical biosensors for efficiently detecting 5-hydroxytryptamine. Analytical Chemistry. 2021, 93: 16655-16663.

[20] Du PY, Niu QX, Chen J, et al. "Switch-On" fluorescence detection of glucose with high specificity and sensitivity based on silver nanoparticles supported on porphyrin metal-organic frameworks. Analytical Chemistry. 2020, 92: 7980-7986.

[21] 徐少文. 高能量密度碳基超级电容器的构建及其影响因素研究. 甘肃: 兰州大学, 2020.

[22] 戴腾远. 钴基硫属化合物的合成修饰及其电催化水分解应用. 甘肃: 兰州大学, 2021.

[23] 李丰. $\alpha-Fe_2O_3$基光阳极的构筑及其光电水氧化性能研究. 甘肃: 兰州大学, 2019.

[24] 许兆东. 基于金属有机框架材料的过氧化氢无酶电化学传感性能研究. 甘肃: 兰州大学, 2016.

第五章
微流控芯片

导学
- 掌握微流控芯片的基本概念和基本原理
- 理解各种微流控芯片的材料和制作工艺
- 理解微流控芯片各种功能的实现
- 了解各类微流控芯片的分析方法和检测方法

微流控芯片通过微机电加工技术把分析实验室的功能，包括进样、预处理、衍生化、分离检测等集成到几平方厘米的芯片上，自动完成分析全过程，极大地减少了样品和试剂用量，加快了分析速度，降低了分析成本，消除了外界环境的影响，是目前商品化最为成功的分析技术之一。

第一节 微流控芯片概述

微流控芯片是一种以在微米尺度空间对流体进行操控为主要特征的新技术，具有将生物、化学等实验室基本操作和基本功能微缩到一个面积为几平方厘米芯片上的能力，因此又被称为芯片实验室。

微流控芯片技术起源于二十世纪六七十年代兴起的毛细管电泳技术。1990 年，瑞士研究人员 Manz 和 Widmer 首先提出了微流控芯片的概念，1992 年 Manz 研制出芯片毛细管电泳装置，实现了此前一直在毛细管内完成的电泳分离，开创了微流控芯片技术。1994 年美国橡树岭国家实验室 Ramsey 等在 Manz 的工作基础上改进了芯片毛细管电泳的进样方法，提高了其性能和实用性。1995 年美国加利福尼亚大学伯克利分校的 Mathies 等在微流控芯片上实现了高速 DNA 测序，其商业价值开始显现，同年 9 月首家微流控芯片企业——Caliper Technologies 公司成立。1996 年 Mathies 等又将聚合酶链反应（PCR）扩增和毛细管电泳集成在一起，以后又实现了微流控芯片上多通道毛细管 DNA 测序。1998 年首台微流控分析仪器面世，随后各种仪器和芯片如雨后春笋般投入商用。2000 年，Anderson 等研制了一种可用于多样品的一系列复杂分子处理的高度集成的芯片，它可从毫升级水溶液样品中提取浓缩的核酸，进行扩增、酶反应、杂交、混合和测定等，并可进行十几种反应物的60多个连续操作。2001年，*Lab on a Chip* 杂志创刊，它作为本领域的主流刊物，报道世界范围内相关研究的进展。自此，微流控芯片的发展进入了崭新的阶段。2002年，S. Quake 等人有关题为《微尺度生物分析系统》和《微流控芯片的大规模集成》的文章在 *Science* 上发表，这意味着微流控芯片的价值得到了学术界和产业界的肯定。2006年，*Nature* 杂志发表"Lab on a Chip"专辑，共收录1篇概论和8篇综述，从不同角度阐述了芯片实验室的研究历史、现状和应用前景。目前，微流控芯片技术已经成为生命科学、药物合成、疾病诊断、食品安全检测等研究中的重要工具和热点。

一、微流控芯片的基本特征

（1）低雷诺数流动

雷诺数 *Re* 是流体力学中的一种可用来表征流体流动情况的无量纲数。

$$Re = \frac{\rho v L}{\mu} \tag{5-1}$$

雷诺数物理上表示惯性力和黏性力比值的大小，是判别流动特性的依据。在管流中，雷诺数小于2300的流动是层流，此时液体沿着与管轴平行的方向做平滑直线运动；雷诺数介于2300～4000为过渡状态；雷诺数大于4000的流动是湍流，此时液体内部具有随机的涡旋结构，这些涡旋在液体内部随机运动。在微流体中，*Re* 一般小于10，流体呈层流状态，液体混合的主要驱动是分子的无规则扩散。微流控芯片通道内溶液层流见图5-1。如图5-1所示，芯片右侧的三种溶液，在通过芯片通道时呈层流状态，因此相邻溶液不会相互混合。这种特性使得微流控通道内的溶液不容易发生自发混合。

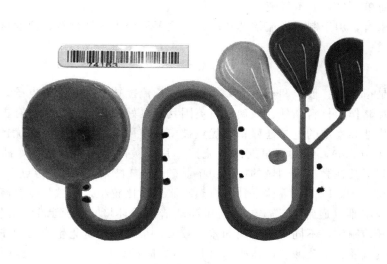

图 5-1　微流控芯片通道内溶液层流示意图

（2）连续介质假设的适用性

流体连续介质假设是指流体内部任一质点的局部性质应为其附近单位体积元（分子团）内所有分子运动参数的平均值。例如在烧杯中的液体，不同位置的密度是相同的，因为烧杯内的液体可以看作一个连续的整体，此时分子无规则热运动可以忽略不计；

当烧杯尺寸减小到一定程度时，分子无规则热运动不能被忽略，介质被认为不再连续。由于微流控芯片通道的尺寸都较小，当微流控系统中引入 DNA、蛋白质等生物大分子时，会破坏通道内部溶液的连续性，引起局部物理性质的变化，因此在芯片设计上要充分考虑到分子的动力学尺寸，同时也可利用这种被破坏的连续性进行分析检测。

（3）边界滑移问题

液体流经固体表面时会受到固液界面的影响，宏观状态下界面处的流体速度逐渐趋于壁面速度。静止的管道内部流体流动时，边界流体速度为零。在常规体系中，边界处的静止流体可以忽略不计，但随着体系尺寸的减小，边界处溶液所占总体溶液的比例逐渐升高，超过一定阈值以后，不能再忽略边界处的静止流体，此时壁面和边界流体分子间的相互作用（如范德瓦耳斯力、静电力、溶剂化力）将会对流体的性质以及分离过程产生重要影响。

二、常见微流控芯片材料

微流控芯片是微流控技术的核心，是芯片功能实现的载体和基础。微流控芯片发明至今，如何通过对芯片材料的加工获得特定的通道结构，一直是微流控技术的研究热点之一。出于成本和功能需求考虑，在过去的几十年间，各种各样的材料被应用到微流控芯片的制作中。对于芯片材料的选择，应主要遵从以下 5 个选取原则：

（a）芯片材料与工作介质间要有良好的化学和生物相容性；

（b）芯片材料应有良好的电绝缘性和散热性；

（c）芯片材料应有良好的光学性能；

（d）材料表面具有良好的可修饰性；

（e）制作工艺简单，材料成本低廉。

从材料的性质来看，用于制作微流控芯片的材料主要可分为刚性材料、弹性材料、塑性材料和其他材料四类。

（1）刚性材料

刚性材料主要是指如硅、玻璃和石英等无机材料。微流控技术起源于微电子行业，因此硅是最先被用于芯片制作的材料。硅、玻璃和石英因具有良好的化学惰性、耐有机溶剂、易于金属沉积、高导热性和稳定的电渗迁移率等优点被广泛使用，特别是石英的优良光学性能（透光范围：287～2600 nm），使其在早期的微流控芯片中被广泛使用。然而，硅和玻璃自身的一些问题也限制了其在微流控领域的应用：单晶硅熔点 1410 ℃，石英熔点 1750 ℃，玻璃的软化温度一般在 500 ℃以上，且这三种材料热膨胀系数比较小，机械强度较高，因此制造成本高，芯片黏合困难（通常需要高温、高压和超清洁的环境）；受到制作工艺的影响，每个芯片都是从头开始制作，不同芯片之间的差异较大，很难做批量化生产；制作过程涉及危险化学品（例如氢氟酸、浓硫酸和浓盐酸），因此需要防护设施，且制作过程中会产生大量有毒有害废气和废液。此外，在芯片上一般只能做平面结构，通道不能交叉重叠，也不容易制作有效阀门。由于玻璃和硅的材质不具有透气性，封闭的通道和空腔也不能用于长期的细胞培养。

玻璃、硅、石英等刚性材料，在使用前一般需要通过有机溶剂洗涤、酸洗（Piranha 溶液：将 30％双氧水和浓硫酸按体积比 3∶7 混合，保持沸腾）、水洗等步骤去除表面污染物。对于硅片，还需要使用六甲基二硅胺烷（HMDS）或氧等离子体处理表面。玻璃和石英基片表面一般需蒸镀金属铬，但金属铬和二氧化硅结合力不强，一般先蒸镀金，在金的表面再蒸镀金属铬。使用前需先退火，使基片表面的金铬层混合均匀。

（2）弹性材料

弹性材料主要是指聚二甲基硅氧烷（PDMS）。为了降低微流控芯片的制作成本，研究者在刚性材料以外逐步发展了容易获得且价格低廉的聚合物材料。聚二甲基硅氧烷（PDMS）是芯片制作中最常见的弹性材料，它具有良好的绝缘性、光学性能、高弹性和透气性，易实现微泵和微阀的制作和细胞培养，制作成本低，便于批量化生产，因此在实验室备受欢迎。

PDMS与硅和玻璃的键合也非常方便，因此可以借助PDMS在玻璃芯片或者硅芯片上实现特殊的通道结构。但是PDMS芯片也具有局限性，一是不耐受有机溶剂，二是疏水分子和生物大分子在PDMS表面吸附较为严重，三是水分子会通过PDMS的透气孔蒸发，从而很难利用PDMS芯片进行需要准确定量的实验。虽然人们已经提出很多关于PDMS芯片的修饰策略，但很难完全克服这些限制。

（3）塑性材料

塑性材料主要指具有热塑性的高分子聚合物材料。塑性材料如聚甲基丙烯酸甲酯（PMMA）、聚苯乙烯（PS）、聚丙烯（PP）、聚碳酸酯（PC）、环烯烃类共聚物（COP以及COC）、全氟聚合物（EPF以及PFA）等都是制作芯片的选择。这些材料具有良好的绝缘性和透光性，有机溶剂的耐受性普遍比PDMS强，但不具有透气性，无法进行细胞培养。热塑性塑料虽然不如PDMS那样方便与其他材料的表面键合，但是键合条件通常比玻璃更为温和，并且不需要洁净环境。热塑性聚合物芯片的大规模制作成本低，适合商业化生产。

（4）其他材料

其他材料主要指上述三种材料以外的材料。近年来，随着微流控芯片研究的不断深入，一些其他材料也逐渐被应用到微流控芯片的制作中，展现出了广阔的应用前景。

水凝胶是亲水聚合物链的三维网络，具有高度多孔性，允许小分子甚至生物制品通过。在水凝胶中可以构建微通道，用于输送溶液、细胞和其他物质。水凝胶具有良好的生物相容性，与细胞外基质相似，非常适用于组织水平的细胞培养与研究。

纸质微流控芯片（paper-based microfluidic analyticaldevices），简称纸芯片，是以纸（如滤纸、层析纸或醋酸纤维素膜）作为芯片制作材料和生化分析平台的一种微流控芯片。纸芯片系统内可集成样品制备、生物与化学反应、分离、检测等基本操作单元，由通道形成网络，以可控流体贯穿整个系统，实现常规实验室的各种功能。

纸廉价易得，使用后可通过燃烧或自然降解的方式简单处置。纸上图案的定义和功能化很容易通过喷墨和固体蜡染的方式实现。纸上的多孔结构可实现流体流动、过滤和分离等功能。纸张具有生物相容性，容易进行化学表面改性。正常情况下，白色背景能够为基于颜色的检测提供对比。纸基微流控设备在便携、低成本的分析中具有很好的应用前景，尤其是用于生物分析的个性化医疗中。

纸芯片微通道形成网络，可控流体贯穿整个系统，既具有定量、定速、流体均一等优点，又可同时检测多个样品或多个指标，实现更高的通量。纸芯片通道最小宽度可达100 μm，仅消耗极少的试剂及样品，即可达到分析目的，进一步降低检测成本。纸芯片还能组装成三维结构，只需一次进样，即可完成多步分离、纯化及检测。

各类材料的比较见表 5-1。

表 5-1　不同常见微流控芯片材料的物理性质

物理性质	刚性材料			塑性材料					弹性材料
	Si	玻璃	石英	PMMA	PC	聚苯乙烯	聚丙烯	聚乙烯	PDMS
化学惰性	一般	好	好	较好	较好	较好	较好	较好	较好
介电常数/(kV/mm)	11.7	3.7~16.5	—	3.5~4.5	2.9~3.4	2.55	2.2~2.6	2.25	3.0~3.5
热导率/[W/(m·K)]	157	0.7~1.1	1.4	0.2	0.19	0.13	0.2	0.4	0.2
软化温度/℃	—	500~821	>1000	105	145	95	150	85~125	—
透光范围/nm	—	400~800	287~2600	287~2600	287~2600	287~2600	400~800	400~800	400~800
热膨胀系数/(10^{-5}/K)	0.26	0.05~1.5	0.04	7~9	5~7	8	6~10	12~18	3.5
成型性能	较难	难	较难	易	易	易	易	易	易
键合性能	较难	较难	难	较易	较易	较易	较易	较易	易

第二节　微流控芯片加工工艺

一、光刻法

光刻法（lithography）通常适用于无机材料如硅、玻璃和石英芯片的制作。光刻法的主要工艺流程如下：首先在洁净的基片表面涂覆一层牺牲层（多为金铬混合物），然后将一定厚度的光刻胶涂覆在牺牲层上。光刻胶均匀涂覆在基片上以后，需要进行热处理，使光刻胶中的溶剂成分挥发，增强胶膜的机械强度和耐磨性，同时起到增加胶层与基片之间检核度的作用，防止在后续显影过程中胶层脱落。接着将印有通道图案的掩膜盖在基片上，经过紫外线照射曝光后，掩膜上的图案被复制在光刻胶上，再用显影液去除未被固化的光刻胶。显影之后对光刻胶进行加热烘干处理，使胶层中的溶剂和显影过程中的水分被彻底去除，达到固化胶层、防止脱落的目的。后烘以后，光刻胶发生完全交联反应，完全固化，不能进行二次显影。

后烘完成后，光刻胶上已出现通道纹路，在刻蚀基体材料前，需要先将通道纹路刻蚀在金铬层上。将芯片循环放入除金液（gold etching solution）和除铬液（chrome etching solution），直至金铬层上出现清晰的通道纹路。之后通过化学或物理的方法在基片上刻蚀出通道，进一步去胶和除去金铬层后即可得到刻有微通道的微流控芯片基片。对于单晶硅片，可采用湿法刻蚀 [使用 KOH 或四甲基氢氧化铵（TMAH）溶液，刻蚀速度 0.5~3 nm/min] 或干法刻蚀（使用 SF_6 或 XeF_2 蒸气，刻蚀速度 0.1~10 nm/min）。对于玻璃和石英基片，常采用湿法刻蚀（使用 HF 溶液，加入 NH_4F 作为 pH 缓冲剂，刻蚀速度 100 nm/min。可以通过调节 HF 溶液浓度调整刻蚀速度）。

最后在合适位置打孔并封接。玻璃芯片的封接方法包括热封接、阳极键合、低温粘接等。通过光刻法得到的通道尺寸可达到纳米级。图 5-2 显示了以 AZ4620 作为牺牲层的光刻法制作玻璃芯片的工艺流程。

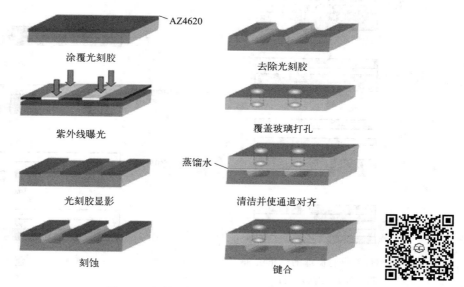

图 5-2　光刻法制作工艺示意图

二、热压法

热压法（hot embossing）是一种用于微通道快速复制的技术，制作工艺简单，被广泛用于热塑性塑料芯片的制作。热塑性塑料在加热到玻璃化转化温度（T_g）时，部分聚合物链的运动能量变大，足以克服分子内摩擦而在一定程度上自由移动，导致材料的软化。将热塑性聚合物与金属丝或硅基模具在 T_g 温度附近进行压印可得到微通道结构。带有微通道结构的芯片经过打孔、封接后即可完成整个芯片的制作。通常用于聚合物芯片的封接方法有热封接、溶剂封接、黏合剂封接等。图 5-3 展示了从聚合物微球到芯片的制作方法。

三、模塑法

模塑法（cast molding）是在阳模（通常为光刻或刻蚀的方法制作）上浇注液态聚合物材料，然后将固化后的材料从模具上剥离，即可得到具有微结构的芯片。图 5-4 所示是模塑法的流程。制作模具的材料通常有硅、玻璃、PDMS、SU-8 等。模塑法适用于制作环氧树脂、聚氨酯、PDMS、氟塑料等聚合物材料，制作方法简单，能够制作纳米级别的通道。但是由于模具加工过程复杂且昂贵，这种方法不适合小批量芯片的生产。

四、软光刻法

软光刻法（soft lithography）的核心元件是弹性印章，通常由 PDMS 经过光刻、模塑等方法制得。弹性印章代替了光刻中的硬膜，比传统的光刻技术灵活。软光刻法的核心技术包括微接触印刷法、毛细微模塑法、转移微模塑法、微复制模塑法等。图 5-5 展示了一种微接触印刷法制作微细结构的流程：首先用激光刻蚀法制作微结构，然后将该微结构转移至 PDMS 弹性印章，利用该弹性印章制作 PDMS 复制体并将其与金层接触，最后将未暴露出的金表面刻蚀得到约为 $1\ \mu m$ 的微结构。

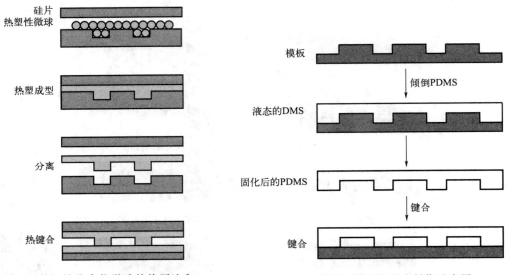

图 5-3　热塑性聚合物微球的热压法和
热封接芯片制作方法示意图

图 5-4　模塑法微流控芯片制作示意图

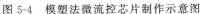

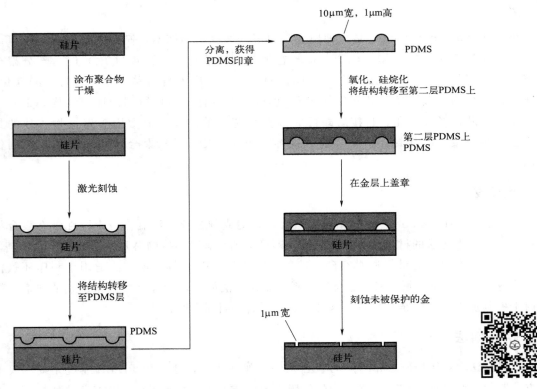

图 5-5　一种微接触印刷法制备微流控芯片示意图

五、激光刻蚀法

激光刻蚀法（laser ablation）制作微芯片时，首先使用计算机建模软件设计所需形状的微通道结构，然后通过精确控制紫外激光束刻蚀使聚合物材料降解，使用压力吹扫除去降解产物，即可得到所需图案的基片（图 5-6），再经过打孔、封接等步骤得到完整的芯片。该方法适合 PC、PMMA 等聚合物芯片的制作，但是由于设备昂贵，生产效率低，无法进行大批量芯片的生产等，限制了该方法的应用。

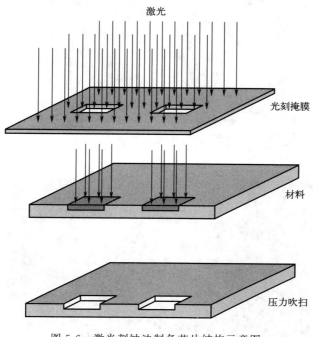

图 5-6　激光刻蚀法制备芯片结构示意图

六、LIGA 技术

LIGA 技术（LIGA 是 lithographie、galvanoformung 和 abformung 三个词，即光刻、电铸和铸塑的缩写）包括 X 射线光刻、电铸和铸塑三个步骤。第一步是将对 X 射线敏感的光刻胶涂覆在金属膜上，利用 X 射线将掩膜的图形转移到光刻胶上。第二步是将光刻胶下面的金属进行电镀，将光刻胶图形上的间隙用金属填充，形成一个与光刻胶图形凹凸互补的金属凹凸版图，再将光刻胶及附着的基底材料去除，就得到铸塑用的金属模具。最后将塑料注入金属模具腔体内，加压硬化后就得到与掩膜结构相同塑料芯片。LIGA 技术常用于高深宽比芯片的加工，可以用于 PDMS、热塑性聚合物等材料芯片的制作。

七、机械雕刻法

机械雕刻（micromilling）加工微芯片是最直接的制作方法，但是因为启动成本高，需要大型设备和较大的实验室空间，这种方法并未得到充分利用。随着机械加工技术的不断发展，这种加工微芯片的方法现在已经成为微芯片制作中一个潜在的重要选择。机械雕刻法是一种减法制造工艺，通常使用旋转刀具从原始工件上去除材料，它能够实现微流体器件的超快速成型。基本的机械雕刻法需要用于定位工件的工作台、刀具（最常见的是立铣刀）和用于固定和旋转刀具的顶轴（图 5-7）等部件，适用于聚合物芯片（如 PMMA、PC 等）的加工，是一种低成本、适合小批量生产的方法。

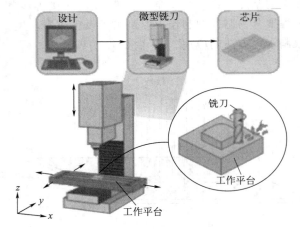

（a）数控雕刻机示意图

（b）数控雕刻机照片

图 5-7　数控雕刻机示意图与数控雕刻机照片

八、3D 打印法

3D 打印法是一种相对较新的芯片制备方法，目前已成功地用于流体通道的制作，例如熔融沉积建模（fused deposition modeling，FDM）、聚合物射流（polymer jet，PJ）、立体光刻（stereolithography，SL）等。每一种 3D 打印技术首先需要计算机辅助设计微流体装置，然后使用打印机打印指定的结构。

FDM 是通过加热的喷嘴将固体丝注入基材上，冷却固化后，可连续打印下一层。SL 是利用激光或投影将光聚焦成像到液体树脂中，在硬化一层之后，平台垂直移动，使液体树脂浸没固化层，从而进行下一层的聚合。这个过程重复进行，直到完成打印。PJ 是通过喷射一种液体光固化树脂来进行打印的，这种树脂在紫外线照射下会变成固体，通过连续固化特定位置的树脂，从而形成通道结构。

图 5-8 为 3D 打印技术的示意图，图 5-8（a）中：1 为芯片材料线轴，2 为支撑材料线轴，3 为打印平面，4 为泡沫基底，5 为支撑部件，6 为芯片，7 为挤出针头，8 为液化器，9 为驱动轮，10 为挤出头，11 为芯片材料管道，12 为支撑材料管道；图 5-8（b）中：1 为激光，2 为透镜，3 为激光方向调节镜，4 为激光束，5 为打印容器，6 为液态光刻胶，7 为打印平面，8 为芯片，9 为气泡扫除器，10 为升降台；图 5-8（c）中：1 为找平器，2 为紫外灯，

3 为打印喷头，4 为芯片材料，5 为支撑材料，6 为支撑结构，7 为芯片，8 为打印基底，9 为打印平台，10 为升降台。与软光刻或热压技术相比，3D 打印使设备的原型化更容易，成本更低，制造时间更短。此外，通过 3D 打印可以创建复杂的三维结构，并且没有对洁净室等限制性环境的需求。目前，使用 3D 打印技术能制作 PDMS、PLA、树脂等材料的微流控芯片。由于 3D 打印机的价格与能打印的结构最小线宽有关联，因此能够打印微米级及以下线宽通道的 3D 打印机价格很昂贵，随着芯片结构复杂程度的升高以及通道线宽的降低，打印时间也大大延长，可通过多台 3D 打印机联网同时打印芯片进行大批量自动生产，降低时间成本。

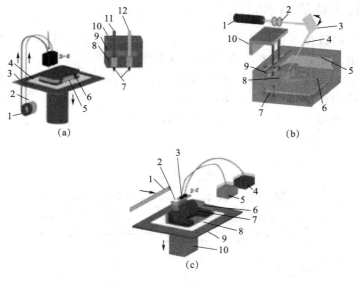

图 5-8　3D 打印技术示意图

在实验室研究中，微流控芯片材料和加工工艺的选择是相互关联的，一般需根据实验室现有加工手段和工艺选择合适的芯片材料，同时也要考虑制作成本。选择合适的芯片材料和加工工艺对成功制作特定功能和用途的芯片至关重要。

第三节　微流控芯片电泳

电泳技术是一种利用带电粒子在电场中移动速度不同而达到分离的技术。早在 1937 年，瑞典科学家 Tiselius 使用 U 形管对蛋白质进行了分离，并因此工作获得了 1948 年的诺贝尔奖。在这之后，电泳技术开始迅速发展。1967 年，Hjerten 等人使用 3mm 内径的毛细管进行电泳分离，标志着毛细管电泳（capillaryelectrophoresis，CE）技术的初步形成。

毛细管电泳也可被称为高效毛细管电泳，是一类以毛细管作为分离通道，依靠高压直流电场提供驱动力，利用样品中各组分的分配行为或电泳淌度之间存在的差异而实现各组分分离的液相分离技术。1981 年，Jorgenson 和 Lukacs 等人展示了在 75 μm 熔融石英毛细管中进行高效分离的潜力，这一工作是毛细管电泳技术发展历史中里程碑式突破，揭开了毛细管电泳技术发展的序幕。随着 1988 年商品毛细管仪器的推出，毛细管电泳开始了突飞猛进的发展。因其具有分离效率高、分析时间短、操作方式灵活以及样品和试剂消耗量少等显著优点，被广泛应用于食品、生物医药以及环境分析等各个领域中，目前已经发展成为一种重要的、高效的绿色液相分离技术。

微流控芯片电泳（microchip capillary electrophoresis，MCE）是在几十到几百微米的微流控芯片通道中以高压电场作为驱动力的一种液相分离技术，是建立在毛细管电泳原理的基础之上的分离技术，它将分离技术的载体从毛细管转换到了微流控芯片上。CE 及 MCE 的应用范围涵盖化学、生物化学、分子生物学、仪器科学、药理学、遗传学、食品科学等多个领域，成为分离科学中一项重要的技术。

一、微流控芯片电泳的基本原理

当毛细管壁和溶液接触时，毛细管壁的定域电荷（结合在管壁上，电场作用下无法迁移的离子或带电基团）吸引溶液中带相反电荷的离子并使其聚集，形成由紧密层和扩散层组成的双电层。在电场作用下，相反电荷的离子带动毛细管中的溶剂发生整体定性流动，这种流动称为电渗流（electroosmotic flow，EOF），如图 5-9 所示。EOF 的驱动力在管壁，所以电渗流形为活塞状，因此检测到的峰形较窄，分离柱效较高，这是电泳实现高效分离的基础。

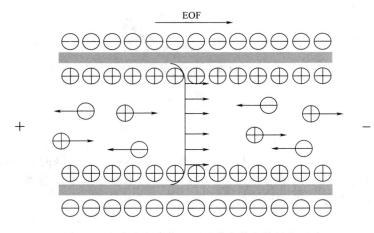

图 5-9　电泳和电渗作用下通道内带电粒子的运动

电泳是电场作用下带电粒子定向运动。分析物在微通道中的迁移是 EOF 和电泳共同作用的结果。电场作用下，由于不同物质的运动速度不同，到达检测器的时间也不同，由此可以达到分离的目的。

二、微流控芯片电泳的装置

微流控芯片电泳的基本装置非常简单，使用简单的仪器就可以实现不同的分离模式。如图 5-10 所示，主要由高压系统、毛细管或芯片、检测系统组成。

高压系统用于提供稳定的电压。CE 中常见毛细管长度在 $30 \sim 60$ cm 之间，因此用于 CE 的高压电源需要提供 30 kV、300 μA 的单路电压，而在 MCE（microchip CE）中，由于通道长度较短，电压不必过高，一般 3 kV、30 μA 即可。但是由于需要对芯片通道中的溶液进行操控，单路高压往往不能满足实际需求，高压系统需要提供多路高压。

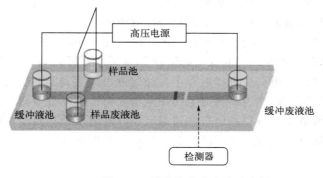

图 5-10　微流控芯片电泳示意图

芯片电泳检测系统包括光学检测、电化学检测、质谱检测等多种模式。

此外，商品化芯片电泳仪为了满足温度控制、进样控制、位置控制等需求，在基本装置的基础上集成了如控温装置、自动进样装置、压力装置、平移台等部件。这些部件一方面提供了提高了自动化程度和稳定的工作环境，另一方面也导致仪器复杂程度高，成本昂贵。

三、微流控芯片电泳的进样方式

微流控芯片电泳样品的进样方式比较复杂。样品注入是通过增加进样通道和储液池来实现流体的实时控制，样品溶液与通道时刻保持接触。通常用于电泳的芯片结构有三种（图 5-11），主要包含进样通道和分离通道。

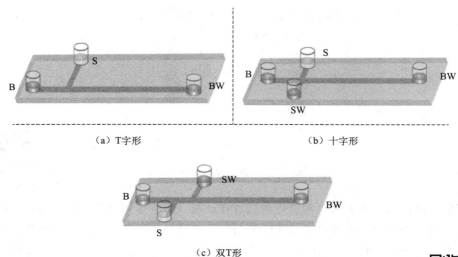

（a）T字形　　　　　　　　　　　　　（b）十字形

（c）双T形

图 5-11　三种不同的芯片电泳通道设计图
S—样品池；SW—废液池；B—缓冲液池；BW—缓冲废液池

电动进样和压力进样是芯片上最常用的进样方法。电动进样是通过对储液池中的溶液施加电压，使通道中的流体根据产生的电场流向分离通道来实现的。电动进样中电场流向有两种，一种是能够实现连续进样的门式进样，另一种是能够形成样品区带的电夹切进样。

在门式进样中 ［图 5-12(a)］，样品和缓冲液通过电渗流输送到通道十字中心并保持层流边界。为了使样品进入分离通道，样品废液池和缓冲液池的电压关闭，样品通过扩散进入分离通道。通过这种方式可以实现可变长度的样品区带的连续注入。

在电夹切进样中 ［图 5-12(b)］，样品直接穿过分离通道，因此通道十字中心的体积在一定程度上决定了样品体积。电夹切进样过程中，通过在分离通道上施加电压以建立电场，从而形成样品塞。分离过程中，在进样通道上施加电场来将样品区带与留在进样通道上的样品分开。使用这种"回流电压"将样品区带从样品流中分离出来是必要的，它减少了样品区带在通道十字处的扩散展宽，并且防止样品泄漏到分离通道造成拖尾或漏液。

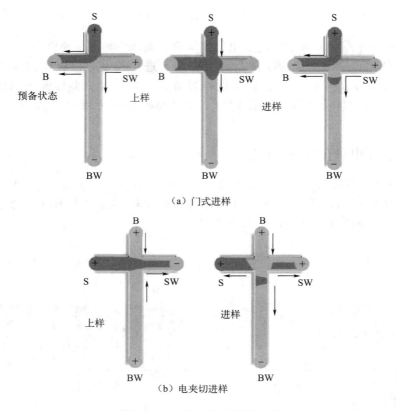

图 5-12　芯片电泳的进样方式

采用压力进样的方式消除电动进样中的进样歧视（由于不同的分子电泳速度不同，在电动进样中，速度快的分子进样量大，速度慢的分子进样量小，这种不同分子进样量不同的现象被称为进样歧视）。图 5-13 展示了一种可用于压力进样的微流控芯片电泳装置系统。由一个吸液管、一个三通电磁阀和一个恒压电源组成了一种无泵、低成本的压力进样装置。通过手动按压装置左下角的洗耳球将通道内空气压出吸液管，在截止位置切换三通电磁阀至关闭，从而在吸液管内产生真空。进样时，打开三通电磁阀，使吸液管与样品废液池顶部空间联通，在很短的时间内在通道十字中心形成一个夹切的样品区带。当切换三通电磁阀，联通废液池和环境空气，释放废液池中的真空。在分离通道中施加电压就可以使样品区带进入分离通道。

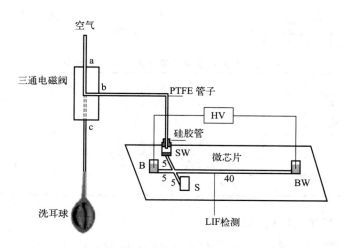

图 5-13　芯片电泳压力进样装置示意图

四、影响微流控芯片电泳可靠性的因素

由于芯片通道尺寸较小，施加高电压后，电流的热效应严重，微流控芯片电泳中最突出的两个问题是缓冲溶液蒸发和电解。芯片上储液池较小，能够容纳的缓冲溶液量也很少，缓冲能力有限，在电极与缓冲溶液直接接触并施加电压的情况下，溶液发生电解造成的 pH 等的变化就更加显著。虽然增大储液池体积能够在一定程度上降低电解带来的影响，但这会导致溶液需求增加，违背了微流控创立的理念和初心。使用缓冲容量大、离子强度高、电导率低的缓冲溶液，或者经常更换缓冲溶液是有效的解决途径。此外，加入内标进行数据的校准也是一种十分有效的方式。

由于芯片的特殊结构，在储液池与通道连接处容易产生气泡和颗粒物的堆积，从而导致气泡进入通道以及颗粒物堵塞通道。避免这种情况发生的最直接的措施是合理优化储液池几何形状，采用弧形圆滑链接，避免直角链接，并且注意电极放置位置。

微流控芯片电泳的通道长度只有传统毛细管电泳中毛细管长度的十分之一，短的通道受压差流动的影响更加显著。这个压力差来自储液池液位和形状，以及运行过程中液位的变化等。受温度影响，通道中也可能产生压力梯度从而导致分离效果变差。

从仪器角度来说，用于微流控芯片电泳的高压电源比毛细管电泳的高压电源复杂许多。一般情况下，四个独立的高压电源需要在几千伏范围及毫秒之内实现从进样模式到分离模式的切换。这种切换在技术上要求很高，需要高压继电器或者需要具有短时间切换的电压源。此外，由于芯片通道宽度很小，每次更换缓冲液或清洗通道后，通道与检测点的对齐需要在微米尺度进行，这在一定程度上使检测信号不重现。

微流控芯片电泳对操作者技术要求都比较高，操作者必须注意大量的实验参数和技术细节才能获得较高的重复性，这造成其在实际应用中的阻碍。只有妥善处理这些细节，开发提高这项技术可靠性的简便易用的方法，才能够发挥它本身的潜力和价值，进一步扩大这项技术实用场景。

五、微流控芯片电泳的检测器

微流控芯片电泳是强有力的分离手段，但仍需搭配合适的高灵敏检测器才能取得合适的检测结果。常用的微流控芯片检测方式主要有紫外-可见光谱、激光诱导荧光、化学发光、电化学和质谱这五种，如表 5-2 所示。

表 5-2　芯片电泳常见检测方式及其优缺点

检测方式	优点	缺点
紫外-可见光谱	通用性强，无须标记	灵敏度低
激光诱导荧光	灵敏度高	部分分析物需衍生化
化学发光	灵敏度高，无需光源	芯片设计要求高
电化学	灵敏度高，选择性好	待测物须有电化学活性
质谱	能够提供结构和定量信息	价格昂贵

（1）激光诱导荧光（LIF）检测器

当通道中的荧光物质被特定波长的光源激发后，吸收能量并由基态跃迁至激发态；随后由于电子在分子中的碰撞损失能量，处于激发态的分子经过弛豫返回基态的过程中产生比激发光波长更长的光，即荧光；该荧光信号经过特定光路收集后进入检测系统被检测。因此，激发光源、光路部分和检测器部分是 LIF 检测器的必要组成部分。

LIF 检测器的光路设计尽可能遵循以下三个原则：①高效地激发荧光；②有效地收集荧光信号；③减小背景噪声的产生和收集。

常见的 LIF 检测器的光路设计有以下两种。

第一种使用透镜或物镜将激光聚焦到微芯片通道上，通道与入射光的角度通常为 45°，垂直于芯片通道平面的物镜用于发射光的收集，如图 5-14(a) 所示。

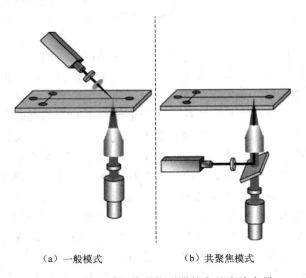

（a）一般模式　　　　　（b）共聚焦模式

图 5-14　激光诱导荧光检测器的常见光路布局

第二种为共聚焦模式，使用同一个物镜对光进行聚焦和收集。图 5-14(b) 为典型的共聚焦 LIF 检测器结构。经光源发射的激光经二向色镜反射后进入显微物镜；激光被显微物镜聚焦后照射到微通道中，使通道中荧光分子被激发后发射荧光；荧光再次经过该显微物镜被收集，经滤光片过滤杂散光后通过针孔进入检测器。其中滤光片是降低光背景最明显、最关键的元件。针孔通常被放置在沿光路的焦点上，以减少散射和背景光。针孔的直径从 2 μm 到

40 μm 不等。共聚焦模式可以有效消除杂散光的影响，具有很高的灵敏度。

LIF 检测器的激发光源一般采用激光器。激光器发出的辐射强度大，带宽极窄，空间相干性强，光束很容易聚焦到细小的毛细管通道上，有利于实现低检出限。目前，He-Cd 激光器、Ar-ion 激光器是 LIF 检测器中常用的光源，但其价格较为昂贵且寿命短。二极管激光器和发光二极管（LED）价格低廉、寿命长、体积小，目前已经广泛用于 LIF 检测器的制作中。由于二极管的快速发展，其性能也越来越好，在 LIF 检测器的开发中展示出了很大的潜力。各种激光器的波长覆盖范围广，能够在 220~780nm 的范围实现分析物的检测。

LIF 检测器的检测系统包括光电转换器、信号采集和处理等。常见的用于 LIF 检测的光电转换器有光电倍增管（PMT）、雪崩光电二极管（APD）、半导体光敏阵列等。

PMT 具有非常高的放大倍数、低的暗噪声和很高的灵敏度。美国俄克拉何马州立大学化学与分子生物学系 Shaorong Liu 课题组以 PMT 为光电转换器，以 488 nm 的固态激光模块作为激发光源，构造了一种能够用于 2 μm 左右内径的毛细管的共聚焦 LIF 检测系统，该系统灵敏度非常高，对荧光素钠的检出限可以低至 12 fmol（相当于 70 个荧光素钠分子）。PMT 通常用于紫外-可见区的荧光检测，也可以应用于红光和近红外光谱区域，但其在红光和近红外内的量子效率较低，使用时需要加以考虑。PMT 的光敏区域较大，这在一定程度上便于光的收集，简化光路设计，但它体积较大，较难实现微型化和便携化仪器的设计。

相比之下，APD 具有较小的体积和光敏区，但其由热产生载流子的速率非常高，使用时通常需要对这种类型的检测器进行冷却。兰州大学化学化工学院蒲巧生课题组采用 APD 为光电转换器件，LED 为激发光源，开发了适用于毛细管和芯片电泳的 LIF 检测系统，荧光素钠的检出限低至 0.2 nmol/L，该系统具有成本低、体积小的优势。

半导体光敏阵列如 CCD 和 CMOS，可以同时对空间分布的光束进行检测，尤其适用于多通道和波长分辨的 CE-LIF 检测器的设计。

（2）紫外-可见（UV-vis）检测器

UV-vis 检测器因其通用性、低成本和易用性而成为应用最广泛的检测器。UV-vis 检测器基于朗伯-比尔定律：

$$A = \lg \frac{1}{T} = Kbc \tag{5-2}$$

式中，A 为吸光度；T 为透光度；K 为摩尔吸光系数；b 为吸收池厚度；c 为样品的浓度。在微流控芯片电泳中，b 通常为光路通过的芯片通道的深度，UV-vis 检测器灵敏度受通道宽度限制。芯片上通道深度通常也只有 10~40 μm，因此光程短是限制其灵敏度的主要因素。

在微流控芯片中，如果要使用 UV-Vis 检测器，首先需要选择无紫外吸收或者吸收低的芯片材料。大多数聚合物材料都存在较高的紫外吸收背景，石英、PDMS、COC 等材料的紫外吸收背景较低，是比较合适的选择。

UV-vis 检测系统包括光源，毛细管/芯片、单色系统、光电转换器件和信号采集及处理系统。光源通常采用汞灯、钨灯或氙灯，对应的波长分别为 150~380 nm、380~800 nm 以及 190~600 nm。由光源发出的光经过滤光片或单色器进行波长选择。激光二极管和 LED 光源以其体积小、价格低、发光稳定等优势被用作 UV 检测器的光源。目前，已有波长为 235 nm 和 255 nm 的深紫外 LED 被用于 UV 检测器的光源，并且展示出了良好的效果。用于 UV-vis 检测器的光电转换器件与 LIF 检测器大体相同，通常为光电倍增管或光电二极管。

六、微流控芯片电泳的应用

微流控芯片电泳目前被广泛应用于离子和小分子分析，以及核酸、多肽和蛋白质、聚糖等生物大分子的分析中，在环境监测、疾病诊断等方面起着重要的作用，已经成为基因组学研究和突变分析、单核苷酸多态性分析、DNA 适配体的选择和表征等研究的重要工具。芯片电泳的各种分离模式和检测模式可用于核酸的分离和定量，其中 LIF 是主要的检测模式。

第四节　基于微液滴的微流控芯片

在微流控芯片通道中加入两种互不相溶的液体，以其中的一种作为连续相，另一种作为分散相，分散相以微小体积单元的形式分散于连续相中，从而形成微液滴（droplet）。微液滴是指体积在飞升到纳升之间的单分散微小液滴，可提供相对独立的微反应场所，具有分区化、平行化、小型化、高通量等特征。与在传统常量体系中进行反应相比，微液滴技术主要有以下五个优点。

（a）体积小，比表面积大。液滴的体积通常为 $0.05\ \text{pL} \sim 1\ \text{nL}(10^{-15} \sim 10^{-9}\ \text{L}$，直径 $5 \sim 120\ \mu\text{m}$）。用于反应时，所需样品量极微，试剂消耗极少，特别适用于某些样品来源非常有限和需要做大规模筛选的研究，环境友好。微小体积的液滴使其表面积与体积比增大，在传质、传热等方面有很多优势。

（b）速度快，通量高。微流控芯片上液滴的生成速率通常在 $0.1 \sim 100\ \text{kHz}$，即每秒钟能产生 $100 \sim 100000$ 个液滴。特别适用于基于细胞生化反应的筛选研究。

（c）大小均匀。微流控芯片上生成液滴时，油-水两相界面张力以及油-水两相内部的压力在水溶液断裂后的极短时间内即可恢复平衡，因此液滴的生成过程稳定，生成的液滴大小也非常均匀。液滴直径的相对标准偏差通常小于 3%，这保障了液滴内部反应条件的准确控制，也为液滴内部反应的定量分析提供了可能。在材料合成时，这种特征有利于材料形貌的准确控制和材料合成条件的高通量筛选。

（d）混合充分。液滴内部有两个漩涡流，漩涡流内部的传质以对流为主，两个漩涡流之间的传质以扩散为主。当液滴通过直角拐弯时，漩涡流将沿运动方向被"拉伸"和"折叠"，漩涡流内的溶液将有一半被另一个漩涡流的溶液所取代，从而趋于均匀。这种现象称为混沌混合。混沌混合可以明显地改善液滴内部的传质过程，加快混合速度，提高反应速率。

（e）体系封闭，内部稳定。样品和试剂保留在液滴内部，避免了因分子扩散以及水分子挥发造成的浓度变化，保持了液滴内部条件的稳定。在油相的包裹下，液滴溶液与通道壁不直接接触，避免了液滴内部样品分子吸附到通道壁上。在油相的推动下，所有液滴随油相同步向前运动，消除了不同液滴间的交叉污染。

一、微液滴的制备

如图 5-15 所示，处在微流控芯片通道中的水相和油相接触，当油/水界面处的界面张力不足以维持油相施加给水溶液的剪切力时，水溶液断裂，生成独立的被油相包裹的微小体积单元，即液滴。同时，为了使生成的液滴在通道内运动时不会黏附在通道壁上，要求油/水两相的界面张力小于水相与通道之间的表面张力。通常可在油相中添加表面活性剂来减小油/水两相间的界面张力；通过修饰通道表面，提高表面疏水性来增大水相与通道之间的界面张力，例如使用十八烷基三氟硅烷处理 PDMS 芯片，使用聚乙烯醇或聚氟乙烯处理玻璃芯片。

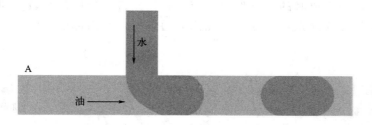

图 5-15　微液滴生产示意图

目前共有三种主流的微液滴制备方法，如图 5-16 所示，分别是 T 形通道法、流动聚焦法和共流聚焦法。图 5-16（a）中，两种互不相溶的流体在 T 形管道交叉口相遇，分散相在流动相的剪切力和压力作用下，被切割成液滴，形成微液滴。图 5-16（b）通过流动聚焦的设计，使分散相和流动相聚焦于十字交叉口，两侧的流动相相同时挤压分散相并使其断裂形成液滴，从而形成微液滴。图 5-16（c）是一种毛细管共流动结构，分散相和流动相在管道内平行流动，分散相流动管道为尺寸更小的毛细管，当分散相进入流动相时，在剪切力作用下形成微液滴。

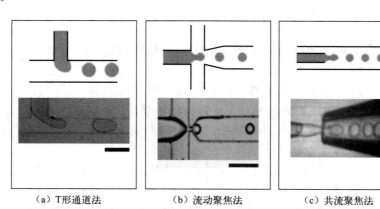

　（a）T形通道法　　　　　（b）流动聚焦法　　　　　（c）共流聚焦法

图 5-16　三种常见的微液滴生成方式示意图

使用 T 形通道法生产的液滴半径可近似地用下式计算：

$$R \approx \frac{\gamma}{\eta \cdot \varepsilon} \tag{5-3}$$

式中，R 为生成的液滴的半径；γ 为油/水界面处的表面张力；η 为油相的黏度；ε 为液滴生成处的剪切速率。

二、微液滴的运行及操控

要使液滴真正可以用作微反应器，需要将各种常规的单元操作移植到液滴上，或在微流控芯片上发展出相应的操作方法，进行反应物的引入、反应时间的控制以及反应产物的测定等。

微流控芯片液滴的运行及操作方法，主要包含以下六种基本形式。

（a）液滴内部溶液的混合。由于液滴内部特有的混沌混合现象，相对于微流控芯片通道内溶液的层流，形成液滴后，液滴内部溶液的混合速度很快，如图 5-17 所示。也可通过设计直角锯齿形通道进一步提高混合速度。当反应比较简单时，可以直接将样品和试剂包入液滴，以液滴生成时的状态作为反应的初始条件。反应步骤较多时，可以在液滴生成单元的下游加侧向通道，当液滴流经侧向通道时，其内部的溶液将流入液滴，开始下一步的反应。

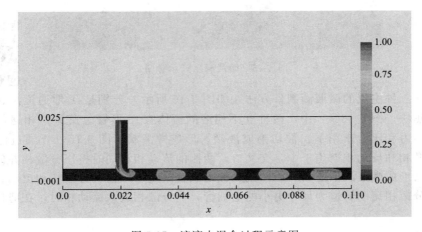

图 5-17　液滴内混合过程示意图

（b）液滴的融合。可以向液滴内添加反应物，调整液滴内溶液的 pH 等，通过简单的 T 形结构通道即可实现。

（c）液滴的分裂。一般通过 Y 形通道，利用通道的锐角尖端，将液滴分裂为两个小液滴，可通过改变通道宽度及流速调整分裂后小液滴的体积比。

（d）液滴身份标记。可在含有目标物的液滴内进行特定的化学反应，产生荧光信号，从而对液滴进行标记。

（e）液滴的分选。可选择性地将某个特定的液滴从众多液滴中挑选并分离出来。每个液滴通过一个特定装置使之产生信号，再将此信号反馈给一个可施加外力的装置，对满足特定条件的一个或一类液滴施加一个外力，使其运动方向发生改变，从而与其他液滴分离。

（f）液滴捕获和存储。可简单地通过增大芯片通道长度或者宽度实现液滴的捕获和存储，但这样做往往会影响通道内部的压力，影响液滴的生产，因此研究者通常会改进芯片设计，使其包含一定的几何结构，利用液滴流经该结构时受到的阻力将其捕获。也有研究者利用油相和水相的密度不同，在通道上方或下方设计孔洞，待液滴流过时，根据密度差异停留在孔洞中。

三、微液滴的应用

微液滴的应用目前主要集中在以下三个方面。

（a）利用微液滴生成速度快的优势，短时间内可以产生大量微液滴实现高通量分离检测。

（b）微液滴生产条件稳定后，会生成尺寸均一的微液滴，利用这个性质，可以实现球形颗粒的合成，也可通过嵌套液滴生成具有复杂结构的微球结构。

（c）利用微液滴的封闭性，可以消除外界环境的影响，减小样品污染，因此目前在单细胞分析、单细胞基因测序等生化分析领域，微液滴是主流的分析手段之一。

第五节 展 望

微流控芯片技术在早期作为分析化学的一个研究热点，目标是分析仪器的微型化和集成化革新。随着微加工技术的不断发展完善，微流控芯片逐渐在材料合成、生化分析、临床检测、基础医学研究和药物筛选等相关行业展现出了强大的应用前景。得益于低成本优势，微流控芯片技术有着极高的商业价值。因此微流控芯片技术将会继续作为研究热点，不断发展，同时不断推动相关学科的发展。

> 习近平曾指出"中国式现代化是人与自然和谐共生的现代化"。微流控技术极大节约了溶剂，减少了环境污染，是绿色化学的典范。使用尽可能少的试剂完成尽可能多的任务应深入我们心中，在建立分析方法时一定牢记"环境保护"的理念。化学不是为了制造污染，而是为了为人类谋求更大的利益。

参考文献

[1] A. Manz, N. Graber, H. M. Widmer. Miniaturized Total Chemical Analysis Systems: a Novel Concept for Chemical Sensing. Sensors and Actuators B, 1990, B1 (1-6): 244-248.

[2] Ahmad N, Ramsch R, Llin. s M. Influence of nonionic branched-chain alkyl glycosides on a model nano-emulsion for drug delivery systems. Colloids and Surfaces B: Biointerfaces, 2014, 115: 267-274.

[3] Ali Khademhosseini, Kahp Y. Suh, Sangyong Jon, George Eng, Judy Yeh, Guan-Jong Chen, Robert Langer. A Soft Lithographic Approach To Fabricate Patterned Microfluidic Channels. Analytical chemistry, 2004, 76: 3675-3681.

[4] Basova E Y, Foret F. Droplet microfluidics in (bio) chemical analysis. Analyst, 2015, 140 (1): 22-38.

[5] Cramer C, Fischer P, Windhab E J. Drop formation in a co-flowing ambient fluid. Chemical Engineering Science, 2004, 59 (15): 3045-3058.

[6] Czekalska M A, Jacobs A M J, Toprakcioglu Z, et al. One-Step Generation of Multisomes from Lipid-Stabilized Double Emulsions. ACS Applied Materials & Interfaces, 2021, 13 (5): 6739-6747.

[7] Daniel J. Steyer, Robert T. Kennedy. High-Throughput Nanoelectrospray Ionization-Mass Spectrometry Analysis of Microfluidic Droplet Samples. Analytical chemistry, 2019, 91: 6645-6651.

[8] David C. Duffy, J. Cooper McDonald, Olivier J. A. Schueller, George M. Whitesides. Rapid Prototyping of Microfluidic Systems in Poly (dimethylsiloxane). Analytical chemistry, 1998, 70: 4974-4984.

[9] Dennis J. Eastburn, Adam Sciambi, Adam R. Abate. Ultrahigh-Throughput Mammalian Single-Cell Reverse-Tran-

scriptase Polymerase Chain Reaction in Microfluidic Drops. Analytical chemistry，2013，85：8016-8021.

[10] Evgenia Yu Basova，Frantisek Foret. Droplet microfluidics in（bio）chemical analysis. Analyst，2015，140：22-38.

[11] Fornell A，Söderbäck P，Liu Z，et al. Fabrication of Silicon Microfluidic Chips for Acoustic Particle Focusing Using Direct Laser Writing. Micromachines，2020，11（2）：113.

[12] Fu JL，Fang Q，Zhang T，etc. Laser-Induced Fluorescence Detection System for Microfluidic Chips Based on an Orthogonal Optical Arrangement. Analytical chemistry，2006，78：3827-3834.

[13] Gerhardt R F，Peretzki A J，Piendl S K，et al. Seamless combination of high-pressure chip-HPLC and droplet microfluidics on an integrated microfluidic glass chip. Analytical chemistry，2017，89（23）：13030-13037.

[14] Hakala T A，Davies S，Toprakcioglu Z，et al. A Microfluidic Co-Flow Route for Human Serum Albumin-Drug-Nanoparticle Assembly. Chemistry-A European Journal，2020，26（27）：5965-5969.

[15] Ho Cheung Shum，Daeyeon Lee，Insun Yoon，Tom Kodger，David A. Weitz. Double Emulsion Templated Monodisperse Phospholipid Vesicles. Langmuir，2008，24：7651-7653.

[16] Jaione Etxebarria-Elezgarai，Yara Alvarez-Brana，Rosa Garoz-Sanchez，etc. Large-Volume Self-Powered Disposable Microfluidics by the Integration of Modular Polymer Micropumps with Plastic Microfluidic Cartridges. Industrial ＆ engineering chemistry research，2020，59：22485-22491.

[17] Jo Y K，Lee D. Biopolymer microparticles prepared by microfluidics for biomedical applications. Small，2020，16（9）：1903736.

[18] Kotz F，Mader M，Dellen N，et al. Fused deposition modeling of microfluidic chips in polymethylmethacrylate. Micromachines，2020，11（9）：873.

[19] Liang-Yin Chu，Andrew S. Utada，Rhutesh K. Shah，Jin-Woong Kim，David A. Weitz. Controllable Monodisperse Multiple Emulsions. Angewandte Chemie International Edition，2007，46：8970 -8974.

[20] Oliver J. Dressler. Chemical and Biological Dynamics Using Droplet-Based Microfluidics. Annual Reviews，2017.10：1-24.

[21] Saeedreza Zeibi Shirejini，Aliasghar Mohammadi. Halogen-Lithium Exchange Reaction Using an Integrated Glass Microfluidic Device：An Optimized Synthetic Approach. Organic Process Research ＆ Development，2017，21：292-303.

[22] Sarkar S，Cohen N，Sabhachandani P. Phenotypic drug profiling in droplet microfluidics for better targeting of drug-resistant tumors. Lab on a Chip，2015，15（23）：4441-4450.

[23] Shang L，Cheng Y，Zhao Y. Emerging droplet microfluidics. Chemical reviews，2017，117（12）：7964-8040.

[24] Shen C，Li Y，Wang Y，et al. Non-swelling hydrogel-based microfluidic chips. Lab on a Chip，2019，19（23）：3962-3973.

[25] Tao Y，Rotem A，Zhang H. Rapid，targeted and culture-free viral infectivity assay in drop-based microfluidics. Lab on a Chip，2015，15（19）：3934-3940.

[26] Tobias Bergmiller，Anna M. C. Andersson，Kathrin Tomasek，Enrique Balleza，Daniel J. Kiviet，Robert Hauschild，Gašper Tka čik，Călin C. Guet. Biased partitioning of the multidrug efflux pump AcrAB-TolC underlies long-lived phenotypic heterogeneity. Science，2017，356：6335.

[27] Travis D. Boone，Z. Hugh Fan，Herbert H. Hooper，etc. Reviewed：Plastic Advances Microfluidic Devices. Analytical chemistry，2002，74，3：78 A-86 A.

[28] Wang H，Xu K，Xu H，et al. A One-Dollar，Disposable，Paper-Based Microfluidic Chip for Real-Time Monitoring of Sweat Rate. Micromachines，2022，13（3）：414.

[29] Zhao L，Zhao LZ，Li HL，Sun P，Wu J，Li K，Hu SQ，Wang XY，Pu QS. Facile Evaluation of Nanoparticle-Protein Interaction Based on Charge Neutralization with Pulsed Streaming Potential Measurement. Analytical chemistry，2019，91：15670-15677.

[30] Zhuang G，Jin Q，Liu J，et al. A low temperature bonding of quartz microfluidic chip for serum lipoproteins analysis. Biomedical microdevices，2006，8（3）：255-261.

[31] 方肇伦，方群. 微流控芯片发展与展望. 现代科学仪器，2001，04：3-6.

[32] 林炳承，秦建华. 微流控芯片实验室. 色谱，2005，05：456-463.

第六章
光学显微技术

在科学研究中，要解析研究对象的形态特征，就需要对其进行观察。而人眼的分辨能力是非常有限的。事实证明，绝大部分研究对象的基本构成单元和研究对象发生的本质变化都源于更小更精细的结构，例如细胞、分子、原子等。这些基本单元的尺度在微米、纳米级，显然无法通过肉眼直接进行有效观察，因此亟须一种能够突破人眼极限分辨率，能够进一步解析细微结构奥秘的技术。显微技术有效解决了这一难题。显微技术（microscopy）是利用光学系统或电子光学系统设备，观察肉眼所不能分辨的微小物体形态结构及其特性的技术，光学显微技术又是其中最常用、应用最广泛的。

18～19 世纪，光学显微技术的发展推动了生物学，特别是细胞学的迅速发展。例如19 世纪后叶细胞学家在对受精作用、染色体的结构和行为的研究中取得的成就，就依赖于不断改进的光学显微技术，而这些成就又为细胞遗传学的建立和发展打下了基础。此外，光学显微技术在细胞学、组织学、胚胎学、植物解剖学、微生物学、古生物学及孢粉学发展中已成为主要研究手段。如今，随着光学显微技术的不断发展，其应用已覆盖生物、医疗、化学、环境、材料、物理等领域，并源源不断地为之提供助力。观察对象的尺度及对应的观察方式如图 6-1 所示。

第一节　显微镜原理及其光学系统

一、显微镜的原理

显微镜是把很小的对象放大，使其能被看见的工具。把小细节看清楚的 3 个先决条件如下。

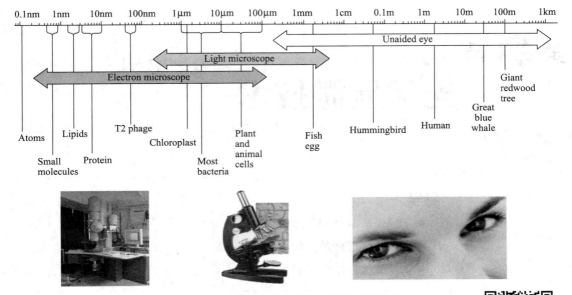

图 6-1　观察对象的尺度及对应的观察方式

分辨率：能分辨两点之间的最小距离。

反差：辨认已经被放大和具有一定分辨率的细节。

放大：把小物像放大。

只有具备了上述 3 个条件，才能尽可能真实地把物体信息转化为物体图像。普通的光学显微镜根据凸透镜的成像原理，经过凸透镜的两次成像放大观察对象。第一次先经过物镜（凸透镜 1）成像，观察对象的位置在物镜的一倍到两倍焦距之间，根据物理学的原理，成的是放大倒立的实像。而后以第一次成的物像作为"观察对象"，经过目镜的第二次成像。由于人们观察的时候是在目镜的另外一侧，根据光学原理，通过目镜得到的是一个虚像。相对实物而言，最终通过目镜观察到的是倒立放大的虚像（图 6-2）。

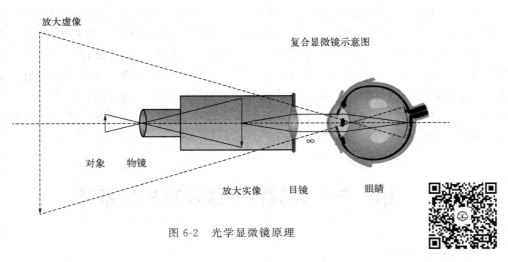

图 6-2　光学显微镜原理

二、显微镜的光学系统

显微镜光学系统主要包括物镜、目镜、聚光镜和光源四个部件（图 6-3）。

（1）物镜

物镜是决定显微镜性能的最重要部件，安装在物镜转盘上。其位置接近被观察的物体，故叫做物镜或接物镜。物镜根据使用条件的不同可分为干燥物镜和浸液物镜（干镜和浸镜）；其中浸液物镜又可分为水浸物镜和油浸物镜（水镜和油镜）。根据放大倍数物镜可分为低倍物镜（10 倍以下）、中倍物镜（20 倍左右）和高倍物镜（40～100 倍）。根据像差矫正情况，物镜又分为消色差物镜和复色差物镜。

物镜的作用是将标本第一次放大，它是决定显微镜性能——分辨率高低最重要的部件。分辨率也叫分辨力或分辨本领。分辨率的大小用分辨距离（所能分辨开的两个物点间的最小距离）来表示。正常人眼能看清相距约 100 μm 的两个物点，100 μm 即为正常人眼的分辨率。同样对于物镜而言，分辨距离越小，分辨率越高，对微观结构的观察精细程度越高，性能越好。

光是一种波，当一个点光源通过透镜在成像的焦平面聚焦为一个小光点时，不管物镜有多好，成像光点都会比实际的发光点大。这是因为光波在物镜光阑的边缘会发生衍射，将波向外扩散。衍射光斑有一个明亮的中心点，以及环绕它的一系列亮度渐弱的衍射环，称为艾里斑。当两个点过于靠近，所成的像斑重叠在一起，就分辨不出是两个点的像了。因此，光学分辨率存在一个极限。根据瑞利判据，当一个艾里斑的中心与另一个艾里斑的第一级暗环重合时，刚好能分辨出是两个点所成的像（图 6-4）。用公式表示为：

$$d = 0.61\lambda / NA$$

式中　d——物镜的分辨距离，nm；

　　　λ——照明光线波长，nm；

　　　NA——物镜的数值孔径。

因此分辨率的大小由物镜的分辨率来决定，而物镜的分辨率又是由它的数值孔径和照明光线的波长决定的。

例如油浸物镜的数值孔径为 1.25 nm，可见光波长范围为 400～700 nm，取其平均波长 550 nm，则 $d = 268.4$ nm，约等于照明光线波长的一半。一般地，可见光照明显微镜分辨力的极限是 0.25 μm。

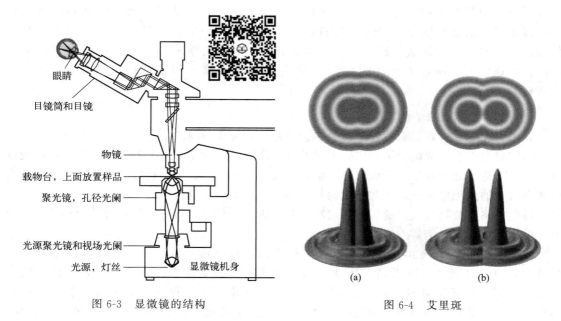

图 6-3　显微镜的结构　　　　　　　　　　　图 6-4　艾里斑

物镜的参数主要包括：放大倍数、数值孔径和工作距离。

放大倍数是指眼睛看到像的大小与对应标本大小的比值。它指的是长度的比值。例：放大倍数为 100，指的是长度为 1 μm 的标本，放大后像的长度是 100 μm，要是以面积计算，则放大了 10000 倍。显微镜的总放大倍数等于物镜和目镜放大倍数的乘积。

数值孔径也叫镜口率，简写为 NA 或 A，是物镜和聚光器的主要参数。数值孔径与显微镜的分辨率成正比，与放大率成正比；焦深与数值孔径的平方成反比。因此同一使用条件下，镜头 NA 值越大，分辨率和通光量会得到提升，但视场宽度与工作距离都会相应地变小。数值孔径（NA）是透镜与被检物体之间介质的折射率（n）和孔径角（2α）半数的正弦之乘积。用公式表示如下：NA＝n ×sinα。从公式中可知，透镜与被检物体之间介质的折射率（n）和孔径角（2α）越大，NA 越大。因此使用水或者油等折射率更高的介质可以有效提高 NA 值，进而提高分辨率；孔径角又称"镜口角"，是透镜光轴上的物体点与物镜前透镜的有效直径所形成的角度，孔径角越大，进入透镜的光通量就越大。通常干燥物镜的数值孔径为 0.05～0.95，油（香柏油）浸物镜的数值孔径通常大于 1（图 6-5）。

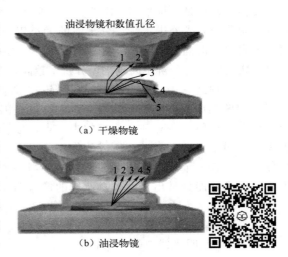

油浸物镜和数值孔径

（a）干燥物镜

（b）油浸物镜

图 6-5 油镜和干镜对光的折射效应

工作距离是指当所观察的标本最清楚时物镜的前端透镜下面到标本的盖玻片上面的距离。物镜的工作距离与物镜的焦距有关，物镜的焦距越长，放大倍数越低，其工作距离越长。

总之，物镜的各个参数是相互制约的。用数值孔径大的物镜观察，得到的结果更亮，细节更多，但其焦距和工作距离短，无法进行厚样品的深度成像；放大倍数高的物镜在单个视野内的信息要低于放大倍数低的物镜；小数值孔径的物镜虽然分辨率低，但其工作距离长，对于厚样品成像仍然是非常好的选择。因此在实验流程中，通常先用低倍物镜进行快速调焦，预览整个样本区域，再使用高倍镜或高分辨物镜进行局部或精细结构的观察。

（2）目镜

因为它靠近观察者的眼睛，因此也叫接目镜，安装在镜筒的上端。

通常目镜由上下两组透镜组成，上面的透镜叫做接目透镜，下面的透镜叫做会聚透镜或场镜。上下透镜之间或场镜下面装有一个视场光，它的大小决定了视场的大小。目镜的放大倍数与目镜的焦距成反比，因此目镜的长度越短，放大倍数越大。

目镜是将已被物镜放大的、分辨清晰的实像进一步放大，达到人眼能容易分辨清楚的程度。常用目镜的放大倍数为 1.25～16 倍。

显微镜的分辨率只由物镜的数值孔径和光的波长决定。目镜是将物镜成的像进行二次放大，目的是能让人眼看清。因此，物镜无法分辨的结构，即使使用了高倍目镜进行观察，人眼依然无法分辨。所以目镜只能起放大作用，不会提高显微镜的分辨率。有时物镜的分辨率足够分辨两个靠得很近的物点，但目镜的放大倍数不足以使人眼进行分辨，还是无法看清。所以，目镜和物镜既相互联系，又彼此制约。如果使用相机或检测器对样本成像，成像设备就起到了人眼的作用，光路不经过目镜到达成像设备，此时成像的结果与目镜无关。

（3）聚光镜

聚光镜位于物镜对侧的聚光器支架上。它主要由聚光镜和可变光阑组成。其中，聚光镜可分为明场聚光镜和暗场聚光镜。数值孔径（NA）是聚光镜的主要参数，聚光镜的数值孔径有一定的可变范围，通常刻在上方透镜边框上的数字是代表最大的数值孔径，通过调节下部的孔径光阑，可得到此数字以下的各种不同的数值孔径，以适应不同物镜的需要。有的聚光镜由几组透镜组成，最上面的一组透镜可以卸掉或移出光路，使聚光镜的数值孔径变小，以适应低倍物镜观察时的照明。

聚光镜的作用相当于凸透镜，起会聚光线的作用，以增强标本的照明。一般把聚光镜的聚光焦点设计在它上端透镜平面上方约 1.25 mm 处（聚光焦点正在所要观察的标本上，载玻片的厚度为 1.1 mm 左右）。

可变光阑也叫光圈，位于聚光镜的下方，由十几张金属薄片组成，中心部分形成圆孔。其作用是调节光强度和使聚光镜的数值孔径与物镜的数值孔径相适应。可变光阑开得越大，数值孔径越大（观察完毕后，应将光圈调至最大）。与物镜的数值孔径类似，数值孔径越大，分辨率越高，但是景深变小。因此对于比较厚的观察对象，调小光圈可能会得到更好的结果。

（4）光源

不同的观察方式需要使用不同的光源，因此也对应不同的光路。此处以常用的透射光和荧光观察为例，介绍对应观察方式所需要的光源。

如图 6-6 所示，这是一台倒置显微镜。位于显微镜主机上方透射光源发射出的光通过一系列光学组件，汇聚并穿透观察的样本，再通过物镜和目镜的放大，就可以直接观察到透射光带来的信息。如果需要成像，只需在显微镜第三目镜接口处安装成像设备（如 CCD 相机），并在光路内安装一个反射镜，将物镜放大的像反射在相机上即可。如需进行荧光观察，位于主机后方的荧光光源发射出激发光，激发光通过滤色块和物镜汇聚于样品，激发出的荧光则回到物镜，并通过滤色块，经光学组件反射后回到目镜或相机。

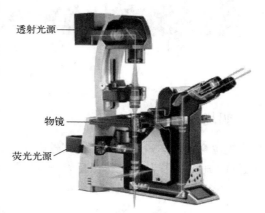

图 6-6　显微镜的光路

透射光观察适用于绝大部分有一定透明度的样品，例如细胞、组织切片、斑马鱼等，其光源通常使用高亮度日光灯或 LED 灯。但是当样本透明度太高，样本无法与背景形成反差时，就无法得到好的结果。此时需要通过相差等方式提高对比度来进行更加有效的观察。

荧光观察是对具有荧光信号的样本进行合理激发，发射的荧光信号通过分色器分光到达目镜或检测器进行观察或成像。常用的光源有汞灯、金属卤素灯、LED 光源和激光等。荧光观察在生命科学、化学、材料学等领域有着广泛的应用。例如通过标记不同的荧光抗体对细胞、组织乃至活体进行特异性成像，开发新型荧光探针等。

第二节　光学显微镜的观察方式

光学显微镜的观察方式主要有以下几种：明场、相差、微分干涉相差、荧光等（图 6-7）。

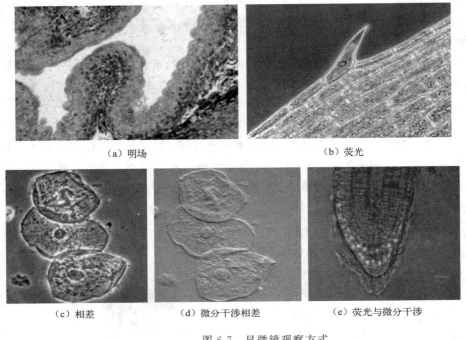

（a）明场　　　　　　　　　　　　　　　（b）荧光

（c）相差　　　　　（d）微分干涉相差　　　　（e）荧光与微分干涉

图 6-7　显微镜观察方式

一、明场

光源穿透样本进行成像，得到透射信号。由于样本阻挡了一部分透射光，因此样本处比背景更暗。通常对样品染色给予反差进行明场观察，如：H&E 染色、Gram 染色等（图 6-8）。

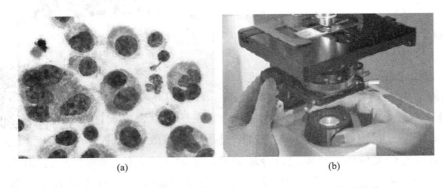

（a）　　　　　　　　　　　　　　（b）

图 6-8　明场观察的染色样本及明场观察的操作

二、相差

相差是指同一光线经过折射率不同的介质，其相位发生变化并产生的差异。相位指在某一时间上，光的波动所达到的位置。一般由于被检物体（如不染色的细胞）所能产生的相差太小，肉眼很难分辨，只有在变相差为振幅差（明暗差）之后才能被区分。相差取决于光通过介质的折射率之差及其厚度，等于折射率与厚度的乘积之差（即光程差）。而相差显微镜就是利用被检物体的光程差进行镜检的。简单来说，当光穿过样品时会被延迟，造成相位差，而相差就是把这种差别转化为光强度上的改变，使其可见。活细胞等透明样本在明场下的反差太小，难以观察。而相差的出现解决了这个难题，是观察活细胞等透明样品的好方法。

使用相差观察时样本周围会出现光晕（图6-9），其亮度随样本增厚而增强。相差一般可以观察到6 μm的厚度，是增强反差最常用的方法。但是相差需要专用的相差物镜和相差环板，不适合与荧光观察进行联用。

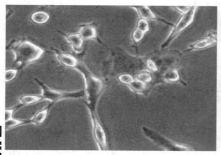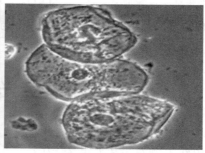

图6-9　相差的观察效果

三、微分干涉相差（DIC）

微分干涉显微镜出现于20世纪60年代，它不仅能观察无色透明的物体，而且图像呈现出浮雕状的立体感，并具有相差显微镜所不能达到的某些优点，观察、成像效果更好。

DIC显微镜的物理原理完全不同于相差显微镜，技术设计要复杂得多。DIC利用的是偏振光，有四个特殊的光学组件：偏振器（polarizer）、DIC棱镜、DIC滑行器和检偏器（analyzer）。偏振器直接装在聚光系统的前面，使光线发生线性偏振。在聚光器中安装了石英沃拉斯顿（Wollaston）棱镜，即DIC棱镜，此棱镜可将一束光分解成偏振方向不同的两束光（x和y），二者成一小夹角。聚光器将两束光调整成与显微镜光轴平行的方向。最初两束光相位一致，在穿过标本相邻的区域后，由于标本的厚度和折射率不同，两束光发生了光程差。在物镜的后焦面处安装了第二个Wollaston棱镜，即DIC滑行器，它把两束光合并成一束。这时两束光的偏振面（x和y）仍然存在。最后光束穿过第二个偏振装置，即检偏器（图6-10）。

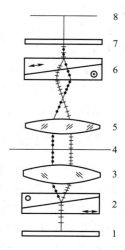

图6-10　微分干涉相差
（DIC）原理

1—偏振器；2—沃拉斯顿棱镜；
3—聚光器；4—标本；
5—物镜；6—DIC滑行器；
7—检偏器；8—中间像面

为了使影像的反差达到最佳状态，可通过调节 DIC 滑行器的纵行微调来改变光程差，光程差可改变影像的亮度。调节DIC 滑行器可使标本的细微结构呈现出正或负的投影形象，通常是一侧亮，而另一侧暗，这便造成了标本的人为三维立体感，类似于大理石上的浮雕。

微分干涉相差观察得到的图像分辨率比相差更高且不会形成光晕，适合观察厚样本（> 6 μm），适合在镜下进行细胞操作。在电动显微镜中 DIC 棱镜能够自动移入移出光路，使用非常简便，因此适合和荧光观察联用。由于塑料影响偏光，为了得到最佳的观察效果，不要使用塑料器皿盛放样品，表 6-1 总结了相差与微分干涉相差（DIC）的特点。

表 6.1　相差与 DIC 的特点

项目	相差	微分干涉相差（DIC）
效果	明暗对比	伪三维立体形态
分辨率	逊于 DIC，有光晕	高，无光晕，细节清楚
容器	可用塑料器皿	不能用塑料器皿
物镜	需专门的相差物镜	无需专用物镜
应用领域	细胞培养状态的快速镜检	与荧光搭配，高倍物镜下成像

第三节　荧光显微镜的种类

荧光是由光子与荧光分子相互作用产生的，雅布隆斯基（Jablonslc）分子能级图形象地描述了这一过程。一种荧光物质的最大发射波长和最大激发波长之差称为该荧光物质的斯托克斯（Stokes）位移，Stokes 位移越大，越容易在成像时进行分光。荧光成像的理论基础是荧光物质被激发后所发射的荧光信号的强度在一定的范围内与荧光素的量成线性关系，并以此进行定性和定量。

荧光观察需在显微镜搭载对应的荧光模块下进行。常见的模块主要包括荧光光源和分光装置，成像则还需要安装成像装置，如相机或检测器等。荧光显微镜的种类很多。常用的荧光显微镜主要分为两类，一类是宽场显微镜，另一类是激光共聚焦显微镜。

一、宽场显微镜

宽场显微镜的构造相对简单，通常以汞灯或金属卤素灯作为荧光光源，荧光滤块作为分光模块。荧光滤块通常由三部分构成，其一是用来过滤激发光的激发滤光片；其二是二向色镜，用来反射经过过滤的激发光，同时又可以通过样本发射的荧光；其三是发射滤光片，用于过滤样本发射的荧光。滤块被放置在滤块转盘中，一台荧光显微镜为了满足多色成像的需求，通常会配置多个滤块以匹配不同的成像通道，根据需求转动滤块转盘，即可得到对应的成像结果。宽场显微镜的成像设备是相机（如 CCD、CMOS 等）。

之所以要设计荧光滤块，是由于在生命科学研究中，通常需要进行多重荧光标记。此外，生物样本多具有自发荧光。为了尽量避免串色造成的假像，需要对激发光和发射光进行合理的分光，从而得到正确的结果。图 6-11 是宽场显微镜荧光光路的示意图。汞弧灯发射出的连续谱线经过激发滤光片，得到了纯净的蓝色激发光，对应的二向色镜将激发光反射至样品，样品上的荧光标记物在激发光的照射下发射出波长更长的荧光，通过二向色镜后再经过发射滤光片的分光，到达人眼或检测器（相机）。

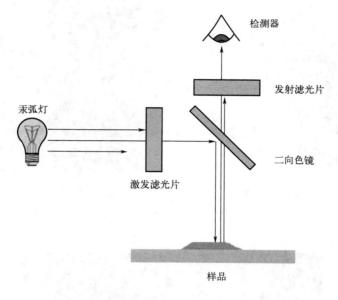

图 6-11　宽场显微镜荧光光路示意图

二、激光共聚焦显微镜

激光共聚焦显微镜是采用激光作为光源，在传统光学显微镜基础上采用共轭聚焦原理和装置，并利用计算机对所观察的对象进行数字图像处理的一套观察、分析和输出系统。其主要系统包括激发光源、自动显微镜、扫描模块（包括共聚焦光路和针孔、扫描镜、检测器）、数字信号处理器、计算机以及图像输出设备（显示器、彩色打印机）等。通过激光扫描共聚焦显微镜，可以对样品进行断层扫描和成像，因此能够无损伤观察和分析样品的三维空间结构。

激光共聚焦显微镜使用相机或者高性能的检测器进行检测。与宽场显微镜不同的是，在到达检测模块之前，发射光信号会经过一个非常精密的光学组件——针孔。针孔与光源和焦平面三点共轭，只有焦点上的发射光信号才能通过针孔进入检测器，焦点外的信号被针孔遮挡，极大提高了 z 轴分辨率，并能改善非焦信号对图像的影响。因此共聚焦显微镜可以得到质量更好、分辨率更高、信噪比更优越的成像结果。

如图 6-12 所示，激发光照射样品时焦平面和焦平面之外都会被照亮，因此得到的荧光信号包括了所有被激发光照亮的部分。荧光信号通过针孔时，非焦面信号被针孔阻挡无法进入检测器，因此极大地提高了 z 轴分辨率。宽场显微镜没有针孔，无法阻挡非焦点信号，收集到的荧光信号来自样品上所有被激发光激发的位置。共聚焦显微镜解决了非焦信号干扰的问题，成像质量更好（图 6-13）。

传统的点扫描共聚焦显微镜的针孔大小是可调节的。关小针孔，进入检测器的荧光信号变少，因此图像变暗，景深变小，但分辨率和信噪比会进一步提高。当针孔调节至最大时，进入针孔的非焦平面信号更多，因此信噪比和分辨率降低。相应地，景深变大，图像变亮。此时成像的质量类似于宽场显微镜。

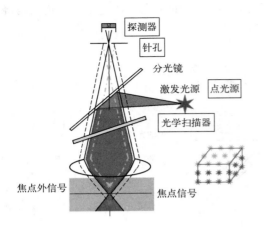

图 6-12　激光共聚焦显微镜荧光光路及激发光照明导致
焦平面上下的信号全部被点亮

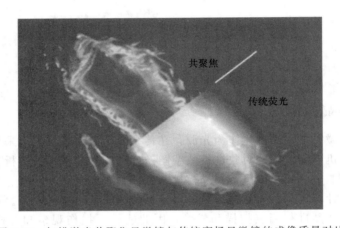

图 6-13　扫描激光共聚焦显微镜与传统宽场显微镜的成像质量对比

　　针孔屏蔽非焦平面信号，极大提高了 z 轴分辨率，因此能在 z 轴方向对样品进行断层扫描（光学切片），再通过软件计算对样品进行三维重构。对于某些厚样品，还可以通过断层扫描后再最大化投影的方法得到其全貌（图 6-14）。

　　如图 6-14 所示，共聚焦显微镜每次只检测到同一样本不同厚度焦平面处的信号，不会受到其他信号的干扰，因此能轻松重构出样本的真实三维形态。对植物原生质体断层扫描后再进行最大化投影，则可以呈现原生质体的全貌。

　　共聚焦显微镜的分光方式比宽场显微镜更加精细。常见的分光方式包括滤片组分光、棱镜分光、光栅分光等。由于采用的激发光源是固定波长的激光器，因此通常不需要对激发光进行过滤（一些激光器可以同时发射多条谱线，需要对应的模组进行控制和分光，此处提到的激光器均是单色激光器）。

　　滤片组是一组二向色镜。发射的荧光具有一定的带宽，在某一波段内，荧光信号被第一组二向色镜反射进入检测器，其余的信号则通过第一组二向色镜，在后续的滤片组继续分光。二向色镜的分光范围是固定的，特点是价格低廉，但是无法自由选择检测器接收的光谱范围，且到达检测器之前会损失较多的信号。

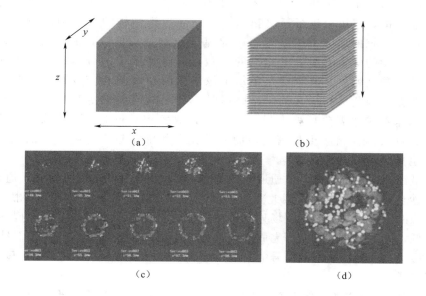

(a)   (b)

(c)   (d)

图 6-14 共聚焦断层扫描与结构重构

（a）是一定厚度的样本在常规宽场显微镜下的示意图；（b）是通过共聚焦显微
镜断层扫描后，可以解析厚样本每一层的结构；（c）是对植物原生质体进行断层
扫描，清晰获取每一层的结构；（d）是对（c）进行最大化投影得到的实验结果

　　棱镜分光利用光的折射效应。由于不同的波长有不同的折射率，因此通过棱镜能把不同
波长分开。棱镜的波长越短，偏向角越大。发射出的荧光信号首先通过棱镜分光，再通过连
续可调的狭缝进行精细过滤，最终进入检测器，其他信号则被控制狭缝的滑块上的反射镜反
射，进入下一个检测窗口。棱镜分光的优势是可以最大程度保留每一个进入检测器的光子，
分光效率很高，得到更亮、信噪比更好的成像结果。棱镜分光本身最大的不足在于棱镜分辨
率随波长变化而变化，在短波部分分辨率较高，即棱镜分光具有"非匀排性"，色谱的光谱
为"非匀排光谱"。但组合连续可调的狭缝能有效解决这一问题，成像结果更准确。

　　光栅是利用光的衍射原理使光发生色散的元件，优势在于均一的光谱分辨率。但缺点是
光栅通过衍射，把光线能量分散了，谱线的亮度会下降（图 6-15）。

(a) 棱镜分光示意图   (b) 光栅分光示意图

图 6-15 棱镜分光、光栅分光示意图

宽场显微镜和激光共聚焦显微镜各有优势。总体而言，激光共聚焦显微镜的成像质量优于宽场显微镜，还可以进行断层扫描，在样品三维结构的重建和解析方面提供强有力的支持。但是传统的激光共聚焦显微镜是基于点扫描成像的，成像的速度较慢，因此要想捕捉快速运动的样本需要降低扫描的点数，即降低图像的分辨率；此外还需要提高扫描振镜的频率，这就意味着激发光在每个像素的驻留时间相应变短。这些因素都会导致成像质量变差。因此点扫描共聚焦显微镜是一种用时间换取更高分辨率的设备。除此以外，低速意味着成像需要耗费大量的时间，其效率相对较低。要获取更高质量的成像结果，采集的点数也会相应更加密集，而激发光源的能量较高，高密度的扫描带来更大的光毒性，也更容易漂白样品。

　　宽场显微镜使用相机成像，单通道成像速度主要取决于相机的曝光时间，通常曝光时间设定在数毫秒至数百毫秒之间，因此宽场显微镜的成像速度更快，适合追踪快速运动的样品，同时成像的工作效率更高。宽场显微镜使用金属卤素灯、汞灯或 LED 的荧光光源，其本身能量较低，同时单次曝光即可完成成像过程，这意味着光学毒性较低，不易漂白样品。但是宽场显微镜易受到非焦平面信号的影响，分辨率和信噪比不如激光共聚焦显微镜，也无法进行断层扫描。

　　为了充分发挥上述两类成像设备的优势，改善二者的不足，转盘共聚焦显微镜（图 6-16）应运而生。简单来说，转盘共聚焦显微镜是用相机做检测器进行成像的共聚焦显微镜，其针孔是一个阵列，分布排列在一个快速旋转的转盘上，每当转盘旋转 30°，一个针孔只扫描样本对应的一块区域，以此来实现对样品的完整扫描。与传统的点扫描方式相比，这种多点同步扫描方式不仅提高了采集速度，也减少了激发光照在样本上的时间，降低了对样品的光漂白和光损伤。转盘共聚焦模块通常是独立的，可以加在显微镜的相机端口。图像亮度、对比度和光学切片质量都可以通过优化转盘性能得到改善。当然，转盘共聚焦显微镜也有缺陷，和激光共聚焦显微镜相比，它的针孔只适配对应的物镜，且无

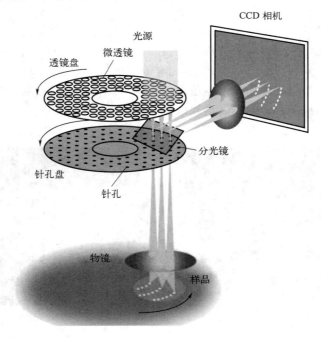

图 6-16　转盘共聚焦显微镜的原理

法对针孔大小进行调节。成像过程中可能出现串孔现象，扫描的深度不如激光共聚焦显微镜，z 轴的分辨率相对较低。

第四节　超高分辨成像——突破衍射极限

从 16 世纪末开始，科学家们就一直使用光学显微镜探索复杂的微观世界。然而，传统的光学显微镜由于光学衍射极限的限制，横向分辨率止步于 200 nm 左右，轴向分辨率止步于 600 nm，无法对更小的生物分子和结构进行观察。突破光学衍射极限，一直是科学家们梦想和追求的目标。

虽然随着扫描电镜、扫描隧道显微镜及原子力显微镜等的出现，实现纳米级的分辨率已经成为可能，但是以上技术存在对样品破坏性较大、只能观测表面等缺点，并不适用于生物样品，特别是活体样品的观测。近十几年来，一系列适合生物样品成像的超分辨成像技术应运而生，包括单分子定位超分辨显微成像技术（如 PALM、STORM 等）、结构光照明显微镜（SIM）、受激辐射损耗荧光显微技术（STED）等。

一、单分子定位超分辨显微成像技术（SMLM）

单分子定位超分辨显微成像技术通过多次成像，每次成像选择性地打开和关闭单个荧光基团，确保成像区每次仅有少量、随机、离散的单个荧光分子发光，再通过高斯拟合，定位单个荧光分子（点扩散函数）的中心位置，最后将系列图片叠加合成一幅超分辨图像。不同的技术所使用的"开关"荧光的方法不同。

单分子定位超分辨显微成像技术的分辨率非常高，在某些实验条件下可以达到 20 nm 左右。由于需要拍摄大量的数据进行图像重构，且需要高强度的激发光，该类方法更适合进行固定样本的成像，并且需要注意控制实验条件。

（1）光激活定位显微技术（PALM）

PALM（photoactivated localization microscopy）由 Eric Betzig 和 Harald Hess 于 2006 年首次发表于 Science。它的原理其实非常简单，一句话概括就是通过"打开、关闭"与目标分子结合的光激活荧光蛋白，对其进行分批定位，确定中心光斑的位置。

光激活荧光蛋白 PA-GFP 是绿色荧光蛋白 GFP 的变种，可以被适当波长（405 nm）的激发光激活。实验时首先随机激活一部分荧光蛋白，再用 488 nm 激发荧光，就可以只采集一部分目标分子的荧光信号。荧光蛋白被激活的概率与 405 nm 激发光的强度成正比，只要激活的荧光蛋白足够少，相距足够远，就可以对其进行定位。完成数据采集后，对这些荧光蛋白进行光漂白直至其完全失活，然后再激活另一些荧光蛋白进行定位。重复这个过程，就可以将样品中的所有目标分子定位，将这些原始数据合并，就能得到目标分子的超分辨图像。TIRF 和 PALM 对溶酶体膜的成像效果比较见图 6-17。

（2）随机光学重建显微技术（STORM）

STORM（stochastic optical reconstruction microscopy）由华人科学家庄小威等人于 2006 年发表于 Science。它的基本原理与 PALM 类似，不同的是 STORM 使用合成的光转换荧光染料，而不是光激活荧光蛋白与目标分子结合。

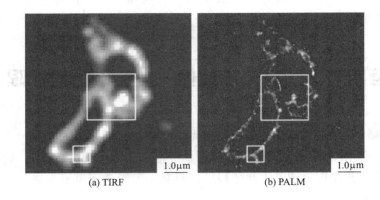

(a) TIRF   (b) PALM

图 6-17   TIRF 和 PALM 对溶酶体膜的成像效果比较

　　荧光染料被激发进入发射态，之后会进入暗态（dark state），在暗态中它们将与自由氧结合，进入漂白状态。在漂白状态下，染料不会再次发出荧光。如果不让染料与自由氧结合，它将无法进入漂白状态，一直维持在暗态。高功率的激发光可以使染料从暗态再次进入发射态。这种从亮到暗再到亮的状态切换看起来就像是染料在"闪烁"一样（图 6-18）。

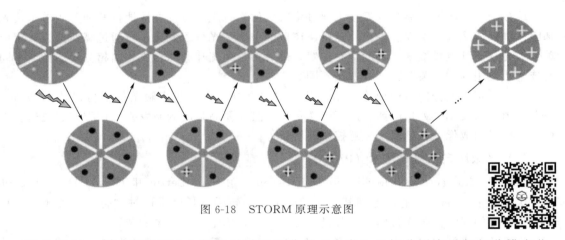

图 6-18   STORM 原理示意图

　　和 PALM 一样，STORM 也是通过随机地分批"点亮"目标分子来进行超分辨定位。由于消除了光漂白步骤，STORM 可以更快地采集数据。不过，STORM 高度依赖于荧光染料的特性：既需要产生足够强的信号，同时又要有良好的闪烁密度。如果染料闪烁得太快，相邻的分子之间可能会有很多干扰，无法定位单个分子；但是如果它们闪烁得太慢，可能无法获得足够的图像来定位每个分子。STORM 最初使用的染料是 Cy3 和 Cy5，最常用的是 Alexafluor 647。

二、受激辐射损耗（STED）显微技术

　　STED 显微技术作为第一个突破光学衍射极限的远场显微成像技术，其基本原理是采用两束激光同时照射样品，其中一束激光用来激发荧光分子，使物镜焦点艾里斑范围内的荧光分子处于激发态；同时，用另外一束中心光强为零的环形损耗激光与之叠加，使物镜焦点艾

里斑边缘区域处于激发态的荧光分子通过受激辐射损耗过程返回基态而不辐射荧光，因此只有中心区域的荧光分子可自发辐射荧光，从而获得超衍射极限的荧光发光点。简单来说，如果想用铅笔画出一幅精细的图像，对于同样的画家，笔尖的粗细决定了图像的精细程度。如果把激光共聚焦显微镜成像时产生的艾里斑比作是笔尖很粗的铅笔，损耗激光则像是削笔刀，把很粗的笔尖削细，因此可以得到更干净、清晰的图像（图 6-19）。

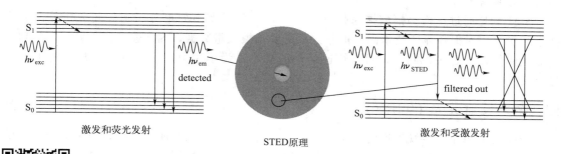

图 6-19　STED 原理示意图（中间大环区域代表损耗光，
小环区域代表检测到的信号）

　　STED 作为目前唯一通过纯光学方式提高分辨率的技术，得到的数据排除了各种算法带来的假象，因此更加真实；此外，在 STED 成像过程中，激发光和损耗光是实时耦合在一起的，因此对于分辨率的提升也是实时的，非常适合活细胞等动态样本的成像。当然，任何技术都有其独特的优势与劣势，STED 损耗光功率越高，损耗的效率越好，分辨率也就越高。为了得到更好的分辨率，损耗光的功率通常都不低，这也会带来光漂白、光毒性等一系列问题。在成像过程中需要把控各个条件，方能得到良好的实验结果。

三、结构光照明显微镜（SIM）

　　SIM 基于生活中随处可见的莫尔条纹现象（图 6-20）。将两个小网格（高频信号）叠放在一起，二者之间会发生干涉现象，形成较大的网格（低频信号），大网格包含两个小网格的信息。通过软件解析大网格的特征，就可以得到小网格的高频信息。而越精细的结构，其信号频率越高，越不容易被相机采集。因此采集干涉产生的低频莫尔条纹，再通过软件进行

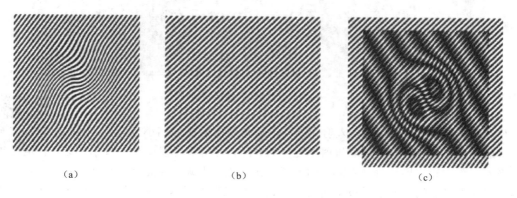

（a）　　　　　　　　　　（b）　　　　　　　　　　（c）

图 6-20　SIM 成像的原理
（c）是采集到的（a）、（b）叠加产生的莫尔干涉条纹，包含（a）、（b）的信息。

重建，就能还原原始精细结构的高频信号。

SIM 在照明光路中插入一个结构光的发生装置（如光栅、空间光调制器，或者数字微镜阵列 DMD 等），照明光受到调制后，形成亮度规律性变化的图案，然后经物镜投影在样品上，调制光激发所产生的荧光信号是低频信号，容易被相机检测。通过移动和旋转照明图案使其覆盖样本的各个区域，并将拍摄的多幅图像用软件进行组合和重建，就可以得到该样品的超分辨率图像了。

SIM 也是通过重构多幅数据来提升分辨率，其分辨率不如单分子定位超分辨显微成像技术和受激辐射损耗显微技术高。但它并不需要拍摄大量数据，因此速度比单分子定位超分辨显微成像技术更快；同样，对于快速运动的样本，为了避免产生假象，不建议使用 SIM 进行实验。

四、全内反射荧光（TIRF）

光经过不同介质会发生折射和反射。光从高折射率的光密介质进入低折射率的光疏介质时，折射角大于入射角。若入射角增大，折射角也增大，发生折射的光越来越弱，反射的光则越来越强。当入射角达到某一角度时，折射角刚好达到 $90°$，此时几乎所有的入射光均发生反射，不再发生折射，该现象称为全内反射现象，该入射角度称为临界角。全内反射发生时，未发生反射的光在两种介质的界面处产生一层厚度为 $50 \sim 100$ nm 的光波，称为消逝波，其能量在 z 轴上呈现指数衰减（图 6-21）。

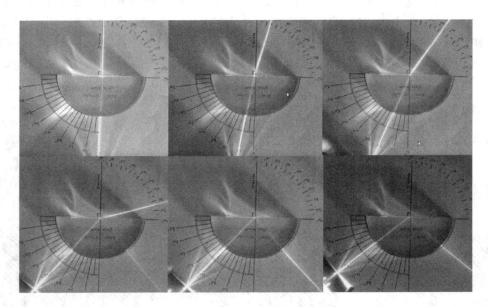

图 6-21　TIRF 成像的原理

使用 TIRF 显微镜成像时，入射光以一定的角度照射在玻璃小皿上，小皿内的样本通常处在水或其他比玻璃折射率更低的介质，正好满足发生全内反射的条件。当入射角达到临界角时，界面处的消逝波作为激发光源，照亮贴在小皿底部的样本，样本发射的荧光信号被检测器采集到，就实现了 TIRF 成像效果。由于消逝波的厚度仅有 $50 \sim 100$ nm，因此对于贴壁的样本，如观察贴壁细胞的细胞膜等应用方向，TIRF 具有极高的分辨率，而且不会对消逝波激发范围之外的样本产生任何影响，大幅降低了光毒性和光漂白（图 6-22）。但全内反射只发生在不同介质的界面，因此只适用于观察界面处的样本。

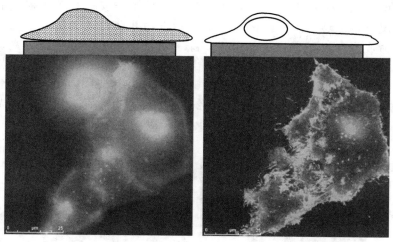

(a) 宽场荧光成像　　　　　　　　(b) TIRF 成像

图 6-22　宽场荧光成像和 TIRF 成像

第五节　荧光光谱之外的成像——荧光寿命成像

上文提到的各类荧光成像技术各有千秋，但它们有一个共性，即都是基于荧光强度（发射光谱）成像。除此之外，荧光寿命，即荧光分子最外层电子在激发态上的驻留时间，也是荧光分子重要的性质。通过合理的手段检测荧光寿命，能够得到光谱之外更多的信息。荧光寿命成像在各个研究领域有着广泛的应用前景。

荧光寿命的长短不仅与荧光分子本身相关，还与荧光分子所处的环境有密切的关系。例如，同一荧光染料在不同的温度下，荧光寿命差异巨大，这是由于荧光分子最外层电子的活跃程度与温度有关，因此其在激发态上停留的时间也发生变化。同样，pH、离子强度、质子化，以及分子异构化等也影响荧光寿命。正因如此，在生命科学等领域，荧光寿命成像非常适合检测环境变化引起的细胞、组织及活体的动态生理变化。不同 pH 条件下几种荧光探针的荧光寿命见表 6.2。

表 6.2　不同 pH 条件下几种荧光探针的荧光寿命

探针	$\lambda_{exc}/\lambda_{em}$	τ_a/ns	τ_b/ns
BCECF	490/520	3.0(acid)	3.8(base)
Fluo-3		2.44(无 Ca^{2+})	0.79(Ca^{2+})
Sodium Green	490/520	1.1(低 Na^+)	2.4(高 Na^+)
Hoechst		2.2(无接受体,7-AAD)	1.4(接受体,7-AAD)
FITC	490/520	4.0(pH>7)	3.0(pH<3)
Rhodamine 700	659/669	1.6(pH 9)	1.55(pH 6)
Cy3	633/650	0.27	0.5(抗体结合体)
GFP free(S65T)	488/507	2.68	

不同的荧光分子有不同的激发、发射光谱。对于成像而言，为了避免串色，一般都采用不同颜色的荧光分子进行特异性荧光标记，这使得能够进行单次标记的数量受限于光谱。通常情况下，能够一次性标记超过 7 种标志物并获得正确的成像结果是非常困难的。而荧光寿命成像可以拓宽成像的通道，除了通过常规的光谱进行分光，不同的荧光分子具有不同的寿命，因此可以标记更多无法在光谱维度拆分，但能够在荧光寿命维度上拆分的染料。图 6-23 使用光谱性质接近的染料 Alexa 647 和 ATTO647N 分别标记波形蛋白和肌动蛋白。在荧光强度维度图［图 6-23(a)］无法分辨两种结构，在荧光寿命维度下能够拆分不同的结构［图 6-23(b)］。

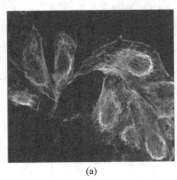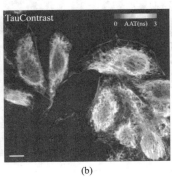

图 6-23　HEK 细胞双色荧光成像

自发荧光是样本本身或样本处理过程中引入的非特异性荧光，在荧光成像中常常会干扰实验结果。通过荧光寿命的门控检测技术，能够高效去除短寿命的自发荧光和反射信号，得到更真实的结果。图 6-24 是小鼠胚胎切片样本。图 6-24(a) 为荧光强度图，激发光激发荧光探针信号的同时也激发了切片的自发荧光。图 6-24(b) 通过时间门控技术，在荧光寿命维度去除自发荧光。

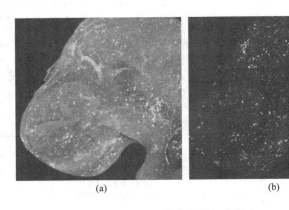

图 6-24　小鼠胚胎切片样本

随着对微观世界的探索越来越深入，人们对显微镜性能的需求也越来越高。如今，光学显微镜因其使用便捷、对样本友好等特点，常用来研究各种类型的样本。随着超分辨显微技术的发展，光学衍射极限被不断突破，人们能用光镜观察到更小、更精细的结构；荧光寿命成像等技术的发展拓宽了荧光成像的维度和应用，为生命科学、材料等学科的发展提供了强大的动力。相信在未来，光学显微技术会发展到更高的高度，解析更多的奥秘。

在二十大报告中强调了"建设现代化产业体系"，强调了高端设备要优先发展，我们应该看到，在显微技术上，我们国家的发展还有很大的发展空间，在该领域要不断创新，超越前人，才能不受制于人，不让别人卡脖子，在使用这些设备的时候，要勤动脑，努力尝试提高这些设备的成像灵敏度、拓展这些技术的适用范围。

参考文献

[1] Bates W M，Huang B，Dempsey G T，et al. Multicolor Super-resolution imaging with photoswitchable fluorescent probes. Science，2007，317 (5845)：1749-1753.

[2] Betzig E，Patterson G H，Sougrat R，et al. Imaging intracellular fluorescent proteins at nanometer resolution. Science，2006，313 (5793)：1642-1645.

[3] Gustafsson M G L. Nonlinear structured-illumination microscopy：Wide-field fluorescence imaging with theoretically unlimited resolution. PNAS，2005，102 (37)：13081-13086.

[4] https://www. 163. com/dy/media/T1489386776926. html.

[5] https://www. microscopyu. com/techniques/confocal/introductory-confocal-concepts.

[6] Wang J L，Yan W，Zhang J，et al. New advances in the research of stimulated emission depletion super-resolution microscopy. Acta Phys. Sin.，，2020，69 (10)：108702.

[7] Rietdorf，Jens. Advances in Biochemical Engineering/Biotechnology. Microscopy Techniques Volume 95 ‖ Live Cell Spinning Disk Microscopy [J]. 2005，10.1007/b14097 (Chapter 3)：57-75. DOI：10.1007/b102210.